Contraste insuffisant

NF Z 43-120-14

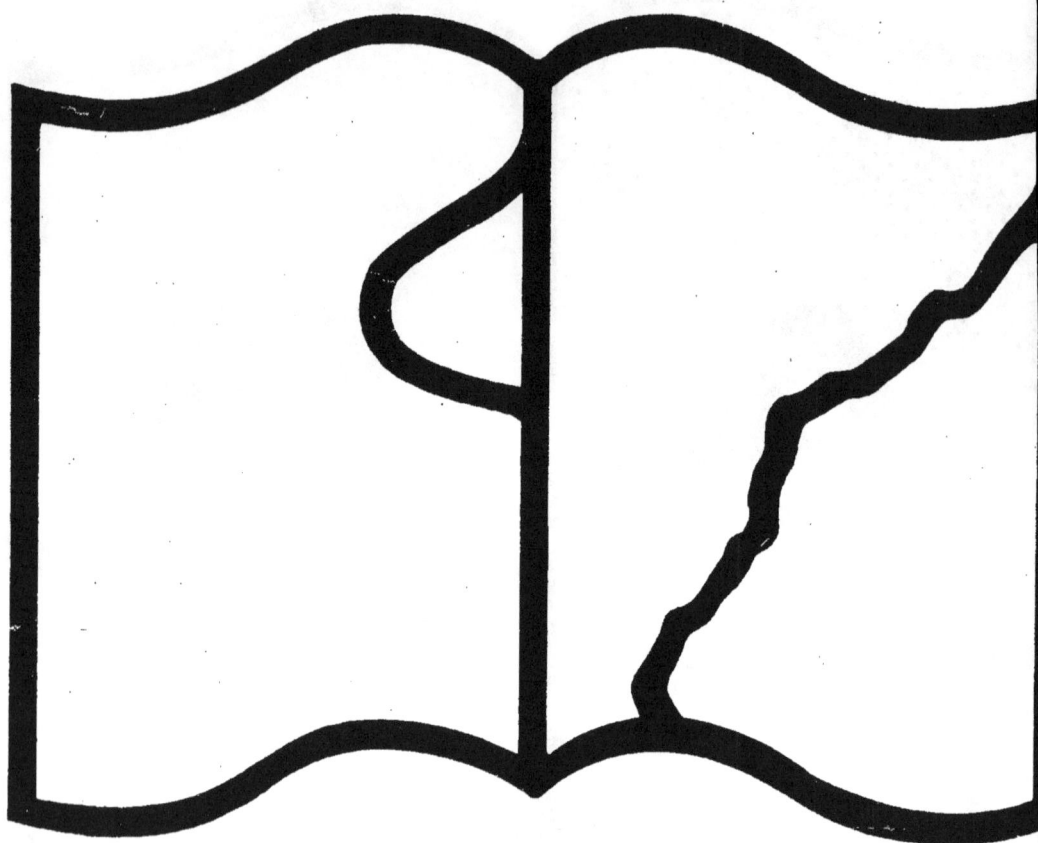

Texte détérioré — reliure défectueuse

NF Z 43-120-11

COURS COMPLET DE GÉOGRAPHIE

A L'USAGE DE L'ENSEIGNEMENT SECONDAIRE SPÉCIAL

RÉDIGÉ

Conformément aux programmes officiels de 1886

GÉOGRAPHIE
DE LA FRANCE

PAR

M. H. PIGEONNEAU

PROFESSEUR D'HISTOIRE A LA SORBONNE,
VICE-PRÉSIDENT DE LA SOCIÉTÉ DE GÉOGRAPHIE COMMERCIALE

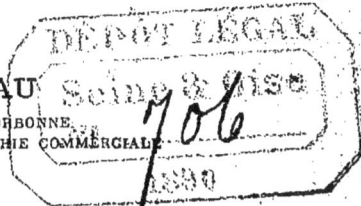

Ouvrage rédigé conformément aux programmes officiels et contenant
26 cartes et 83 figures intercalées dans le texte

TROISIÈME ANNÉE

COMPLÈTEMENT REMANIÉE

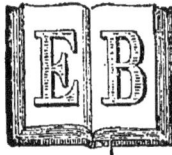

PARIS

LIBRAIRIE CLASSIQUE EUGÈNE BELIN

BELIN FRÈRES

RUE DE VAUGIRARD, 52

1890

Tout exemplaire de cet ouvrage, non revêtu de notre griffe, sera réputé contrefait.

AVERTISSEMENT

————

Sans rien changer à la méthode de nos géographies, nous en avons modifié la distribution de manière à correspondre aux nouveaux programmes de l'Enseignement secondaire spécial, plus logiques et plus pratiques que ceux de 1882, à condition que la cinquième et la sixième années ne restent pas à l'état d'appartements meublés, mais non occupés. Il faut espérer que les privilèges accordés aux diplômes de l'Enseignement spécial feront enfin une réalité de ce qui n'a guère été jusqu'ici qu'une fiction.

H. P.

GÉOGRAPHIE DE LA FRANCE

LIVRE PREMIER

GÉOGRAPHIE PHYSIQUE

CHAPITRE PREMIER

Situation. — Les côtes, les ports.

I

Bornes. — La France est bornée : au NORD-OUEST, par la *mer du Nord*, le *Pas de Calais* et la *Manche*, qui la séparent de l'Angleterre ; à l'OUEST, par l'*océan Atlantique ;* au SUD, par la rivière de la *Bidassoa* et les *Pyrénées*, qui la séparent de l'Espagne ; à l'EST, par la chaîne des *Alpes*, qui la sépare de l'Italie, le lac de *Genève*, la chaîne du *Jura*, qui la séparent de la Suisse, et celle des *Vosges* jusqu'au mont *Donon*, qui lui sert aujourd'hui de limites du côté de l'Allemagne ; au NORD-EST et au NORD, par une ligne de convention qui sépare notre pays de l'*Allemagne*, du *grand-duché de Luxembourg* et de la *Belgique.*

Elle comprend en outre quelques petites îles disséminées sur le littoral, et une grande île, la *Corse*, située dans la Méditerranée, à 160 kilomètres au sud des côtes françaises.

Superficie. Population. — La superficie actuelle de la France est d'environ 528 000 kilomètres carrés ou 52 800 000 hectares, représentant à peu près la millième partie de la superficie du globe et la dix-neuvième partie de celle de l'Europe. Avant les traités de 1871, qui nous ont enlevé l'Alsace et une partie de la Lorraine, la superficie de la France était de 543 000 kilomètres carrés. La population, qui s'élevait à 38 millions d'habitants en 1866, est aujourd'hui de 38 219 000.

Sa plus grande longueur, du sud au nord, entre Perpignan et Dunkerque, est de 1 000 kilomètres (250 lieues kilométriques); sa plus grande largeur, de l'est à l'ouest, entre le mont Donon et la pointe Saint-Mathieu, d'environ 960 kilomètres (240 lieues kilométriques).

Configuration de la France. — La France offre la forme d'un *hexagone*, c'est-à-dire d'une figure à six côtés régulièrement disposés. Deux de ces côtés regardent la *mer du Nord* et la *Manche* (nord-ouest), de Dunkerque à la pointe Saint-Mathieu, et l'*océan Atlantique* (ouest), de la pointe Saint-Mathieu à l'embouchure de la Bidassoa; deux autres, les *Pyrénées* (sud-ouest), et la *Méditerranée* (sud-est); les deux derniers forment notre frontière continentale de l'est, depuis la Roya jusqu'au mont Donon, et du nord, entre le mont Donon et Dunkerque.

Longitudes et latitudes extrêmes. — La France est située entre quarante-deux degrés vingt minutes (42° 20′) et cinquante-un degrés (51°) de latitude septentrionale, sept degrés (7°) de longitude occidentale et cinq degrés (5°) de longitude orientale mesurés à partir du méridien de Paris. Les longitudes extrêmes sont prises à la pointe Saint-Mathieu (ouest), et à Menton près de l'embouchure de la Roya (est); les latitudes extrêmes, à la frontière de Belgique, au nord de Dunkerque, et au cap Cerbéra, sur la Méditerranée.

Situation. — La France est le seul pays qui touche à la fois à la Méditerranée, à l'Atlantique et à la mer du Nord; elle réunit et résume, pour ainsi dire, tous les climats européens, toutes les natures de terrains, toutes les variétés de cultures; elle est limitrophe de cinq des États les plus riches de l'Europe continentale, la Belgique, l'Allemagne, la Suisse, l'Italie et l'Espagne; elle n'est séparée de l'Angleterre que par un détroit ; aussi ne doit-on pas s'étonner du rôle qu'elle joue au point de vue commercial comme au point de vue politique et auquel la nature même semble l'avoir préparée.

II

LA MER DU NORD, LE PAS DE CALAIS ET LA MANCHE.

La mer du Nord. — De la frontière de Belgique à la pointe Saint-Mathieu, où se termine la Manche, le développement des côtes qui se dirigent du nord-est au sud-ouest est d'environ 900 kilomètres.

La mer du Nord ne baigne le littoral français (*département du Nord*) que sur une étendue de 50 kilomètres environ, de la frontière de Belgique à *Calais*. Elle est bordée de dunes d'un sable grisâtre qu'interrompent quelques plages marécageuses. Poussées par les vents d'ouest qui soufflent dans ces parages pendant les deux tiers de l'année, ces dunes avancent peu à peu dans l'intérieur des terres, détruisant les cultures et engloutissant même des villages entiers : aussi a-t-on essayé de les fixer en y semant des plantes dont les racines pénètrent dans le sable et finissent par donner à ce terrain mouvant assez de consistance pour résister à l'action des vents de mer. Au pied des dunes, du côté du continent, s'étendent des terres à demi noyées, situées au-dessous du niveau des hautes mers, et qui formaient autrefois de vastes marais. Des travaux de desséchement et d'endiguement ont transformé ces *moëres* en un sol fertile, coupé d'innombrables canaux et couvert de moissons et de prairies.

La principale ville maritime est **Dunkerque** (église des Dunes), grande ville, aux rues larges et régulières, entourée d'imposantes fortifications, mais dont le port est sans cesse menacé par l'invasion des sables.

Le Pas de Calais. — Le *Pas de Calais* baigne les côtes du *département* du même nom, de *Calais* à *Bou-*

logne. C'est un étroit bras de mer qui, dans sa partie la plus resserrée, n'a pas plus de 28 kilomètres de largeur, et dont les profondeurs extrêmes ne dépassent pas 50 mètres. Il est semé de bancs de sable dont quelques-uns s'élèvent presque au niveau des basses mers. Entre la France et l'Angleterre, se prolonge, sous la mer, un épais banc de craie, imperméable à l'eau, où de nombreux sondages n'ont révélé aucune fissure ; aussi a-t-on songé à y creuser un tunnel sous-marin qui réunirait Calais, en France, et Douvres, en Angleterre, et dont le percement ne paraît pas présenter de difficultés insurmontables.

Les côtes du Pas de Calais sont bordées de dunes et de falaises de craie blanche, où s'ouvrent des brèches étroites, et que dominent le cap Blanc-Nez (Black-Ness, cap Noir, 134 mètres au-dessus du niveau de la mer), et le cap Gris-Nez (Craigh-Ness, cap des Roches), derniers escarpements des collines de l'Artois.

Les principaux ports du Pas de Calais sont : **Calais,** qui pendant plus de deux siècles, de 1347 à 1558, appartint aux Anglais, et dont les paquebots emportent ou débarquent chaque année plus de 200 000 voyageurs passant de France en Angleterre ou d'Angleterre en France ;

Et **Boulogne,** à l'embouchure de la *Liane,* au pied d'une colline escarpée que couronne la ville haute, avec ses vieux remparts plantés d'arbres.

La Manche. — 1° De Boulogne à l'embouchure de la *Somme,* la côte, toujours bordée de dunes, où la sombre verdure des jeunes bois de pins tranche çà et là sur la couleur grisâtre et uniforme des sables, se détourne brusquement vers le sud. Entre la pointe du *Crotoy* et les mamelons escarpés qui portent la vieille ville de *Saint-Valery,* témoin du départ de Guillaume le Conquérant pour l'Angleterre, s'ouvre la baie de *Somme,* golfe à la marée haute, plaine de sable à la marée basse, sans cesse resserrée par les travaux de desséchement et par les digues qui font reculer la mer (*département de la Somme*).

2° Au delà de l'embouchure de la Somme, du *Bourg*

d'*Ault* à la pointe de la *Hève*, qui domine l'estuaire de la Seine, la côte incline vers l'ouest. Les plateaux de la haute Normandie, qui s'étendent jusqu'à la mer, se terminent brusquement par des falaises, murailles crayeuses, battues et rongées par les flots et qui souvent se dressent à pic jusqu'à une hauteur de plus de cent mètres (falaises du *Tréport*, de *Fécamp*, d'*Etretat*, cap d'*Antifer*, pointe de la *Hève*). Au pied des falaises s'entassent des bancs de galets, cailloux roulés et polis par les vagues et qui pro-

Fig. 1. — Falaises d'Etretat.

viennent de débris de falaises écroulées, où le silex est mêlé à la craie.

Les principales villes maritimes de cette côte (*département de la Seine-Inférieure*) sont **Dieppe**, dans une échancrure des falaises ouverte par la rivière de l'Arques, l'antique rivale de Dunkerque et de Saint-Malo, dont le port, envahi par les galets, ne peut plus soutenir aujourd'hui la concurrence du Havre; **Fécamp**, l'un de nos ports d'armement pour la grande pêche, et **le Havre**, à l'embouchure de la Seine, créé par François Ier et qui est devenu, grâce à sa situation, l'entrepôt de notre commerce avec le nord de l'Europe et les deux Amériques.

3° De l'embouchure de la Seine à la presqu'île du *Cotentin* (*département du Calvados*), s'étendent d'abord des plages basses et sablonneuses, puis, au delà de l'embouchure de l'*Orne*, des falaises ou des plages de galets bordées d'une ceinture d'écueils à fleur d'eau. Le plus connu de ces bancs de roches sous-marines est celui qui a reçu le nom de *Calvados*, corruption populaire du nom espagnol de Salvador, porté par un vaisseau qui s'y brisa en 1588, avec une partie de la flotte armée par le roi d'Espagne, Philippe II, contre l'Angleterre. Les ports de cette côte, tels que *Honfleur*, *Trouville*, *Port-en-Bessin*, obstrués par les sables ou la vase, ne peuvent recevoir que des barques de pêche ou des bâtiments de faible tonnage, mais leurs plages unies attirent les baigneurs et font de cette partie de la côte de Normandie une des plus fréquentées pendant la saison d'été.

4° Entre la baie de *Seine*, à l'est, et la baie du *mont Saint-Michel*, à l'ouest (*département de la Manche*), s'allonge une presqu'île triangulaire aux côtes rocheuses, sans cesse rongées par les courants : c'est la presqu'île du *Cotentin* (pays de Coutances, l'ancienne *Cotentia*), qui projette vers le nord-est la pointe de *Barfleur*, vers le nord le cap de la **Hague**. Au sud de la pointe de Barfleur, dans la rade de *Saint-Waast* ou de la *Hougue*, l'amiral français Tourville, après avoir combattu une flotte anglaise double de la sienne, fut contraint de détruire ses vaisseaux, désemparés par le combat et la tempête, pour ne pas les laisser tomber entre les mains de l'ennemi.

Les deux principaux ports de la presqu'île sont : à l'ouest, *Granville*, port de pêche; au nord, **Cherbourg**, un de nos premiers ports militaires et l'une des créations les plus merveilleuses du génie moderne. On a dû, pour protéger la rade complètement ouverte aux vents du large, construire une digue immense, longue de près de 4 kilomètres, formée de blocs de granit, et jetée hardiment en pleine mer. Commencés en 1782, ces travaux ne furent achevés qu'en 1853 et coûtèrent 67 millions, mais ils ont donné à la France un port que lui avait refusé la nature, et qui commande toute la Manche.

Fig. 2. — Cherbourg et sa digue.

A l'ouest de la presqu'île sont semés des écueils granitiques, les îles *Chausey*, le banc *des Minquiers*, et trois îles plus considérables, *Jersey*, *Guernesey* et *Aurigny*, séparées de la côte par le *Passage de la Déroute* et le *Raz-Blanchard*. Elles appartiennent à l'Angleterre : c'est le dernier débris du duché de Normandie et de l'héritage de Guillaume le Conquérant.

Entre *Granville* et *Cancale* s'ouvre une large baie dont le fond est couvert de sables mouvants, de vase et de coquilles pilées qui, sous le nom de *tangues*, sont employées comme engrais par les cultivateurs de la Bretagne et de la Normandie. La profondeur est si peu considérable et la pente si insensible que la baie est presque à sec à marée basse; mais, les jours de grandes marées, le flux s'y engouffre avec une violence irrésistible et s'élève à 15 mètres au-dessus du niveau des basses mers. Au milieu du golfe se dresse un rocher, véritable pyramide de granit, chargé d'antiques constructions qui furent à la fois une abbaye et une forteresse. C'est le *mont Saint-Michel*, qui a donné son nom à la baie et qu'une digue réunit aujourd'hui au continent.

5° Sur la rive gauche du *Couesnon*, le principal des petits cours d'eau qui se jettent dans la baie du mont Saint-Michel, commence la presqu'île de **Bretagne** (*dé-*

Fig. 3. — Le mont Saint-Michel à marée haute et à marée basse
avant la construction de la digue.

partements d'Ille et-Vilaine, des Côtes-du-Nord et du Finistère), terre de granit dont les découpures profondes, les saillies innombrables contrastent avec l'uniformité du littoral picard et normand.

De l'est à l'ouest, le navigateur voit se creuser successivement le golfe de *Saint-Malo*, où se jette la Rance, la baie de *Saint-Brieuc*, entre les escarpements formidables du cap *Fréhel* et les roches noirâtres de *Saint-Quay*, la rade de *Morlaix* avec ses écueils qui disparaissent à marée haute sous des flots d'écume. Sur la côte sont dispersés des îlots granitiques, l'île *Bréhat*, les *Sept-Îles*, l'île de *Batz*. Les seuls ports accessibles aux navires d'un assez fort tonnage sont **Saint-Malo** (département d'Ille-et-Vilaine), à l'embouchure de la Rance, entassé sur un rocher qui se rattache à la terre par un isthme sablonneux, et **Morlaix** (Finistère), dans une étroite vallée; à quelques kilomètres de la mer.

Les principales pêches de la Manche sont celles des *huîtres* (Cancale) et du *hareng*.

III

Atlantique. — L'Atlantique et le golfe de Gascogne baignent la France depuis la pointe Saint-Mathieu jusqu'à l'embouchure de la Bidassoa, sur une étendue de près de 1100 kilomètres.

1° *De la pointe Saint-Mathieu à l'embouchure de la Loire*, la côte de **Bretagne** (*départements du Finistère, du Morbihan et de la Loire-Inférieure*), conserve son aspect tour à tour imposant et sauvage. Entre le cap Saint-Mathieu et la pointe septentrionale de la presqu'île de *Crozon* s'ouvre un étroit passage semé de roches sous-marines : c'est le goulet de Brest : mais, au delà de ce canal, les côtes s'écartent, et l'on voit tout à coup se déployer une rade qui pourrait abriter quatre cents vaisseaux de ligne, et s'élever sur deux collines que sépare la petite rivière de la *Penfeld*, la ville de **Brest**, notre premier port militaire sur l'Atlantique et l'un des plus beaux du monde (Finistère), avec ses remparts, ses arsenaux, ses casernes, ses ateliers gigantesques, œuvre du grand ministre Colbert et du grand ingénieur Vauban. De l'autre côté de la presqu'île de Crozon, entre le cap de la *Chèvre* et la pointe du *Raz* s'ouvre la baie de *Douarnenez*, bordée d'un amphithéâtre de collines verdoyantes. Entre la pointe du Raz et celle de *Penmarch* (Tête du Cheval), s'arrondit en demi-cercle la baie d'*Audierne*, l'une des plus sauvages et des plus dangereuses de la côte de Bretagne. C'est au milieu de ces rochers enveloppés d'un éternel brouillard et battus par une mer toujours houleuse, que la tradition bretonne a placé la

scène de ses légendes les plus terribles et les plus fan-
tastiques : c'est là que la barque infernale venait chercher les âmes des morts, pour les emporter au pays des
ombres, et le souvenir de la légende s'est conservé dans
le nom sinistre de *baie des Trépassés,* donné à une anse
voisine de la pointe du Raz.

Au delà de la pointe de Penmarch, la côte incline vers
le sud-est et se creuse en arc de cercle jusqu'à l'embouchure de la Loire. Moins élevée et moins sauvage, elle
offre des rades nombreuses : la baie de *Concarneau,* la baie
de **Lorient,** formée par le Scorf et le Blavet, et où s'élève
la ville de Lorient, fondée par l'ancienne Compagnie des
Indes-Orientales, et l'un de nos grands ports militaires;
la baie de *Quiberon,* qui doit son nom à une presqu'île
rocheuse, célèbre par un désastre des émigrés pendant
les guerres de la Révolution; le golfe du **Morbihan**
(petite mer), semé d'îles nombreuses; l'estuaire de la
Vilaine et la rade du *Croisic,* où la côte s'abaisse et où
succèdent aux rochers les sables et les marais salants.

Fig. 4. — Marais salants.

Entre la pointe du *Croisic* et la pointe *Saint-Gildas*
s'ouvre le large estuaire de la **Loire,** avec le port de **Saint-**

Nazaire, village de pêcheurs au commencement du siècle, aujourd'hui l'un de nos ports les plus actifs, destiné à éclipser **Nantes** comme le Havre a détrôné Rouen.

Fig. 5. — Le port de Nantes.

La côte de Bretagne est parsemée de nombreuses îles : *Ouessant*, près de la pointe Saint-Mathieu ; *Sein*, qui fut l'un des derniers asiles de la religion des druides, en face de la pointe du Raz ; les îles de *Glenan* et de *Groix*, entre la pointe de Penmarch et la presqu'île de Quiberon, et **Belle-Isle**, en face de l'embouchure de la Vilaine.

2° De la pointe *Saint-Gildas* à la pointe d'*Arvert*, au sud de l'embouchure de la *Seudre* (*départements de la Loire-Inférieure, de la Vendée, de la Charente-Inférieure*), s'étend une plage basse, sablonneuse ou couverte de marais salants, creusée par quelques baies ensablées, la baie de *Bourgneuf*, au sud de la pointe Saint-Gildas ; l'anse de l'*Aiguillon*, à l'embouchure de la Sèvre Niortaise ; la rade des *Basques*, au nord de l'embouchure de la Charente.

L'île de **Noirmoutier**, en face de la baie de Bourgneuf ; un peu plus au sud, l'île d'**Yeu** ; en face de l'embouchure de la Sèvre, l'île de **Ré**, séparée du continent par le pertuis ou détroit *Breton* ; en face de l'embouchure de la Charente, la petite île d'*Aix* et la grande île d'**Oléron**, séparée de l'île de Ré par le pertuis d'*Antioche* et du continent par la passe étroite de *Maumusson*, forment comme une digue naturelle qui brise les vagues de la haute mer, retient les alluvions apportées par les fleuves et tend peu à peu à combler les échancrures de la côte et les canaux qui la séparent des îles. A marée basse, Noirmoutier devient une presqu'île : le pertuis Breton n'a pas 10 mètres de profondeur, et la partie de la Vendée qui porte encore le nom de *Marais* était un golfe au moyen âge. En outre, la côte, soulevée par un mouvement qui dure depuis des siècles, émerge lentement au-dessus de l'Océan ; près de l'embouchure de la Sèvre, on trouve les traces de bancs d'huîtres qui sont de nos jours à une hauteur de 20 mètres au-dessus du niveau de la mer, et les cales des vaisseaux établies à Rochefort du temps de Louis XIV sont aujourd'hui à plus d'un mètre au-dessus des cales modernes. Aussi les ports de cette région perdent-ils peu à peu leur importance. Les **Sables-d'Olonne** (Vendée) ne reçoivent que des bateaux de pêche ; la **Rochelle** (Charente-Inférieure), qui était encore une des reines de l'Atlantique au moment où les protestants français en faisaient leur capitale, et où Richelieu s'en emparait (1628), voit chaque jour décliner son commerce ; enfin **Rochefort** même (Charente-Inférieure), un de nos cinq grands ports militaires, à l'embouchure de la Charente, paraît sérieusement menacé par l'exhaussement progressif du fond de cette rivière.

De la pointe d'Arvert à la pointe de la *Coubre* (embouchure de la Gironde), le littoral change de caractère : il est couvert de dunes hautes en quelques endroits de plus de 60 mètres, et qui, dans leur marche envahissante, ont déjà englouti des villages et des forêts.

3° Entre la pointe de la Coubre au nord et celle de *Grave* au sud, s'ouvre l'estuaire de la **Gironde,** au milieu duquel s'élève, sur un îlot couvert à marée haute, le phare ou tour de *Cordouan.* La Gironde, qui ronge sans cesse sa rive gauche, et qui accumule sur sa rive droite les sables qu'elle roule dans ses flots, n'a pas de port à

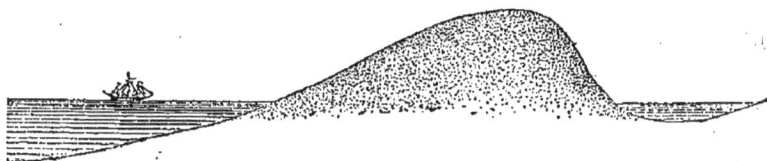

Fig. 6 — Coupe d'une dune.

son embouchure : les navires, pour trouver un bon mouillage, doivent remonter presque jusqu'à **Bordeaux.** Quelques travaux feraient cependant de la rade du *Verdon,* sur la rive gauche du fleuve, en face de *Royan,* un des bons ports de France.

A la pointe de Grave commence le golfe de **Gascogne.** Jusqu'à l'embouchure de l'**Adour,** la côte court en ligne droite du nord au sud, sans ports, sans abris, sans autre échancrure que le bassin vaseux d'*Arcachon (départements de la Gironde et des Landes).* Rien de plus morne et de plus désolé que l'aspect des Landes. Sur le littoral, des dunes hautes de 30 à 50 mètres, mobiles et ondoyantes comme les vagues de l'Océan, poussées comme elles par le souffle furieux des vents d'ouest et s'avançant lentement à la conquête de la terre habitée et cultivée; dans l'intérieur, au pied des dunes qui arrêtent les eaux, de vastes étangs (étangs de *Carcans,* de *Lacanau,* de *Cazau,* de *Parentis,* de *Saint-Julien,* de *Léon*), d'où montent vers le soir des vapeurs blanchâtres, haleine empestée des marais, qui souffle la fièvre et la mort : des plaines monotones, semées de maigres bruyères où errent en liberté des troupes de chevaux sauvages, et que parcourt, monté sur de longues échasses, le pâtre landais, triste et silencieux comme la nature qui l'entoure. Aujourd'hui cependant les Landes changent peu à peu de face. Des forêts de pins, dont les premiers semis ont été faits au siècle dernier d'après les plans de l'ingénieur Brémontier, ont fixé les dunes; en même temps qu'elles arrêtent leur marche envahissante, elles fournissent au commerce le bois et la résine : des canaux ouvrent aux eaux stagnantes un chemin vers la mer; 600 000 hectares, autrefois stériles, sont livrés à la culture. L'homme a vaincu le désert, mais il reste impuissant contre l'Océan, qui continue à ronger la côte des Landes, et qui gagne en un siècle plus de 200 mètres sur la terre.

4° De l'embouchure de l'Adour, à l'entrée duquel se trouve le port de **Bayonne** (*département des Basses-Pyrénées*), menacé par l'invasion des sables et des galets, à l'embouchure de la *Bidassoa*, la côte est formée de rochers et de falaises, derniers escarpements des Pyrénées, et creusée de baies pittoresques où se cachent les petits ports de *Biarritz*, de *Saint-Jean-de-Luz* et d'*Hendaye*, sur la Bidassoa.

Les principales pêches de l'Atlantique sont celles des huîtres (rade de Brest, Morbihan, embouchure de la Charente), de la sardine (côtes de Bretagne) et des crustacés (homards, langoustes, etc., sur les côtes de Bretagne).

Tandis que dans la Manche les profondeurs les plus considérables ne dépassent pas 150 mètres, et que sur les côtes de la Bretagne, de la Vendée et de l'Aunis le fond de l'Atlantique s'abaisse lentement, la pente est beaucoup plus rapide dans le golfe de Gascogne, où la sonde atteint, à 150 kilomètres des côtes, des profondeurs de 500 mètres.

IV

Méditerranée. — La Méditerranée, séparée de l'Atlantique par l'isthme des Pyrénées, baigne la France sur une étendue de près de 700 kilomètres, du cap *Cerbéra*, point extrême des Pyrénées orientales à l'embouchure de la Roya.

1° Les côtes du **golfe du Lion** (*Pyrénées-Orientales, Aude, Hérault, Gard*), escarpées et rocheuses du cap Cerbéra à l'embouchure de la *Têt*, s'abaissent à partir de ce point jusqu'aux bouches du Rhône et décrivent un vaste demi-cercle, bordé de plages sablonneuses, de marais salants, de lagunes et d'étangs, tels que ceux de *Leucate* et de *Sigean*, entre l'embouchure de la Têt et celle de l'*Aude;* de *Vendres*, de *Thau*, de *Mauguio* et d'*Aigues-Mortes*, entre l'Aude et le Rhône ; de *Valcarès*, dans l'île marécageuse de la *Camargue*, formée par les deux bras principaux du fleuve ; enfin, à l'est du delta du Rhône, le grand étang de *Berre*, qui communique avec le golfe de *Fos* par un étroit canal. Sur presque tout le littoral du golfe du Lion, les alluvions apportées par les nombreux cours d'eau qui s'y jettent, et peut-être un soulèvement progressif de la côte analogue à celui qu'on a observé dans l'Atlantique, font reculer peu à peu la Méditerranée, transforment les golfes en étangs, séparés de la mer par de petites dunes sablonneuses, et menacent les ports envahis peu à peu par les sables et les galets. Tel a été le sort de *Narbonne* (Aude) et de *Maguelonne* (Hérault), et tel est le danger qui menace les ports d'*Agde* et de **Cette** (Hérault), l'un des plus actifs de la Méditerranée. **Port-Vendres** et *Collioure* (*Pyrénées-Orientales*), situés au pied des Pyrénées, sont des ports médiocres, mais n'ont pas à redouter l'ensablement.

2° Au delà de l'étang de Berre, la côte se relève, les sables font place aux rochers ; les îlots de *Pomègue*, de *Ratonneau* et du *Château-d'If* se dressent à l'entrée d'une large baie qui, avec ses eaux bleues et ses roches rougeâtres, ressemble à un golfe de la Grèce. C'est là qu'une colonie de Phocéens est venue fonder **Marseille** (Bouches-du-Rhône), aujourd'hui notre premier port français, et l'une des reines du commerce de l'Orient.

La côte de **Provence** (*départements des Bouches-du-Rhône, du Var et des Alpes-Maritimes*), qui s'avance en arc de cercle, devient de plus en plus rocheuse et découpée. Ses profondes échancrures (rade de *Toulon*, golfe de

Giens, rade d'*Hyères*, golfes de *Saint-Tropez*, de *Fréjus*, de la *Napoule*, golfe *Jouan*, célèbre par le débarquement

Fig. 7. — Notre-Dame de la Garde à Marseille.

de Napoléon en 1815, rade de *Villefranche*), ses caps

Fig. 8. — Le port de Marseille.

escarpés et couronnés de verdure (caps *Couronne*, *Sicié*, cap *Cépet*, presqu'île de *Giens*, cap *Lardier*, cap de *Saint-*

Tropez); ses îlots granitiques, les îles d'**Hyères** (Porquerolles, Port-Cros et île du Levant), les îles de **Lérius** (Sainte-Marguerite et Saint-Honorat), avec leurs bois de pins et de chênes verts, annoncent le voisinage des Alpes, qui plongent jusque dans le golfe de Gênes leurs pentes couvertes de villas, de jardins, de bois d'oliviers et d'orangers.

Les principaux ports depuis Marseille jusqu'à l'embouchure de la Roya sont : **Toulon**, œuvre de Vauban, avec sa rade immense protégée par la presqu'île de *Cépet*, ses arsenaux et ses chantiers de construction les plus vastes de la Méditerranée; *Fréjus*, envahi par les sables; *Cannes*, avec ses avenues de palmiers et son délicieux climat; *Antibes*, près de l'embouchure du Var; **Nice**, le chef-lieu des Alpes-Maritimes; *Villefranche*, *Menton*, villes françaises depuis 1860; *Monaco*, petite principauté indépendante, rendez-vous de la foule élégante, qui vient chercher sous ce beau ciel la santé ou le plaisir.

3° La **Corse**, terminée au nord par le cap *Corse* et séparée de la grande île de Sardaigne, qui appartient à l'Italie, par un détroit hérissé d'écueils, celui de *Bonifacio*, est une île montagneuse, dont les côtes, très élevées et très découpées au nord et à l'ouest (golfes de *Saint-Florent*, d'*Ajaccio*, de *Valinco*), sont moins accidentées et souvent marécageuses à l'est. Les principaux ports de la Corse sont : au nord, **Bastia**, sur la côte orientale, et *Saint-Florent*, sur la côte occidentale; à l'ouest, **Ajaccio**.

Fig. 9. — Ajaccio.

La profondeur de la Méditerranée, qui est de moins de 200 mètres dans le golfe du Lion, atteint 300 mètres à peu de distance du littoral sur les côtes de Provence : les marées, comme dans toutes les mers intérieures, y sont à peine sensibles.

En résumé, malgré l'étendue de ses côtes, la France a peu de bons ports : à l'exception du Havre et de Cherbourg, création tout artificielle, ceux de la Manche sont menacés par l'invasion des sables ou des galets; ceux de l'Océan et de la Méditerranée ont à redouter le même danger et de plus le soulèvement progressif des côtes. Les plus profonds et les plus sûrs sont ceux qui s'ouvrent au milieu des rochers de la Provence et de la Bretagne.

RÉSUMÉ

I

Situation. — La France est située entre 42 degrés 20 minutes et 51 degrés de latitude septentrionale, 7 degrés de longitude occidentale et 5 degrés de longitude orientale mesurés à partir du méridien de Paris.

Bornes. — Elle est bornée au nord-ouest par la *mer du Nord* et la *Manche*, à l'ouest par l'*Atlantique*, au sud par les *Pyrénées* qui la séparent de l'Espagne et par la *Méditerranée*, à l'est par les *Alpes* qui la séparent de l'Italie, le *lac de Genève* et le *Jura* qui la séparent de la Suisse; au nord-est par les *Vosges* et par une ligne de convention qui la séparent de l'Allemagne; au nord par le grand-duché de Luxembourg et la Belgique.

Superficie. Dimensions. — La France offre à peu près la forme d'un hexagone ou figure à six côtés, dont trois forment la frontière maritime et les trois autres la frontière continentale. La superficie totale est d'environ 528 000 kilomètres carrés ou 52 800 000 hectares, y compris l'île de Corse. Avant les traités de 1871, la superficie de la France était de 543 000 kilomètres carrés.

La plus grande longueur du sud au nord est de 1 000 kilomètres (250 lieues kilométriques); la plus grande largeur, de l'ouest à l'est, est de 960 kilomètres (240 lieues kilométriques).

II

Limites du nord-ouest. Mer du Nord. Manche. — De la frontière de Belgique à la pointe Saint-Mathieu, où se termine la Manche, le développement des côtes est d'environ 900 kilomètres. La direction générale est du nord-est au sud-ouest.

Elles sont baignées par la mer du Nord, par le Pas de Calais, qui n'a nulle part plus de 50 mètres de profondeur, et par la Manche, dont les profondeurs extrêmes ne dépassent pas 150 mètres. On y remarque les caps *Grisnez*, d'*Antifer*, de la *Hève*, la presqu'île du *Cotentin* terminée par le cap de *la Hague*, le cap *Fréhel*, etc.

Les *principaux golfes* sont la baie de la *Somme*, le golfe de la *Seine* ou du *Calvados*, la baie du *mont Saint-Michel*, le golfe de *Saint-Malo*, la baie de *Saint-Brieuc*.

Les *principales îles* sont les îles anglo-normandes : *Aurigny*, *Guernesey*, *Jersey*, séparées du littoral par le *Raz-Blanchard* et le *passage de la Déroute*, les îles *Chausey*, l'île *Bréhat*, les *Sept Iles*.

Les *départements du littoral* sont le Nord, le Pas-de-Calais, la Somme (dunes et plages sablonneuses); la Seine-Inférieure (falaises); l'Eure, le Calvados, la Manche (plages et falaises bordées d'écueils); l'Ille-et-Vilaine, les Côtes-du-Nord, le Finistère (rochers).

Les *principaux ports* sont *Dunkerque* (Nord); *Calais* et *Boulogne* (Pas-de-Calais); *Dieppe*, Fécamp, LE HAVRE (Seine-Inférieure); Honfleur (Calvados); CHERBOURG et Granville (Manche); *Saint-Malo* (Ille-et-Vilaine); et Morlaix (Finistère).

III

LIMITES DE L'OUEST. ATLANTIQUE. — L'Atlantique et le golfe de Gascogne baignent la France depuis la pointe Saint-Mathieu jusqu'à l'embouchure de la Bidassoa, sur une étendue de 1 100 kilomètres. La direction générale des côtes est du nord au sud.

De la pointe *Saint-Mathieu* à la pointe du *Croisic* (embouchure de la Loire) s'avance la presqu'île de *Bretagne* (pointes du *Raz*, de la *Chèvre*, de *Penmarch*, presqu'île de *Quiberon*; baies de *Brest*, de *Douarnenez*, d'*Audierne*, du *Morbihan*; îles d'*Ouessant*, de *Sein*, de *Glenan*, de *Groix* et de *Belle-Isle*).

De la pointe *Saint-Gildas* (embouchure de la Loire) à celle de de la *Coubre* (embouchure de la Gironde, rive droite), on rencontre les îles de *Noirmoutier*, d'*Yeu*, de *Ré*, d'*Aix*, d'*Oléron*.

De la pointe de *Grave* (embouchure de la Gironde, rive gauche) à la *Bidassoa*, les côtes sont bordées d'étangs (bassin d'*Arcachon*, étangs de *Carcans*, de *Lacanau*, de *Cazau*, de *Parentis*).

Le fond de l'Atlantique s'abaisse par une pente de plus en plus rapide, à mesure qu'on s'éloigne des côtes.

Les *départements du littoral* sont, sur l'Atlantique, le Finistère, le Morbihan (rochers et côtes granitiques); la Loire-Inférieure (marais salants); la Vendée, la Charente-Inférieure (plages basses, marais salants); sur le golfe de Gascogne, la

Gironde, les Landes (dunes et étangs); et les Basses-Pyrénées (rochers).

Les *principaux ports* sont Brest (Finistère), Lorient (Morbihan), ports militaires; Saint-Nazaire et Nantes (Loire-Inférieure); *La Rochelle* et Rochefort, port militaire (Charente-Inférieure); Bordeaux (Gironde); et *Bayonne*, sur l'Adour (Basses-Pyrénées).

IV

Limites du sud-est. Méditerranée. — La Méditerranée baigne la France sur une étendue de près de 700 kilomètres, du cap *Cerbéra* à l'embouchure de la *Roya*.

Les *principaux golfes* ou baies sont le golfe du *Lion*, les rades de Marseille et de Toulon, les golfes de *Giens*, de *Saint-Tropez*, de *Fréjus*, le golfe *Jouan*, etc...

Les *principaux étangs* sont ceux de *Leucate*, de *Sigean*, de *Thau*, de *Valcarès* et de *Berre*.

Les *caps et presqu'îles* sont le cap *Cerbéra*, le cap *Couronne*, le cap *Sicié*, la presqu'île de *Giens*, le cap *Lardier*.

Les *îles* sont celles d'*Hyères*, de *Lérins* et la Corse (golfes d'Ajaccio, de Valinco, de Saint-Florent, cap *Corse*), séparée de la Sardaigne par le détroit de *Bonifacio*.

Les *départements du littoral* sont les Pyrénées-Orientales (rochers); l'Aude, l'Hérault, le Gard (plages sablonneuses et lagunes); les Bouches-du-Rhône, le Var, les Alpes-Maritimes, (côtes rocheuses et découpées).

Les *principaux ports* sont *Port-Vendres* (Pyrénées-Orientales); Cette (Hérault); Marseille (Bouches-du-Rhône); Toulon, port militaire (Var); Antibes, *Nice* et Villefranche (Alpes-Maritimes); *Bastia* et Ajaccio (Corse).

Questionnaire.

A quelle partie du monde appartient la France? — Quelles sont ses bornes? — Quels sont les pays limitrophes de la France? — Quelle est sa superficie et sa forme? — Quelle est la plus grande longueur de la France du sud au nord? — Quels sont les avantages de la situation de la France? — Cette situation n'a-t-elle pas aussi des inconvénients? — Quelle était la superficie de la France avant 1871? — Quelles sont au nord-ouest et à l'ouest les limites de la France? — Indiquer les golfes, baies, îles, presqu'îles, caps de la Manche et de l'Atlantique. — Le détroit du Pas de Calais est-il très profond? — Quel est l'aspect du littoral de la Manche, — de l'Atlantique? — Qu'est-ce que des dunes? — Comment peut-on les arrêter? — Qu'entend-on par falaises? — Qu'est-ce qu'un marais salant? — N'y a-t-il de marais salants que sur les côtes de l'Atlantique? — Décrire le littoral de la Méditerranée. — Qu'est-ce que des lagunes? — Indiquer les départements du littoral, les principaux ports de commerce et les ports militaires.

Exercices.

Tracer au tableau le canevas d'une carte de France en représentant les longitudes et les latitudes par des lignes droites.

Tracer d'après ce canevas, et avec une carte murale sous les yeux, le contour de la France à une échelle plus petite que celle de la carte.

Faire le même tracé de mémoire sur le papier.

Ecrire sur cette carte les noms des principaux caps, golfes, îles, presqu'îles, etc.

Indiquer par des courbes les profondeurs des mers qui baignent la France.

Lectures.

E. RECLUS. *La France.* 1 vol. gr. in-8°.
LENTHÉRIC. *Les Villes mortes du golfe du Lion.* 1 vol. in-8°.
LANDRIN. *Les Plages de la France.* 1 vol. in-16.

CHAPITRE II

Le relief du sol. Montagnes, plateaux et plaines.

I

Division de la France en pays de montagnes, de plateaux et de plaines. — Si on pouvait d'un coup d'œil embrasser toute la surface du territoire français, on verrait se dresser au sud et au sud-est deux massifs montagneux : les **Pyrénées** et les **Alpes** avec leurs sommets couverts de neiges éternelles.

A l'est on verrait se prolonger entre la France d'un côté, la Suisse et l'Allemagne de l'autre, deux massifs moins épais et moins élevés, celui du **Jura** et celui des **Vosges**, dont la pente occidentale se continue par un plateau élevé en moyenne de 300 à 400 mètres qui occupe tout le nord-est de la France et qu'on peut désigner sous le nom de *plateau de la Lorraine.*

Enfin au centre s'étend une vaste région élevée en moyenne de 600 à 800 mètres au-dessus du niveau de la mer, sillonnée par des chaînes de montagnes volcaniques, et dominée au sud-est et à l'est par une longue chaîne de montagnes, les **Cévennes**, qui se rattachent aux Vosges par une série de plateaux ou de terrasses boisées. On a donné à cette région le nom de **massif central français.**

Tout le reste de la France est un pays de plaines, mais entre les plaines basses du nord et celles de l'ouest et du sud-ouest, dont aucun point, sauf quelques collines, n'est à plus de 80 mètres au-dessus du niveau de la mer, s'avance comme une sorte de promontoire une bande de terrains plus élevés (hauteur moyenne de 100 à 200 mètres) qui se prolongent depuis le plateau de la Lorraine jusqu'à l'extrémité de la presqu'île de Bretagne. La **Bretagne** elle-même forme un massif accidenté, dont les points culminants atteignent 390 mètres.

II

LES PYRÉNÉES

Les Pyrénées. — Les Pyrénées françaises s'étendent de l'ouest à l'est, des sources de la Bidassoa (col de Maya ou de Belate) au cap Cerbéra (Méditerranée), sur une longueur de 360 kilomètres environ et une largeur moyenne de 80 à 90. La chaîne s'abaisse et se rétrécit aux deux extrémités ; c'est dans la partie centrale qu'elle atteint sa plus grande épaisseur et sa plus grande élévation (3400 mètres). C'est là aussi qu'elle se brise pour former une sorte de coude à angle droit qui interrompt sa direction régulière de l'ouest à l'est.

La chaîne principale est un massif abrupt dont les parois, taillées à pic comme les gradins d'un amphithéâtre, dessinent parfois des enceintes connues sous le nom de *cirques* (cirques de *Gavarnie*, de *Troumouse*, du *Lys*, etc.). Elle est dentelée et hérissée de pics qui se dressent en forme de pyramides ; quelques-uns seulement, ceux qui atteignent 3000 mètres, sont couverts de neiges éternelles. Les Pyrénées ont peu de glaciers ; les plus importants sont ceux du Vignemale, du Marboré et du mas-

sif de la **Maladetta**; mais aucun ne saurait rivaliser avec
les gigantesques glaciers des Alpes. La pente méridionale
est beaucoup plus escarpée que la pente septentrionale; aussi les lacs, nombreux dans le versant français,
sont-ils très rares
dans le versant
espagnol. Situés
pour la plupart à
une grande éléva-
tion, ces lacs sont,
du reste, plus re-
marquables par
leur profondeur et
par la fraîcheur
glaciale de leurs
eaux que par leur
étendue : les plus

Fig. 10. — Les Pyrénées (vues de Pau).

grands, les lacs de Gaube et d'Oo, ne mériteraient
même pas une mention s'ils appartenaient à la région
des Alpes.

Les contreforts des Pyrénées sont à peu près perpendiculaires à la ligne de faîte et s'abaissent assez rapidement. A la naissance des vallées qu'ils séparent, la crête
de la montagne présente de nombreuses échancrures
connues sous le nom de *ports*, et qui sont au nombre de
plus de 150 dans toute la longueur de la chaîne; mais,
sauf aux deux extrémités, la plupart de ces passages,
situés à une élévation supérieure à celle des cols des
Alpes, sont impraticables en hiver et inaccessibles même
en été aux voitures ou au piéton inexpérimenté.

Les **Pyrénées** ont perdu la ceinture de forêts qui les
ombrageaient autrefois; l'if, le pin, les arbres des hautes
régions, le sapin et le hêtre, qui descendent jusqu'à la
plaine, y couvrent à peine une superficie de 500000 hectares dans le versant français, et ces défrichements impru-
dents ont contribué à dénuder les flancs de la montagne,
à tarir les sources et, dans la saison des orages ou de la
fonte des neiges, à jeter dans les vallées, par tous les.

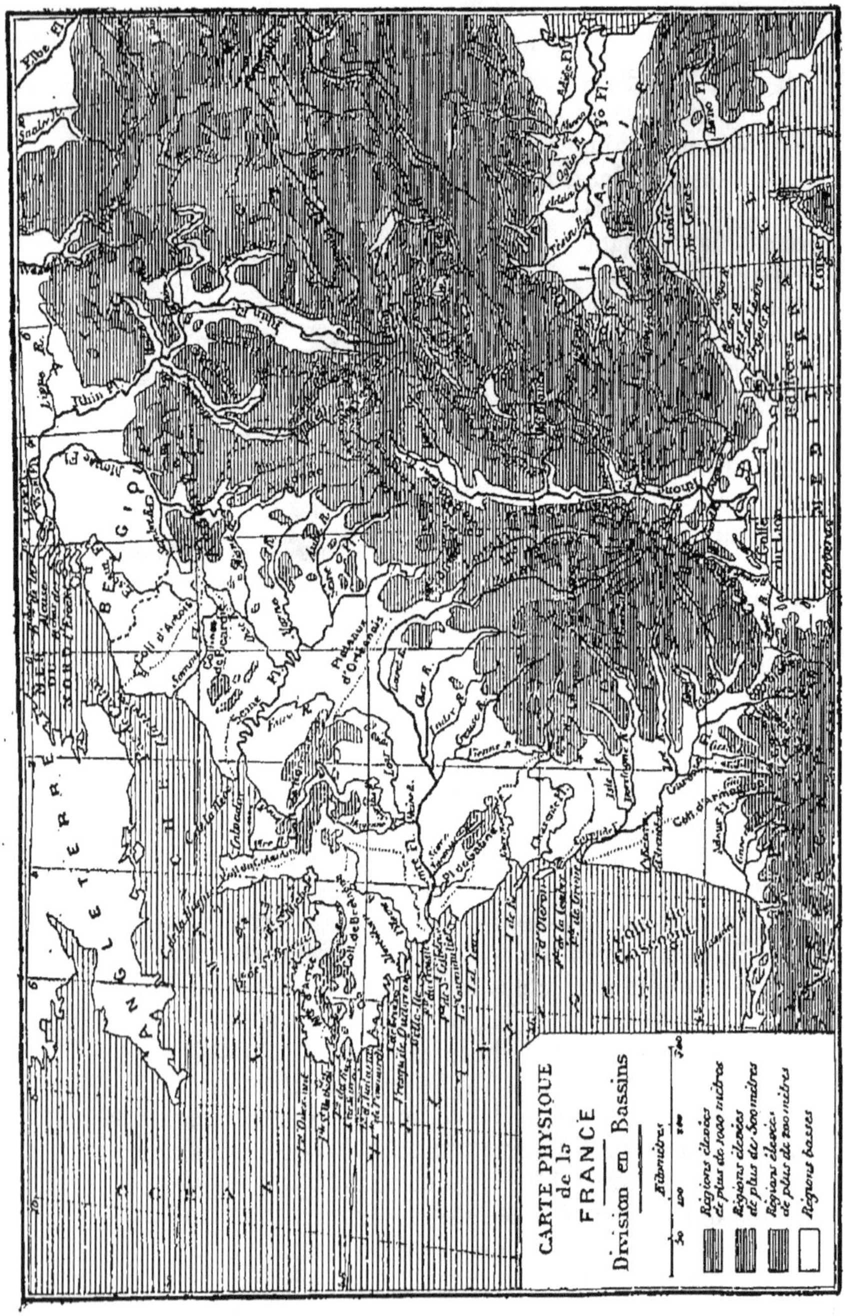

CARTE PHYSIQUE
de la
FRANCE
Division en Bassins

Kilomètres

Régions élevées
de plus de 1000 mètres

Régions élevées
de plus de 500 mètres

Régions élevées
de plus de 200 mètres

Régions basses

Carte I.

gaves ou torrents qui s'y précipitent, des masses d'eau qui les dévastent et s'écoulent en quelques jours, ne laissant derrière elles que la ruine et l'aridité.

Les pâturages, d'un accès difficile à cause des escarpements de la chaîne, sont loin d'être aussi abondants que ceux des Alpes et nourrissent surtout des moutons

Fig. 11. — Chamois (hauteur de la figure jusqu'à la naissance du cou, 0^m,03 ; hauteur réelle, 0^m,70 à 0^m,80).

et des chèvres : l'ours et le chamois, ou isard, se rencontrent, comme dans les Alpes, dans les hautes vallées, mais deviennent de plus en plus rares.

Les Pyrénées renfermaient autrefois des mines d'argent exploitées par les Phéniciens ; ces mines sont épuisées depuis des siècles ; mais les Pyrénées françaises ont encore leurs belles carrières de marbres (Saint-Béat dans la Haute-Garonne, Campan dans les Hautes-Pyrénées), leurs mines de fer (Vicdessos dans l'Ariège, etc.), leurs mines de sel gemme et leurs nombreuses sources presque toutes sulfureuses (*Eaux-Bonnes* dans les Basses-Pyrénées, *Barèges*, *Bagnères-de-Bigorre*, *Cauterets* dans les Hautes-Pyrénées, *Bagnères-de-Luchon* dans la Haute-Garonne, *Amélie-les-Bains* dans les Pyrénées-Orientales).

Les Pyrénées franco-espagnoles se divisent en trois parties : 1° Des sources de la Bidassoa au pic de la *Munia* (3150 mètres), qui domine le cirque de Troumouse, les **Pyrénées occidentales** ou Basses-Pyrénées (1600 mètres de hauteur moyenne) avec le pic d'*Anie* (2500 mètres), le pic du *Midi d'Ossau* (revers septentrional, 2885 m.), le *Vignemale* (3300 mètres), le *Taillon* (3080 mètres), le *Cylindre* et les tours de *Marboré* (ligne de faîte), le mont *Perdu* (3352 mètres, sur le revers espagnol); et les cols de *Maya*, de *Roncevaux*, célèbre par le souvenir de Charlemagne et de Roland, du *Somport*, du *Pourtalet*, de *Gavarnie*, etc. Ces cols sont, en général, d'accès assez facile,

Fig. 12. — Cascade de Gavarnie.

et les vallées des Pyrénées occidentales, le val *Carlos*, le val d'*Aspe*, le val d'*Ossau*, la vallée de *Cauterets*, celles de *Gavarnie* et de *Luz*, où coule le gave de Pau, celle de *Bastan*, celle d'*Arrens*, sont les plus riantes des Pyrénées.

2° Du cirque de *Troumouse* au pic de *Carlitte* (2920 m.) s'étendent les **Pyrénées centrales**, la partie la plus large, la plus élevée et la plus abrupte de la chaîne, avec leurs glaciers, leurs sommets granitiques, le pic *Posets* (3370 m.), la *Maladetta* et le *Néthou* (3404 mètres) sur le revers espagnol, le *pic du Portillon* (3145 mètres), le *Tuc de Maupas*, le *pic de Perdighera* (3220 mètres), la *pique d'Estats*, le *puy de Mont-Calm* (3080 mètres) sur la ligne de faîte; leurs cols sont presque tous élevés de plus de 2000 mètres (port d'*Oo*,

port de *Venasque*, port de *Viella*, col de *Puymorens*
[1920 mètres]); leurs vallées sont sauvages et profondément encaissées. Les principales sont la vallée d'*Aure*,
le val d'*Aran*, où la Garonne prend sa source, le val
de *Luchon*, les vallées du *Salat* et de l'Ariège, affluents
de la Garonne, le val d'*Andorre*, etc.

Les principaux contreforts des Pyrénées occidentales
et centrales sont, dans le versant français, les monts de
la *basse Navarre*, dont le point le plus élevé est la
Rhune (900 mètres), et les monts du *Bigorre*, qui se
dressent entre la vallée de la Neste, affluent de la Garonne, et celle du Gave de Pau, affluent de l'Adour. Le
sommet le plus connu est le pic du *Midi de Bigorre*
(2880 mètres); mais le massif de *Néouvieille*, le pic *Long*,
le dépassent de près de 200 mètres. La vallée de *Barèges*,
celle de *Campun* (haute vallée de l'Adour), peuvent le
disputer à celles de la grande chaîne. Les monts du *Bigorre* se prolongent par le plateau de *Lannemezan*, ter-
rasse d'alluvions qui s'étale en éventail entre la vallée de
la Garonne et celle de l'Adour et d'où se détachent vers
le nord les collines de l'*Armagnac* et du *Bordelais*.

3° Du pic de Carlitte à la pointe Cerbéra, les **Pyrénées
orientales** (hauteur moyenne 1500 mètres), qui prennent
à leur extrémité le nom de monts *Albères*, ont peu de
sommets qui dépassent 2800 mètres (pic de la *Vache*,
pic du *Géant*, *Puigmal*).

Les cols de la *Perche*, des *Aires*, de *Coustouge*, de
Pertus, des *Balistres*, de *Banyuls*, sont en général peu
élevés et d'accès facile; ceux de la *Perche* et de *Pertus*
sont carrossables. Les vallées les plus importantes sont
celles de la Sègre (*Cerdagne*) et de l'Aude.

Les contreforts les plus considérables sont les *Corbières occidentales*, qui se détachent du pic de Carlitte et
courent vers le nord jusqu'au col de *Naurouse* en s'abaissant rapidement; les *Corbières orientales*, qui, partant
du même point, courent entre l'Aude et la Méditerranée;
et le massif imposant du *Canigou* (2785 mètres), qui
domine la plaine d'alluvions du Roussillon.

III

LE MASSIF CENTRAL

Description générale. — Au pied des Pyrénées, depuis la Méditerranée jusqu'à l'Atlantique, s'étendent la plaine sablonneuse des Landes, la riche et large vallée de la Garonne et les plaines du Roussillon et du Narbonnais ; c'est un vaste bassin en partie couvert, surtout dans les Landes, d'alluvions anciennes : mais, sur la rive droite de la Garonne, le terrain se relève rapidement ; ce sont les premières pentes d'un massif montagneux que sa situation à peu près au centre de la France a fait nommer le **massif central**, ou moins exactement le *plateau central*. Il occupe une surface de 80 000 kilomètres carrés, et comprend les anciennes provinces du Limousin, d'Auvergne, de la Marche, avec une partie de la Guienne, du Languedoc, du Lyonnais, du Bourbonnais et de la Bourgogne. Au nord, la pente s'efface peu à peu dans les plaines marécageuses du Berry et de la Sologne ; à l'ouest, dans les vallons de la Saintonge et du Poitou ; au sud, dans la vallée de la Garonne et la plaine maritime du bas Languedoc ; à l'est et au nord-est, elle se relève brusquement pour former la chaîne des **Cévennes**, qui domine par des talus rapides les vallées du Rhône et de la Saône. Le massif du *Morvan* est le dernier renflement de cette énorme protubérance du sol français.

Le massif central, dont l'élévation moyenne varie de 400 à 800 mètres, est formé de terrains granitiques ou de roches éruptives dont le noyau paraît n'avoir jamais été recouvert par les mers, depuis les plus anciennes périodes géologiques. Il est sillonné par de nombreux cours d'eau, coupé de vallées, qui doivent leur origine, les unes aux convulsions volcaniques, les autres à l'action plus lente des courants qui ont raviné le sol. Les cratères éteints, où dorment de petits lacs aux

eaux profondes, les coulées de lave, les chaussées et les
colonnades de basalte conservent les traces des bouleversements que dut subir la France centrale, au temps où
des centaines de volcans, debout aux bords des lacs aujourd'hui desséchés, vomissaient des torrents de flammes,
et où les tremblements de terre secouaient le sol, creu-
saient les vallées et déchiraient les montagnes.

Les montagnes d'Auvergne et du Limousin.
— Le massif est surmonté par plusieurs chaînes de montagnes en grande partie volcaniques, et qui paraissent
rayonner d'un centre commun, le nœud des monts
Lozère, dans la chaîne des *Cévennes.*

De ce point central se détachent vers le nord les monts
du *Vélay* et ceux du *Vivarais*, vers le sud les *Cévennes
méridionales;* vers le nord-ouest, dans une sorte de presqu'île formée par le Lot et son affluent la Truyère, se
dressent les monts d'*Aubrac* avec leurs volcans éteints et
leurs sources sulfureuses (Chaudesaigues, etc.).

Fig. 13. — Vue de la chaîne des Puys (Auvergne).

Dans la même direction, entre la vallée de la Truyère
et celle de l'Allier, courent les monts de la **Margeride,**
arête granitique élevée de 1 400 à 1 500 mètres (Truc de
Randon, 1 554 mètres), et couverte de forêts.

Un plateau âpre et nu élevé de 1 000 à 1 100 mètres,

2.

la *Planèze*, sépare les monts d'Aubrac et ceux de la
Margeride du massif volcanique du *Cantal* (*Plomb du
Cantal*, 1858 mètres, puy *Mary*, 1787 mètres, puy *Vio-
lan*), où commencent les monts d'**Auvergne**. Au nord
du Cantal, auquel il se rattache par le groupe moins
élevé du *Cézallier* (1452 mètres), se dresse le massif du
mont *Dore*, le point culminant de la France intérieure,
avec ses deux sommets jumeaux : le *Sancy* (1886 mètres)
et le *Puy-Ferrand;* ses lacs (lac Pavin, lac Chambon)
reposant au fond des cratères, et ses nombreuses sources
thermales (mont *Dore*, la *Bourboule*).

Du mont Dore se détache vers le nord, entre la vallée
de l'Allier et celle de la Sioule, la chaîne des *Puys* ou des
Dômes, espèce de plateau dominé par plus de soixante
cratères éteints ou montagnes volcaniques, dont les plus
connues sont : le *Puy-de-Dôme* (1465 mètres), point
culminant de la chaîne, le puy de la *Vache*, et le puy de
Pariou. Au pied de la chaîne des Dômes s'étend, jusqu'aux montagnes du Forez, la fertile plaine de la *Limagne*, bassin d'un lac desséché où surgissent çà et là
des monticules, qui furent autrefois des îles volcaniques.

Le massif du Cantal est séparé par la vallée de la Dordogne des monts de la *basse Auvergne* que prolongent
vers le nord-ouest les monts du **Limousin** (mont de
Besson, 984 mètres, mont de *Meymac*, mont *Audouze*,
plateau granitique de *Millevaches*, etc.), plateaux ba-
layés par le vent, couverts de bruyères, de pâturages et
de forêts de châtaigniers. Des monts du Limousin se
détachent, au nord, les montagnes granitiques de la
Marche, au nord-est les collines de *Combrailles*, entre
le Cher et la Sioule, au nord-ouest les collines du *Poitou*
(150 mètres de hauteur moyenne), le plateau de *Gâtine*
(200 à 300 mètres), îlot de terrains cristallisés qu'enve-
loppent des formations plus récentes, et les vertes collines du *Bocage vendéen*, qui viennent mourir dans les
sables à l'embouchure de la Loire. A l'ouest, un autre rameau, les collines du *Périgord* et de *Saintonge*, se termine à la pointe de la Coubre.

IV

LES CÉVENNES ET LEURS PROLONGEMENTS

Les Cévennes. — Dans la direction du nord, le massif des monts Lozère, dont l'axe est perpendiculaire à celui des Cévennes et qui appartient à un soulèvement plus ancien, envoie entre l'Allier et la Loire un rameau qui porte successivement les noms de **monts du Vélay**, volcans éteints comme les puys d'Auvergne, de *monts du Forez* (point culminant le mont Pierre-sur-Haute, 1640 mètres) et de *monts de la Madeleine*. Ce rameau se termine dans les *plaines du Bourbonnais*. Enfin les monts Lozère marquent le point central de la longue chaîne des Cévennes qui dessine, au sud-est et à l'est, la limite des hautes terres de la France centrale, et qui est contemporaine du Jura.

Du col de Naurouse aux monts Lozère, les **Cévennes méridionales** (*coteaux de Saint-Félix, montagnes Noires, monts de l'Espinouse, monts de l'Orb*, plateaux des *Garrigues* et monts du *Gévaudan*) sont des montagnes en partie boisées, qui courent du sud-ouest au nord-est et dont la hauteur varie entre 500 et 1567 mètres (massif de l'*Aigoual*). S'abaissant du côté de la Méditerranée en pentes abruptes (les *Séranes*), en plateaux calcaires désignés sous le nom de *garrigues*, ou en terrasses cultivées, les Cévennes méridionales s'allongent sur l'autre versant en larges plateaux pierreux, arides, à peine couverts d'une herbe sèche et clairsemée, et que les montagnards appellent des *Causses* (*cau*, pierres à chaux en patois cévenol), ou des *Ségalas* (terres à seigle). Les plus désertes et les plus vastes sont la causse *Méjean*, la causse de *Sauveterre* et celle de *Larzac*.

Les causses se continuent vers l'ouest par les plateaux moins sauvages du *Rouergue* et du *Quercy*, que domine l'arête granitique du *Lévezou*.

Des monts Lozère au *mont Saint-Vincent* (sources de

la Dheune) s'étendent du sud au nord les montagnes granitiques ordinairement désignées par les géographes sous
le nom de **Cévennes septentrionales**. Ce sont les *monts
du Vivarais* avec leurs cratères, leurs aiguilles volcaniques, leurs chaussées de basalte, leurs contreforts
escarpés, le *Tanargue*, le *Coiron* qui dominent la vallée
du Rhône, et leurs sommets dénudés, les plus élevés des
Cévennes, monts *Mézenc* (1 754 mètres), *Gerbier des Joncs*
(1 562 mètres). Les monts du *Lyonnais* commencent au

Fig. 14. — Une chaussée basaltique (Ardèche).

mont *Pilat* (1 434 mètres) ; ceux du *Beaujolais*, au mont
Tarare : ce sont des croupes monotones tantôt couvertes
de bois, tantôt cultivées et dominées par les ruines de
nombreuses tours féodales ; enfin les monts du *Charolais*,
mieux arrosés et plus boisés, ne sont séparés que par la
vallée de l'Arroux, du massif granitique du **Morvan**,

pays de forêts, de prairies, de vallées sauvages et d'étangs ombragés, dont les points culminants atteignent presque 900 mètres (*Bois-du-Roi*).

Les prolongements des Cévennes. — Les Cévennes se prolongent vers le nord jusqu'aux Vosges par une bande de petites montagnes ou de terrains élevés qui forme trois sections principales, et qui sépare le bassin supérieur de la Seine, ceux de la Meuse et de la Moselle, de celui de la Saône. Ce sont, du sud au nord :

1° Du mont *Saint-Vincent* au mont *Tasselot* (593 m.), la **Côte d'Or**, série de gradins dont les premières assises sont couvertes de vignobles auxquels succèdent des pentes boisées, des plateaux, les uns cultivés, les autres couverts de forêts et sillonnés de vallées pittoresques (point culminant 636 mètres).

2° Du mont Tasselot aux sources de la *Meuse*, le **plateau de Langres,** plaines élevées de 400 à 500 mètres, aux talus rapides sur le versant oriental, sans fortes dépressions et dont les seuls sommets sont quelques mamelons arrondis.

3° Des sources de la Meuse au *Ballon d'Alsace*, les monts **Faucilles,** recourbés en demi-cercle et composés de plateaux fortement ondulés dont les flancs sont couverts de forêts (point culminant 700 mètres). Ce bourrelet montagneux n'est que le prolongement d'un soulèvement très ancien, celui des *Ballons* des Vosges méridionales.

Les plaines du nord, le massif de Bretagne. — La France occidentale et septentrionale n'a pas de chaînes de montagnes. Le vaste bassin du *nord*, dont la limite est dessinée par les terrains granitiques de la Bretagne, de la Vendée, du massif central et les soulèvements des Vosges et des Ardennes, est une région de plaines. Les seules hauteurs sont une série de bourrelets qui forment des cercles concentriques et qui s'inclinent en pente douce vers le centre du bassin, tandis que la pente opposée présente des escarpements plus brusques. Aucun de ces bourrelets, non plus que les rides qui sillonnent le massif de la Bretagne, ne mérite le nom de montagne. Les plateaux marécageux de la Sologne et de la *Brenne*, les plateaux entre Seine et Loire, qui couvrent une partie de l'Orléanais et de l'Ile-de-France, et qui devraient être désignés sous le nom de *plateaux de la Beauce* plutôt que sous la dénomination trop restreinte de plateau d'Orléans, n'ont pas plus de 100 à 200 mètres d'élévation. Les collines du *Perche* et de *Normandie* avec leurs forêts, leurs vallées encaissées et leurs pentes abruptes qui rappellent les vrais pays de montagnes; les collines du *Maine* dont les points culminants, dans la chaîne des *Coëvrons*, entre la Mayenne et la Sarthe, atteignent 400 mètres; les *collines de Bretagne*, plateaux granitiques couverts de bruyères, d'ajoncs et de pâturages, et qui se bifurquent à leur extrémité en deux branches, les *monts d'Arrée* au nord et les *montagnes Noires* au sud, n'ont aucun sommet qui dépasse 420 mètres.

Les *plateaux de Champagne*, entre le cours de l'Yonne et celui de l'Aisne, plateaux coupés par la Seine, l'Aube et la Marne et formés de terrains crayeux, atteignent une hauteur moyenne de 150 à 200 mètres. Ils dominent, par des falaises rapides qui s'étendent de Montereau à Laon, le bassin parisien.

Les *collines de la Meuse*, qui prennent naissance au plateau de Langres, les plateaux boisés de l'*Argonne* entrecoupés de marécages, de bas-fonds, de collines aux crêtes noirâtres et dénudées, ne s'élèvent pas au-dessus de 400 mètres. Enfin les hauteurs qui sillonnent les plaines du nord, pour venir se perdre en Belgique, ou plonger dans la Manche par les *falaises normandes :* collines de *Belgique*, collines de l'*Artois*, collines de *Picardie*, arêtes du pays de *Bray*, soulèvement du *Boulonnais*, plateaux crayeux du pays de *Caux*, n'atteignent nulle part une hauteur de 300 mètres.

V

LES VOSGES ET LE JURA

Les Vosges. — Le nord-est de la France, une partie
de la Belgique et de l'Allemagne rhénane sont occupés par
un vaste plateau qu'on pourrait appeler plateau de la
Lorraine ou des **Ardennes,** et dont l'élévation moyenne
est de 200 à 400 mètres. Cette surface accidentée, en
partie boisée, coupée de vallées étroites et profondes, est
sillonnée par plusieurs rides, dont la principale longe
la rive droite de la Meuse sous le nom de *côtes lorraines*
et se relève dans le Luxembourg, où elle atteint une
hauteur de plus de 600 mètres ; c'est là que commence
ce grand soulèvement qui sous le nom d'**Ardennes** et
de **Hunsrück** couvre une partie de la Belgique, de la
Prusse et de la Bavière rhénanes. Il s'étale en plateaux
tourmentés, semés de cratères. Cette région, située entre
la Meuse et la Nahe, porte le nom de *hautes Fagnes* en
Belgique, d'*Eifel* et de *Hunsrück* en Allemagne.

La limite orientale du plateau lorrain est dessinée par
la chaîne des **Vosges,** qui domine la rive gauche du
Rhin. Long d'environ 280 kilomètres, large de 30 à 60,
le massif des Vosges se dirige du sud au nord parallèlement au cours du Rhin.

Les cimes des Vosges méridionales, désignées sous le
nom de *ballons*, sont en général arrondies, couvertes de
forêts de sapins, entrecoupées de pâturages (les *Chaumes*)
tandis que les premières pentes sont semées de bois de
noisetiers, de hêtres et de châtaigniers. Le versant oriental, qui descend vers la vallée du Rhin, est beaucoup
plus rapide que le versant occidental, qui se prolonge
par les plateaux de la Lorraine, avec leurs champs de
pommes de terre, leurs forêts de chênes et leurs petits
lacs encadrés de verdure.

La partie la plus élevée de la chaîne est celle qui porte
le nom de **Vosges méridionales,** et qui s'étend du *ballon*

d'Alsace (1250 mètres), au *mont Donon* (1017 mètres). Le point culminant est le ballon de *Guebwiller* (1427 mètres), dans le versant oriental. Le ballon de *Servance* (1189 mètres), le *Honeck* (1366 mètres), le *Champ de feu* (1084 mètres), etc., dépassent 1000 mètres. Cette partie des Vosges presque entièrement granitique est coupée par les cols de *Bussang*, d'*Oderen*, de *Bramont*, de la *Schlucht*, du *Bonhomme*, de *Sainte-Marie-aux-Mines*, d'*Urbeix*, de *Schirmeck*, qui les franchissent entre 700 et 1000 mètres d'élévation. — Les **Vosges centrales,** moins élevées, moins épaisses, coupées au *col de Saverne* par le canal de la Marne au Rhin et le chemin de fer de Nancy à Strasbourg, au col de Bitche par le chemin de fer de Metz à Strasbourg, commencent au mont Donon et finissent aux sources de la Lauter. — La partie **septentrionale** des Vosges, élevée en moyenne de 300 à 400 mètres, se prolonge jusqu'aux bords du Rhin par les plateaux tourmentés et boisés du *Hardt* (point culminant le mont *Tonnerre*, 690 mètres).

Les passages des Vosges sont nombreux, les routes faciles et bien entretenues, et la chaîne est traversée par plusieurs lignes de chemins de fer.

Trouée de Belfort. — Les escarpements qui terminent les Vosges méridionales (Ballons d'Alsace et de Servance) et ceux du *Lomont* où commence le Jura, sont séparés par une sorte de fossé qui donne accès de la vallée du Rhin dans celle de la Saône. On désigne ordinairement cette percée sous le nom de trouée de Belfort; la principale dépression est le col de *Valdieu*, franchi par le canal du Rhin au Rhône (350 mètres d'altitude).

Le Jura. — Le Jura, dont la longueur totale est d'environ 300 kilomètres et la largeur de 50 à 60, se compose de plusieurs séries de crêtes parallèles qui se courbent comme un arc entre le Rhin et le Rhône et dont la direction suit : au sud, celle du Rhône de Genève à Pierre-Châtel; au centre, celle du Doubs; au nord (crête du Lomont), celle des Alpes Pennines et Bernoises. Du

Profil de la France, de Bordeaux (Embouchure de la Gironde) au Mont Genèvre (1)

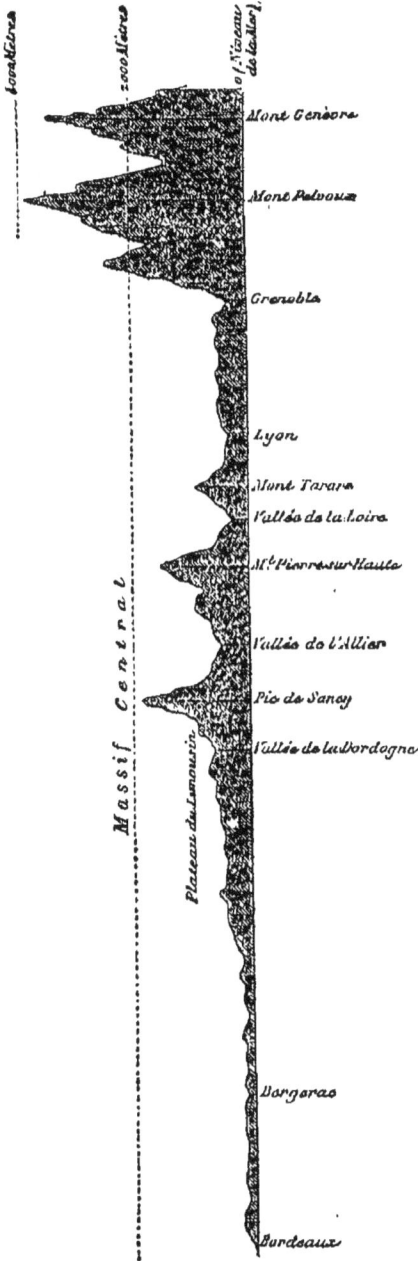

1000 mètres
2000 mètres
0 (Niveau de la mer)

Mont Genèvre

Mont Pelvoux

Grenoble

Lyon

Mont Tarare
Vallée de la Loire

Mt Pierre sur Haute

Vallée de l'Allier

Pic de Sancy

Vallée de la Dordogne

Massif Central

Plateau du Limousin

Dordogne

Bordeaux

(1) L'échelle horizontale est de 1/3,400,000, les hauteurs sont exagérées par rapport aux longueurs dans la proportion de 30 à 1

Carte 11.

côté de la Suisse, un long rempart presque à pic, qui s'abaisse à mesure qu'il s'éloigne vers le nord, des cimes aplaties qui se détachent sur le ciel comme des créneaux irréguliers, au pied de la montagne, de grands bassins aux eaux limpides, les lacs de Genève, de Neuchâtel et de Bienne : du côté de la France, des plateaux boisés ou marécageux, des gorges étroites, appelées *cluses,* où bouillonnent des cascades, des bassins fermés connus sous le nom de *combes* où dorment des lacs, des terrains qui se plissent d'une façon capricieuse et dont les dernières ondulations viennent s'effacer dans les plaines humides de la Bresse et dans les vallons de la Franche-Comté; tel est l'aspect général du Jura.

On le divise ordinairement en trois sections.

1° Du défilé de *Pierre-Châtel,* où s'engouffre le Rhône qui s'y est ouvert un passage à travers les rochers, au col de *Jougne,* le **Jura méridional,** la partie la plus sauvage et la plus élevée de la chaîne, a des sommets de plus de 1600 mètres, le *Grand-Crédo* (1608 m.), le *Reculet* (1720 m.), le *Crêt de la neige* (1724 m.), le mont *Dôle* (1680 m.), le mont *Tendre* (1682 m.), des crêtes escarpées, le *Sallaz,* le *Noirmont,* la *Dent de Vaulion* en Suisse, le *Colombier,* le mont *Risoux,* en France, et des cols d'un accès difficile, défilé de l'*Ecluse,* col de la *Faucille,* cols de *Saint-Cergues* et des *Rousses.*

2° Du col de Jougne au coude du Doubs (*Sainte-Ursanne*), s'étend le **Jura central.** Ses principaux sommets, le mont *Suchet* (1595 m.), le *Chasseron* (1611 m.), le *Chasseral* (1609 m.), appartiennent à la Suisse. Les passages les plus fréquentés sont le col des *Verrières* prolongé en Suisse par le *val Travers,* la coupure de *Morteau* où passe la route du Locle, le col de *Seignelegier.* Du côté de la France, le Jura central s'étale en larges plateaux qui se prolongent jusqu'à la crête du *Lomont* et du mont *Terrible* (998 m.).

3° Le **Jura septentrional** (crêtes du *Montoz,* du *Weissenstein,* du *Hauenstein*) appartient tout entier à la Suisse et vient mourir sur les bords de l'Aar et du Rhin.

Ses plus hauts sommets (Weissenstein) n'atteignent pas 1 300 mètres.

Bassin supérieur du Rhône. — Le bassin qui s'étend entre le Jura à l'est, les Vosges et les monts Faucilles au nord, le plateau de Langres, la Côte d'Or et les Cévennes septentrionales à l'ouest, et qui se prolonge au sud, en se rétrécissant, jusqu'à la vallée de la Drôme, est de formation plus récente que le Jura. C'est une plaine boisée sur les dernières terrasses de la Côte d'Or et du Jura, marécageuse dans les *Dombes*, couverte dans la *Bresse* de cailloux roulés et dont l'altitude varie de 200 à 400 mètres.

VI

LES ALPES

Les Alpes. Description générale. — La chaîne des Alpes, le massif le plus élevé du continent européen, le principal réservoir des eaux de l'Europe occidentale et centrale, se recourbe en demi-cercle du golfe de Gênes à l'Adriatique sur un développement de 1 500 kilomètres et une largeur moyenne de 150 à 190.

La partie française des Alpes commence au mont Blanc et finit un peu avant le col de Tende.

Le massif entier des Alpes françaises est compris entre la Méditerranée, au sud; les plaines de l'Italie septentrionale, à l'est; la vallée du Rhône au nord et à l'ouest. Il s'étend sur une longueur de 480 kilomètres, une largeur de 190 à 200, et une superficie de 8 millions d'hectares. Du côté de l'Italie, la chaîne est escarpée, les contreforts très courts et très rapides, et les vallées perpendiculaires à la crête; du côté de la France, l'épaisseur du massif est beaucoup plus considérable, les contreforts plus importants, les vallées plus élevées, plus étendues et souvent parallèles à la crête de la montagne.

Les Alpes occidentales n'ont pas été soulevées d'un

seul coup et leur origine est relativement récente. Les
plus anciens soulèvements, ceux du *Vercors* et du mont
Viso, sont orientés l'un du nord au sud, l'autre du nord-
ouest au sud-est. Les plus récents, ceux des *Alpes occidentales* proprement dites dont l'axe passe par le Pelvoux
et le mont Blanc, et des *Alpes centrales,* sont orientés
l'un du sud-ouest au nord-est, l'autre de l'est à l'ouest,
avec une légère inclinaison vers le sud.

Ces soulèvements, qui se croisent et s'enchevêtrent, ont
imprimé à tout le massif des Alpes un caractère de
désordre sauvage et grandiose que n'offre au même degré
aucune de nos chaînes françaises : mais ce n'est pas la
seule cause des bouleversements dont ces montagnes
portent les traces ineffaçables. L'action des glaciers
qui pendant une ou plusieurs périodes géologiques couvraient le massif presque tout entier, celle des pluies, des
torrents, des avalanches, des éboulements de rochers ont
largement contribué à lui donner sa physionomie actuelle,
à dégrader les sommets, à raviner les vallées, à creuser le
lit des lacs et des rivières, et à semer sur les pentes les
gigantesques débris des cimes écroulées.

Les Alpes françaises présentent, comme tout le reste
de la chaîne, quatre zones successives, à mesure que l'on
s'élève. Jusqu'à une hauteur de 900 à 1000 mètres, des
terrains cultivés, semés de bois de hêtres, de châtaigniers
et de chênes ; de 1000 à 1800 mètres, les bouleaux et les
arbres résineux, sapins, mélèzes, épicéas ; au-dessus de
1800 mètres et jusqu'à la limite des neiges, les pâturages
où les troupeaux viennent passer les mois d'été. Autrefois
les premières terrasses des Alpes, dont la hauteur ne
dépasse pas 1600 à 1700 mètres, étaient couvertes de
forêts jusqu'au sommet : le défrichement de ces forêts,
qui sont presque détruites, surtout dans les départements
du Var, des Basses-Alpes et des Hautes-Alpes, a eu des
conséquences désastreuses : les pluies ont emporté peu à
peu la terre végétale qui n'est plus retenue par les racines
des arbres : les pâturages mêmes, ruinés par les troupeaux
de moutons ou de chèvres qui arrachent l'herbe au lieu

de la tondre(1), ont disparu comme les forêts; les eaux, au lieu de s'infiltrer dans le sol, glissent sur la roche nue et se précipitent dans le lit des torrents, roulant, sur ces pentes rapides, avec la vitesse d'un cheval au galop, de véritables trombes qui vont ravager les vallées et qui minent la montagne.

Les chaînes moyennes, qui ne dépassent pas 2500 m., sont couvertes de neige, pendant sept à huit mois; dans la grande chaîne, la limite des neiges éternelles descend jusqu'à 2700 mètres dans le versant septentrional, 2900 dans le versant méridional, et les hautes vallées, les plateaux resserrés entre les cimes les plus élevées, sont envahis par les glaciers qui cheminent lentement sur la pente de la montagne et descendent parfois jusqu'à 1600 et même 1200 mètres.

Les Alpes ont leurs animaux et leurs végétaux particuliers : le chamois, la marmotte, qui vivent dans les hautes régions, l'ours brun, qui se cache dans les forêts;

Fig. 15. — Marmotte. (L'animal est de la grosseur d'un chat.)

les lichens, espèce de mousse à filaments jaunâtres, qu'on rencontre jusqu'à 3600 mètres d'élévation; l'absinthe, l'arnica, la gentiane, le rhododendron, etc...

Les habitants des Alpes sont, en général, une race

1. Voir la *Géographie* de M. Onésime Reclus, page 645.

énergique et vigoureuse. Cependant, « dans les vallées
» basses, étroites, enfoncées, qui ne reçoivent les vents
» secs que très obliquement, les eaux des torrents et des
» pluies s'arrêtent et deviennent marécageuses. L'air
» n'y circule pas, les brouillards et l'humidité y sont
» perpétuels. C'est dans ces endroits qu'on trouve les
» êtres faibles, mous et stupides qu'on nomme crétins.
» Leurs bras abattus, leur bouche béante, leur cou tu-
» méfié et pendant, leur couleur blafarde, laissent voir
» le dernier terme de la dégradation humaine et de la
» dégénérescence animale (1). »

La chaîne principale des Alpes françaises se divise en
trois grandes sections :

Alpes Maritimes. — Du col de *Cadibone* au mont
Viso s'étendent les *Alpes maritimes* dont les pics les plus
élevés n'ont guère plus de 3000 mètres (aiguille de *Cham-
beyron*, 3400 mètres). Elles longent la Méditerranée jusqu'à Nice, si rapprochées de la mer, que la fameuse route
de la Corniche (route de Nice à Gênes, en Italie) est pour
ainsi dire suspendue au flanc de la montagne et taillée
dans le rocher. A partir du col de Tende, la chaîne remonte
vers le nord, en décrivant quelques sinuosités : les principaux cols sont, outre le col de Tende, qui appartient à
l'Italie, ceux de la *Fenêtre* (2288 mètres), de *Larche* ou
de l'*Argentière*, franchi en 1515 par François Ier, avant
la bataille de Marignan, d'*Agnello* (col d'Agnel) et le col
Longet, au pied du mont Viso.

Alpes Cottiennes. — Du mont Viso, dont le sommet
neigeux s'élève à 3845 mètres, au mont Cenis, les Alpes
Cottiennes ont conservé le nom d'un chef barbare contem-
porain d'Auguste, le roi Cottius, qui régnait sur quelques
peuplades de la montagne. Leurs principaux sommets
sont : le mont *Genèvre* (3680 m.), le mont *Thabor* (3175 m.),
et le mont *Cenis* (3490 m.). Les cols les plus importants
sont ceux de la *Croix*, d'*Abriès*, du mont *Genèvre*, un
des plus anciennement fréquentés de toute la chaîne oc-

1. Malte-Brun, *Géographie universelle.*

cidentale, de *Fréjus*, sous lequel a été percé le tunnel du chemin de fer d'Italie, entre Modane en France et Bardonèche en Italie (12240 mètres de longueur), et du mont *Cenis*, qui doit à Napoléon Ier une des plus belles routes des Alpes. Les deux routes du mont Genèvre et du mont Cenis se réunissent, après avoir franchi la ligne de faîte, dans la vallée de la Dora Riparia, au *Pas de Suse*, clef de l'Italie, théâtre de fréquents combats depuis Charlemagne jusqu'à Louis XIII.

Fig. 16. — Le mont Blanc.

Alpes Grées. — Du mont Cenis au mont Blanc s'élèvent, dans la direction du sud au nord, les Alpes Grées (du celtique *craigh*, rocher, pointe), dont un seul col est fréquenté, celui du petit *Saint-Bernard*. Les Alpes Grées renferment de nombreux glaciers, ceux de la *Vanoise*, du col *Iseran*, de *Ruitor*, au sud du petit Saint-Bernard; mais leurs plus hautes cimes (la *Grande Sassière*, 3756 mètres, la *Levanna*, 3640 mètres, le *Grand Para-*

dis, sur le versant italien, 4052 mètres) s'effacent devant le massif majestueux du mont **Blanc**, le géant de
nos montagnes européennes.

Le mont Blanc. — Le massif du mont Blanc est
limité : au sud, par le col de la *Seigne* ; à l'est, par l'allée
Blanche et le val de Ferret ; au nord, par le col de
Balme ; au nord-ouest, par la vallée de Chamonix, où
coule le torrent de l'Arve. Hérissé d'aiguilles, dominé
par des cimes dont la plus haute s'élève à 4810 mètres,
couronné de neiges éternelles et presque toujours enveloppé de nuages, le massif du mont *Blanc* est en partie
couvert de glaciers (glacier des Bossons, Mer de glace,
glaciers du Géant, de l'Argentière), qui occupent une superficie de 2800 hectares et alimentent les eaux de l'Arve
et de la Dora Baltea, affluent du Pô.

Ramifications des Alpes. Versant français.
— Les rameaux les plus importants des Alpes dans le
versant français sont, du nord au sud : 1° les *Alpes du
Valais*, dominées par le dôme neigeux du mont *Buet* et
la *Dent du Midi*, qui se détachent du mont Blanc et se
prolongent jusqu'au lac de Genève parallèlement au cours
du Rhône.

2° Les *Alpes de Savoie*, qui se divisent en trois grands
massifs. Le premier (massif des *Dranses* ou du *Chablais*),
entre l'Arve et la Dranse, couvre tout le Chablais (partie
septentrionale de la Savoie), et se termine sur les bords
du lac de Genève par les crêtes de la *Dent d'Oche* et des
monts *Voirons* ; le second (massif des *Bornes*), entre
l'Arve et le Fier, chaos de montagnes boisées et de plateaux ravinés par les eaux, finit sur les bords du Rhône
par les escarpements du mont *Vuache* ; le troisième, entre
le lac d'Annecy, le lac du Bourget et la vallée de l'Isère,
connu sous le nom de monts des *Bauges*, se prolonge sur
la rive droite de l'Isère, par les montagnes sauvages et
pittoresques de la *Grande-Chartreuse* (point culminant,
2066 mètres).

3° Entre la vallée de l'Isère et celle de l'Arc se dressent
les monts de la *Vanoise* avec leurs nombreux glaciers.

4° Du mont Thabor se détachent les *Alpes de Maurienne*, ou massif des *Grandes-Rousses*, épais contrefort coupé par le col du *Galibier* et dominé par le pic des *Trois Ellions* (3880 mètres) et les crêtes de *Belledonne*, qui sépare la vallée de l'Arc de celle de la Romanche, affluent du Drac.

5° Au même point commencent les **Alpes du Dauphiné,** massif imposant dont les glaciers, les gorges sauvages, les pics escarpés, le disputent à ceux de la grande chaîne. Les Alpes du Dauphiné séparent le bassin de l'Isère et celui de la Durance qui communiquent par le col du *Lautaret* (2080 mètres). Elles forment trois massifs principaux : celui de l'*Oisans* (*Barre* des *Écrins* (4103 mètres), *Pelvoux, Olan, Taillefer*), entre la Romanche, le Drac et la Durance : celui du *Dévoluy* entre le Drac, la Durance et un de ses affluents, le *Buech*, dont la vallée communique avec celle du Drac par le col de la *Croix-Haute* (point culminant la *Tête d'Obiou*, 2792 m.) : et celui du *Vercors* qui prolonge l'axe des montagnes de la Grande-Chartreuse, entre l'Isère, le Drac et la Drôme. Les Alpes du Dauphiné vont s'épanouir au nord de la Provence par les massifs des *monts de Lure*, du *mont Ventoux* (1912 mètres) et du *mont Luberon*.

6° Des Alpes Maritimes (nœud de l'*Enchastraye*) se détachent les **Alpes de Provence,** dont les rameaux séparent les vallées des affluents de gauche de la Durance, et se dressent sur le littoral de la Méditerranée sous les noms de *monts de l'Estérel, monts des Maures, montagnes de la Sainte-Baume, monts Sainte-Victoire* et de chaîne des *Alpines*, montagnes dénudées et sauvages, dont quelques-unes seulement conservent leur couronne de chênes-lièges et de sapins.

Bassin inférieur du Rhône. — Le bassin inférieur du Rhône, qui commence au défilé de Montélimar, est une plaine étroite, qui s'étend à l'ouest entre la Méditerranée et les Cévennes jusqu'à la vallée de l'Aude, à l'est jusqu'aux terrasses de grès des montagnes de Sainte-Victoire et de la Sainte-Baume. La lisière maritime de cette plaine

est un immense dépôt d'alluvions, les unes modernes
dans le delta marécageux de la Camargue, les autres anciennes dans la plaine aride de la Crau, couverte de cailloux roulés par le gigantesque torrent de la Durance qui
se jetait autrefois dans la Méditerranée.

La Corse. — Les montagnes de la Corse forment
un massif qui couvre l'île presque tout entière, et dont
les points culminants sont le *monte Cinto* (2 707 mètres),
et le *monte Rotondo* (2 624 mètres). Des vallées étroites,
où coulent des torrents, souvent desséchés en été, et que
séparent des contreforts épais, de maigres pâturages,
des forêts de chênes et de sapins, des broussailles impénétrables, qui portent le nom de *mâquis*, tels sont les
traits caractéristiques des montagnes de la Corse, qui paraissent se rattacher au système des Alpes.

RÉSUMÉ

I

DESCRIPTION GÉNÉRALE. — Les régions les plus élevées de la
France sont : au sud, celle des PYRÉNÉES; à l'est, celles des
ALPES, du *Jura* et des *Vosges* ; au nord, celle des *Ardennes*. Ce
sont des pays de montagnes formant autant de grandes régions
de soulèvement. Au centre s'élève un massif d'une hauteur
moyenne de plus de 600 mètres, dominé par des chaînes volcaniques et dont la pente va mourir à l'ouest, au sud-ouest et au
nord dans les deux larges bassins de la Garonne et de la Loire,
tandis qu'elle se prolonge, au sud, par les *Cévennes méridio-*
nales, et qu'elle se relève brusquement à l'est pour former les
Cévennes septentrionales. Ce massif et celui de la *Bretagne*, qui
se compose également de terrains cristallisés, sont les parties
de notre pays les plus anciennement émergées.

La pente occidentale des Vosges se prolonge jusqu'à la
vallée de la Meuse par un plateau élevé en moyenne de 200 à
400 mètres, qui occupe le nord-est de la France et qu'on peut
désigner sous le nom de *plateau de Lorraine*.

Tout le reste de la France est une région de plaines, mais
entre les plaines basses du nord et celles de l'ouest et du sud-
ouest dont aucun point, sauf quelques collines, n'est à plus de
80 mètres au-dessus du niveau de la mer, s'avance une bande
de terrains plus élevés (hauteur moyenne, de 100 à 125 mètres),
qui séparent le bassin de la Loire de celui de la Seine, et qui
se prolongent jusqu'à l'extrémité de la presqu'île de Bretagne.

II

Les Pyrénées. — Entre l'Espagne et la France, se dressent les *Pyrénées*, montagnes élevées en moyenne de plus de 2 000 mètres, hérissées de pics, n'ayant que peu de glaciers et de neiges éternelles. Elles se divisent en trois sections :

1° *Pyrénées occidentales*, du col de Maya jusqu'au cirque de *Troumouse* (pic d'Anie, pic du Midi d'Ossau, monts Vignemale, Perdu, Marboré, pic du Midi de Bigorre, cols de Roncevaux, du Somport et de Gavarnie, vallées d'Aspe, d'Ossau, de Bastan).

2° *Pyrénées centrales*, du cirque de Troumouse au pic de *Carlitte* (pic Posets, mont Maladetta, mont Néthou, point culminant des Pyrénées (3 404 mètres), cols de Vénasque et de Puymorens, val d'Aran, val d'Andorre).

3° *Pyrénées orientales*, du pic de Carlitte au cap Cerbéra (monts Canigou, Puigmal, cols de la Perche, de Pertus).

Des Pyrénées occidentales se détachent, sur le versant septentrional, les montagnes de la *basse Navarre* ; des Pyrénées centrales, les monts de *Bigorre* prolongés par les collines de l'*Armagnac* ; des Pyrénées orientales, les *Corbières* orientales et les Corbières occidentales qui se prolongent jusqu'au *col de Naurouse*.

III

Le massif central. Les monts d'Auvergne. — Le massif central est une région de hautes terres granitiques qui occupent une partie du centre de la France, et que dominent des montagnes volcaniques. — Le massif est limité, à l'est et au sud-est, par la chaîne des Cévennes, d'où se détachent vers le nord-ouest : 1° les monts du *Vélay* et du *Forez* ; 2° les monts de la *Margeride*, prolongés par les massifs volcaniques des monts d'Auverg e (massifs du *Cantal*, du mont Dore, avec le Puy de *Sancy*, 1886 mètres, point culminant de la France intérieure, chaîne des *Puys* avec le *Puy de Dôme*, le Puy de Pariou, etc., volcans éteints), et par les monts du *Limousin*. Ces deux derniers massifs se prolongent eux-mêmes au nord par les monts de la *Marche* ; au nord-ouest, par les collines du *Poitou*, le plateau de *Gâtine* et le soulèvement granitique du *Bocage vendéen* ; à l'ouest, par les collines de *Saintonge* et de *Périgord*.

IV

Les Cévennes. — Les Cévennes méridionales s'étendent du col de Naurouse aux monts Lozère, sous le nom de *Montagnes Noires*, monts de l'*Espinouse*, monts du *Gévaudan*. — Les plateaux calcaires situés de chaque côté de l'arête principale portent le nom de *causses* dans le versant septentrional, et de *garrigues* dans le versant méridional.

Les CÉVENNES SEPTENTRIONALES, des monts *Lozère* au mont *Saint-Vincent*, portent les noms de monts du *Vivarais* (volcans éteints), la partie la plus élevée de la chaîne (*Mézenc*, 1754 m., *Gerbier des Joncs*), monts du *Lyonnais* (mont *Pilat*), monts du *Beaujolais* et du *Charolais*.

Des Cévennes se détachent : 1° à l'ouest, les montagnes granitiques du *Morvan*, prolongées entre la Seine et la Loire par les collines du *Nivernais*, les plateaux de la *Beauce*, les collines du *Perche*, de *Normandie* et de *Bretagne* (points culminants, 420 mètres), qui finissent au cap Saint-Mathieu, sur l'Atlantique ;

2° Au nord, la *côte d'Or* et le plateau de *Langres*, rattaché aux Vosges par les monts *Fauxilles*.

Du plateau de Langres se détachent, vers le nord-ouest, les collines de la *Meuse* prolongées par les plateaux boisés de l'*Argonne*. Le nord et le nord-ouest de la France n'ont que des hauteurs insignifiantes : les collines de *Picardie* et du pays de *Caux*, qui vont finir au cap de la Hève, les collines de l'*Artois*, qui finissent au cap Griz-Nez, et celles de *Belgique*.

V

Les VOSGES. — Les Vosges sont un massif boisé, dominé au sud par des sommets arrondis nommés ballons, et qui s'étend, du sud au nord, parallèlement au cours du Rhin. — Leur versant occidental se prolonge par les plateaux de la Lorraine : leur versant oriental s'abaisse brusquement vers le Rhin. On les divise en *Vosges méridionales*, la partie la plus élevée de la chaîne, du *ballon d'Alsace* au *mont Donon* (point culminant, le *ballon de Guebwiller*, 1 427 mètres); *Vosges centrales*, du mont *Donon* à la source de la *Lauter*, percées par le col de Saverne, et *Vosges septentrionales*, désignées sous le nom de *Hardt*.

Les Vosges sont séparées du Jura par la *trouée de Belfort*.

LE JURA se compose de plusieurs chaînes parallèles qui vont en s'abaissant de l'est à l'ouest; il forme un arc de cercle incliné vers le nord-est. — On le divise en *Jura méridional*, la partie la plus élevée (Grand-Credo, *Crêt de la Neige*, 1 724 mètres, mont Reculet, la Dôle), depuis le Rhône jusqu'au col de Jougne; *Jura central*, du col de Jougne au coude du Doubs, près de Sainte-Ursanne (col des Verrières, val Travers, monts Chasseron et Chasseral), et *Jura septentrional* ou helvétique, jusqu'au Rhin.

VI

LES ALPES. — Entre la France et l'Italie s'élève le massif des Alpes occidentales. Ces montagnes, hautes en moyenne de 3 000 mètres, sont couvertes de glaciers et de neiges et dominées par des pics granitiques. Les premières terrasses des Alpes appartiennent aux formations calcaires. Les pâturages y sont abondants, mais une partie de la chaîne, surtout dans le versant français, a été déboisée.

La chaîne principale des Alpes occidentales commence au col de Tende et finit au mont Blanc. On la divise en trois sections :

1º Du *col de Tende* au *mont Viso*, ALPES MARITIMES, la partie la moins élevée (cols de l'*Argentière* et d'*Agnello*) ;

2º Du mont Viso au mont *Cenis*, ALPES COTTIENNES, avec les cols du mont *Genèvre* et du mont *Cenis*, traversés par de belles routes carrossables, le tunnel du chemin de fer de Modane à Bardonèche (12 kilomètres), et les sommets du mont *Thabor*, du mont *Genèvre*, du mont *Cenis*, etc... ;

3º Les ALPES GRÉES (rocheuses), du mont Cenis au mont *Blanc*. Cette partie est la plus élevée de la chaîne française. Le point culminant est le massif du MONT BLANC, dont le plus haut sommet a 4 810 mètres. Les pics du col *Iseran* et de la *Vanoise* ont plus de 4 000 mètres.

Les glaciers du mont *Blanc* (Mer de glace, etc.) et ceux de la *Vanoise* sont les plus importants des Alpes françaises.

La seule route fréquentée des Alpes Grées est celle du col du *petit Saint-Bernard*.

Les rameaux les plus importants des Alpes sont, du nord au sud :

1º Les *Alpes du Valais* (mont Buet) ;

2º Les *Alpes de Savoie*, dont le principal massif se prolonge par les monts des *Bauges* et les monts de la *Grande-Chartreuse*. Ces deux rameaux se détachent du mont Blanc ;

3º Les monts de la *Vanoise ;*

4º Les *Alpes de Maurienne* (pic des Trois Ellions, 3 880 m.);

5º Les ALPES DU DAUPHINÉ (massif du *Pelvoux*, 4 100 mètres, mont *Olan*, mont *Ventoux*, monts *Luberon*), qui se détachent du mont Thabor ;

6º Les *Alpes de Provence*, prolongées par les monts de l'*Esterel* et des *Maures*, qui se détachent des Alpes Maritimes.

La CORSE est couverte de montagnes dont les points culminants sont le mont *Cinto* (2 707 mètres) et le mont Rotondo.

Questionnaire[1].

I. Quels sont en France les pays de montagnes? — Quels sont les principaux plateaux? — Rappeler ce qu'on entend par plateau. — Quels sont les pays de plaines peu élevées au-dessus du niveau de la mer? — Ne peut-il y avoir de plaines dans un pays de montagnes?

II, III, IV. Quelle est la direction générale et l'aspect des Pyrénées? — Où commence et où finit la partie française des Pyrénées? Qu'appelle-t-on cirque dans les Pyrénées? — Quel est le cirque le plus connu? — Indiquer les cols et les sommets les plus importants. — Rappeler ce qu'on entend par glacier. — Existe-t-il des glaciers dans les Pyrénées? — Qu'entend-on par massif central français? — Quelles sont les principales chaînes de montagnes qui dominent le massif central? — Quelle est la partie la plus élevée de ces montagnes? — Existe-t-il en France des volcans? — Qu'entend-on par volcans éteints? — Y a-t-il des volcans en Europe qui ne soient pas éteints? — Quels sont les principaux sommets des Cévennes? — Comment divise-t-on les Cévennes? — Existe-t-il des glaciers dans les Cévennes? — Pourquoi n'en existe-t-il pas? — Où sont situés les monts du Morvan? — Nommer les chaînes ou les plateaux qui rattachent les Cévennes aux Vosges.

V. Les Vosges sont-elles aussi élevées que les montagnes du centre de la France? — Quelle est la forme de leurs sommets? — De quel côté la pente est-elle le plus rapide? — Rappeler les principaux cols des Vosges? — Le Jura et les Vosges se tiennent-ils? — En quoi l'aspect du Jura diffère-t-il de celui des Vosges ou des Pyrénées? — Le Jura est-il plus ou moins élevé que les Vosges?

VI. Quelles sont les parties françaises de la chaîne des Alpes? — Quelle est la cime la plus élevée des Alpes? — Comment divise-t-on les Alpes françaises? — Quels sont les principaux sommets et les principaux passages des Alpes Cottiennes? — Existe-t-il des glaciers dans les Alpes? — Quels sont les rameaux des Alpes qui se détachent de la chaîne principale dans le versant français? — Qu'entend-on par versant et par rameau d'une chaîne de montagnes?

Exercices.

Tracer sur une carte de France les courbes d'altitude de 100 en 100 mètres jusqu'à 400 mètres, et de 300 en 300 mètres au-dessus de 400 jusqu'à 1 000.

Indiquer sur une carte muette, par des teintes différentes, les pays de montagnes et les pays de plaines.

Reproduire d'après une carte en relief sur une carte muette plane le massif central français en indiquant les différences de niveau par des teintes.

1. On devra insister d'une manière toute particulière sur la description du relief de la France et on montrera, en se servant d'une carte en relief, comment la configuration du sol détermine la direction des cours d'eau. (Voir la carte en relief de France au $\dfrac{1}{800\,000}$ par MM. Pigeonneau et Drivet.)

Essayer de construire avec de la terre glaise un relief du massif du mont Blanc, d'après un modèle en relief.

Indiquer sur une carte en relief les principaux sommets et passages des Alpes et des Pyrénées.

Lecture de la carte de l'Etat-major ou d'une carte des Alpes, des Vosges, etc., à une grande échelle.

Lectures.

E. RECLUS. *La France.*

LEVASSEUR. *Les Alpes* (1889).

TAINE. *Les Pyrénées.*

DE LANOYE. *Voyage aux volcans de la France centrale* (dans le *Tour du Monde*, 1866).

CHAPITRE III

Versants et bassins. Les eaux.

L'ensemble des terrains que nous venons de décrire forme deux grandes pentes ou versants inclinés, l'un vers le nord-ouest, l'autre vers le sud-est. Les eaux qui coulent sur le versant sud-est se rendent à la **Méditerranée,** celles qui coulent sur le versant nord-ouest à l'océan **Atlantique.** La ligne qui dessine les points de partage de ces deux grandes pentes, et qui porte le nom de ligne *générale de partage des eaux*, est formée par les *Pyrénées* occidentales et centrales, les *Corbières* occidentales jusqu'au col de Naurouse, les *Cévennes méridionales* jusqu'aux monts Lozère, les *Cévennes septentrionales*, du mont Lozère au mont Saint-Vincent, la *côte d'Or*, du mont Saint-Vincent au mont Tasselot, le *plateau de Langres*, du mont Tasselot aux sources de la Meuse, les *monts Faucilles*, des sources de la Meuse au ballon d'Alsace, les collines de Belfort, du ballon d'Alsace au mont Terrible, le *Jura,* du mont Terrible au col des Rousses, enfin les plateaux du *Jorat* et la chaîne neigeuse des *Alpes bernoises*, qui appartiennent à la Suisse et finissent au massif du Saint-Gothard.

Le versant de la **Méditerranée** ne comprend qu'un grand bassin fluvial, celui du *Rhône ;* le versant de l'**Atlantique** est divisé par des rameaux, qui se détachent de la ligne de partage des eaux, en plusieurs bassins :

1° Celui de la mer du **Nord** arrosé par le *Rhin*, la *Meuse* et l'*Escaut*, et dont une faible partie appartient à la France ; 2° celui de la **Manche** dont le principal fleuve est la *Seine* ; 3° celui de la **mer de France** dont le principal fleuve est la *Loire* ; 4° celui du **golfe de Gascogne** dont le principal fleuve est la *Garonne*.

1

VERSANT DE LA MÉDITERRANÉE. BASSIN DU RHONE ET BASSINS COTIERS.

Ceinture du bassin. — La ceinture du bassin français de la Méditerranée est formée à l'ouest et au nord par les *Pyrénées orientales* et par la ligne de partage des eaux (Corbières, Cévennes, côte d'Or, plateau de Langres, monts Faucilles, ballon d'Alsace, Jura, Jorat, Alpes Bernoises), à l'est par les Alpes Pennines, Grées, Cottiennes et Maritimes, jusqu'aux Apennins.

Cours du Rhône. — Le **Rhône**, le plus grand fleuve du versant français de la Méditerranée, prend sa source à une hauteur de 1710 mètres dans un glacier du massif du Saint-Gothard, au pied du mont *Furca*, et coule d'abord de l'est à l'ouest dans une étroite et sauvage vallée, encaissée entre les Alpes Bernoises et les Alpes Pennines, et qui forme le canton suisse du Valais. A partir de *Sion*, capitale du Valais, le torrent grossi par les eaux des glaciers est déjà presque un fleuve. A *Martigny*, dans le Valais, un rameau des Alpes le force à se détourner vers le nord, et il entre dans le lac de Genève, entre *Le Bouveret* et *Villeneuve*.

Le lac **Léman** ou lac de **Genève** est un vaste bassin (54000 hectares de superficie), long de 72 kilomètres, large de 5 à 12, encadré de collines verdoyantes et dont les eaux limpides et profondes (plus de 300 mètres dans la plus grande profondeur) baignent, en Suisse, les riants coteaux de *Vevey* et de *Lausanne ;* en France, les baies pittoresques au bord desquelles s'étagent sur le flanc des collines les villes d'*Évian* et de *Thonon* (Haute-Savoie).

Le Rhône sort du lac à *Genève*, et roule au milieu des vergers et des vignobles ses eaux bleues et transparentes, bientôt troublées par le limon du torrent de l'*Arve*. Il vient se heurter, à quelques kilomètres au delà de la frontière française, contre la barrière que lui oppose le Jura méridional, dont les montagnes de la Savoie occidentale

Fig. 17. — Source du Rhône.

ne sont que le prolongement. Le fleuve s'est creusé, à travers les rochers, un étroit passage encaissé entre les escarpements du *Grand-Credo* (département de l'Ain) et les pentes du mont *Vuache* (Haute-Savoie), et dominé par le fort de l'*Écluse*.

Rejeté brusquement vers le sud par le massif du Jura, le fleuve, redevenu torrent, s'engouffre sous une voûte de

3.

rochers où, dans la saison des basses eaux, il disparaît presque entièrement et semble se perdre dans le sein de la terre : c'est ce qu'on appelle la Perte du Rhône. Jusqu'à *Seyssel*, le lit du Rhône n'est qu'une fissure étroite et profonde, creusée dans la montagne ; mais à partir de ce point le fleuve s'élargit, devient navigable, franchit à *Pierre-Châtel* un nouveau défilé, et, un peu avant son confluent avec l'Ain, entre dans une vaste plaine où il reprend sa direction primitive de l'est à l'ouest.

A *Lyon* (département du Rhône), il n'est qu'à 162 mètres au-dessus du niveau de la mer. C'est là qu'il reçoit la Saône, son plus grand affluent. Sa direction change de nouveau. Arrêté par la barrière des Cévennes, il se détourne brusquement vers le sud, et descend vers la mer en roulant des flots rapides qui, dans les inondations, s'élèvent quelquefois jusqu'à 10 mètres au-dessus de l'étiage (1). Il arrose *Givors* (département du Rhône, rive droite), *Vienne* (Isère, rive gauche), *Tournon* (Ardèche, rive droite), *Valence* (Drôme, rive gauche), *Pont-Saint-Esprit* (Gard, rive droite), qui doit son nom à un pont construit au moyen âge, *Avignon* (Vaucluse, rive gauche), *Beaucaire* (Gard, rive droite), célèbre autrefois par ses foires, et situé presque en face de *Tarascon* (Bouches-du-Rhône, rive gauche) ; enfin *Arles* (Bouches-du-Rhône, rive gauche), où commence le delta. Au delà d'Arles (à 45 kilomètres de la mer), le fleuve se partage en deux branches qui embrassent l'île marécageuse de la *Camargue*. La branche occidentale, le *Petit-Rhône*, ne représente que 14 p. 100 de la masse totale des eaux. Elle se bifurque elle-même avant d'arriver à la mer ; le bras oriental conserve son nom ; le bras occidental porte ceux de canal de *Sylveréal* et de *Rhône vif*.

La principale branche, le *Grand-Rhône*, qui a plusieurs fois changé de lit, verse à la mer 86 p. 100 des eaux du fleuve ; elle se divise également en deux bras : l'un si-

1. On appelle étiage le niveau du fleuve à l'époque où les eaux sont le plus basses, c'est-à-dire en été.

nueux et presque desséché, le *Bras-de-Fer* ou *Vieux-Rhône*, l'autre puissant, mais peu profond, le *Grand-Rhône,* qui se jette à la mer par plusieurs embouchures, ou *graus,* souvent obstruées par les sables. Toutes les bouches du Rhône emportent annuellement à la mer 54 milliards de mètres cubes d'eau, dix fois plus que la Loire, et près de 21 millions de mètres cubes de limon.

Les bouches du Rhône étant difficilement accessibles pour les navires de mer, on a creusé, du golfe de Fos au *port Saint-Louis* sur le Grand-Rhône, un canal long de 4000 mètres qui permet d'arriver directement à la

Fig. 18. — Le lac de Genève.

partie navigable du fleuve. Un autre canal, moins large et moins profond, longe le Grand-Rhône (rive gauche) d'*Arles* à *Bouc.* Le cours du Rhône est de 815 kilomètres dont 497 navigables depuis le fort L'Écluse.

Affluents de droite. — Les principaux affluents du Rhône sont, sur la rive droite :

1° L'**Ain** (190 kilomètres), navigable à l'époque des eaux moyennes, qui descend du Jura et coule du nord au sud, dans une profonde et sauvage vallée (départements du Jura et de l'Ain), parallèle à la direction du Jura.

2° La **Saône** (455 kilomètres), qui naît dans les monts Faucilles (département des Vosges), et coule du nord au sud en traversant la Haute-Saône où elle arrose *Port-sur-Saône* (point où commence la navigation) et *Gray*, la Côte-d'Or où elle passe à *Auxonne* et à *Saint-Jean-de-Losne*, la Saône-et-Loire où elle baigne *Chalon-sur-Saône* et *Mâcon*. Elle sépare le département de l'Ain, où elle arrose *Trévoux*, de ceux de Saône-et-Loire et du Rhône, et vient finir à Lyon.

C'est une rivière tranquille, paresseuse, qui ne débite aux eaux moyennes que 250 mètres cubes par seconde, sept fois moins que le Rhône à Lyon, et dont le cours paisible contraste avec l'impétuosité du Rhône. Elle reçoit, à droite, la *Tille* et l'*Ouche* qui passe à *Dijon;* à gauche, l'*Ognon* qui descend du ballon d'Alsace, le *Doubs* (620 kilomètres), torrent sinueux aux eaux bleues et limpides, qui prend sa source au Noirmont, forme le lac de *Saint-Point,* roule dans une gorge profonde d'où il sort en se précipitant d'une hauteur de 20 mètres (*Saut du Doubs*), serpente à travers les vallées du département du Doubs (*Pontarlier, Baume-les-Dames, Besançon*), du canton suisse de Berne, traverse le département du Jura (*Dôle*) et finit près de Chalon.

La *Seille*, qui passe à *Louhans* (Saône-et-Loire), est le dernier affluent important de la Saône sur sa rive gauche.

3°, 4°, 5°, 6°, 7°, 8° : Le **Gier** avec les innombrables usines entassées sur ses bords (*Rive-de-Gier, Givors*, etc.); le **Doux;** l'**Ericux;** l'**Ouvèze**, qui arrose *Privas* (Ardèche); l'**Ardèche**, qui passe à *Aubenas* (Ardèche); la **Cèze**, grands torrents redoutables par leurs inondations, descendent des Cévennes.

9° Le **Gard** (140 kilomètres) naît dans les monts Lozère et arrose *Alais* (Gard).

Affluents de gauche. — Les affluents de gauche sont :

1° L'**Arve**, torrent qui sort des glaciers du mont Blanc, coule dans la vallée de Chamonix et se jette dans le fleuve près de Genève.

2° Le **Fier**, dont un affluent sert de déversoir au lac d'**Annecy** (Haute-Savoie), et qui coule dans des gorges sauvages.

3° Le canal de *Savières*, déversoir du lac du **Bourget**, un des plus pittoresques de la région des Alpes (Savoie), et le plus vaste de France après celui de Genève. Avant qu'il se fût ouvert la brèche de Pierre-Châtel, le Rhône s'écoulait par le lac du Bourget, la plaine marécageuse de Chambéry et le lit actuel de l'Isère, large à cette époque de plusieurs kilomètres.

4° Le **Guiers** descend du massif de la Grande-Chartreuse.

5° L'**Isère** (290 kilomètres) naît dans les glaciers des Alpes Grées, au col Iseran, coule dans l'étroite vallée qui a reçu le nom de Tarentaise, où elle baigne *Moutiers* et passe non loin d'*Albertville*, longe le pied des montagnes de la Grande-Chartreuse en arrosant la riche vallée du Grésivaudan, passe à *Grenoble*, au pied des coteaux de *Saint-Marcellin* (département de l'Isère), et finit dans le département de la Drôme au nord de Valence. Elle suit la grande faille longitudinale qui sépare les massifs des *Bauges* et de la *Chartreuse* de ceux de la *Vanoise* et des *Alpes de Maurienne*. Cette faille se prolonge d'un côté par la vallée du *Drac* entre les massifs du Vercors, du Dévoluy (rive gauche) et de l'Oisans (rive droite), et de l'autre par celle de l'*Arly*, affluent de droite de l'Isère entre les Alpes de Savoie et les Alpes Grées. Malgré l'impétuosité de son cours, l'Isère est navigable un peu au-dessus de Grenoble.

Elle reçoit à gauche l'*Arc* qui descend des glaciers du col Iseran et passe à *Saint-Jean-de-Maurienne*, et le *Drac*, grossi de la *Romanche*, qui descendent des Alpes du Dauphiné.

6° La **Drôme** (département de la Drôme) prend sa source dans les Alpes du Dauphiné et passe à *Die*.

7° L'**Aygues** passe à *Nyons* (Drôme).

8° La **Sorgues** déverse dans le Rhône les eaux de la fontaine de *Vaucluse*, qui a donné son nom à un département.

9° La **Durance** (380 kilomètres) naît au mont Genèvre, coule du nord-est au sud-ouest, dans une vallée
étroite encaissée entre les Alpes du Dauphiné et les Alpes
de Provence, où elle arrose *Briançon* et *Embrun* (Hautes-
Alpes), puis elle passe à *Sisteron* (Basses-Alpes), et sépare, dans la partie inférieure de son cours, le département des Bouches-du-Rhône de celui de Vaucluse. Elle
reçoit à droite le *Buech* qui descend du col de la *Croix-
Haute* (massif du Dévoluy), à gauche l'*Ubaye* (*Barcelonnette*), la *Bléone* (*Digne*), et le *Verdon* (*Castellane*). Malgré la longueur de son cours et la largeur de son lit, la
Durance, terrible dans les crues, mais desséchée en été,
ne sert qu'au flottage des bois.

Bassins secondaires. — Les bassins côtiers que
l'on rattache à celui du Rhône sont, à l'est du fleuve (rive
gauche) : ceux du **Var** (Basses-Alpes et Alpes-Maritimes,
où il passe à *Puget-Théniers*) ; de la *Siagne* (Alpes-Maritimes) ; de l'**Argens** (Var) ; de l'*Huveaune* et de l'*Arc*, la
rivière d'*Aix*, qui se jette dans l'étang de Berre (Bouches-
du-Rhône) : ce sont des torrents qui descendent des Alpes
de Provence ;

A l'ouest (rive droite), ceux du *Vidourle*, du *Lez* qui
passe à *Montpellier*, de l'**Hérault** qui finit au-dessous
d'*Agde*, et de l'*Orb* qui arrose *Béziers* : ces cours d'eau,
qui appartiennent aux départements du Gard et de l'Hérault, descendent des Cévennes.

L'**Aude** (210 kilomètres) prend sa source dans les Pyrénées près du pic de Carlitte (Pyrénées-Orientales),
roule d'abord dans des gorges ombragées de sapins,
passe à *Limoux* et à *Carcassonne* (département de l'Aude)
et finit près de l'étang de Vendres entre Agde et Narbonne.

Les Corbières orientales et les Pyrénées envoient à la
mer d'autres petits cours d'eau qui arrosent le département des Pyrénées-Orientales, l'*Agly*, la *Têt* qui passe à
Prades et à *Perpignan*, et le *Tech* qui passe à *Céret*.

La Corse n'a que des torrents : à l'ouest, le *Liamone*
(golfe de Sagone) et le *Taravo* ; à l'est, le *Tavignano*

qui passe à *Corte*, et le *Golo* qui descend du mont Cinto, terribles à la fonte des neiges, mais presque à sec en été.

II

BASSIN DE LA MER DU NORD

Ceinture du bassin. — Le territoire français n'occupe qu'une faible partie du bassin de la mer du Nord, dont la ceinture occidentale est formée, en France, par le *Jura*, les collines de *Belfort*, le *ballon d'Alsace*, les *Faucilles*, le *plateau de Langres*, l'*Argonne* et les *collines de l'Artois* jusqu'au cap *Gris-Nez*, sur la mer du Nord.

Cours du Rhin. — Le Rhin, le principal fleuve de ce bassin, prend sa source dans le massif du *Saint-Gothard* (mont *Adula*), en Suisse, coule d'abord dans la direction générale du sud au nord, traverse le lac de *Constance*, se détourne brusquement à l'ouest, franchit par la chute de *Schaffhouse* un chaînon détaché des Alpes qui se croise avec un des rameaux de la *Forêt-Noire*, et continue à se diriger vers l'ouest jusqu'à *Bâle* (Suisse). Arrêté par les Vosges, et rejeté vers le nord par le Jura, le fleuve roule entre les Vosges et la Forêt-Noire, dans un large lit semé d'îles et de bancs de sable qui traçait, avant 1871, la frontière entre la France et l'Allemagne. Un peu au-dessous de son confluent avec le *Main*, il incline vers le nord-ouest et garde cette direction à travers l'Allemagne du Nord et la Hollande, jusqu'à ce qu'il se confonde à son embouchure avec la Meuse et l'Escaut (mer du Nord) (1350 kilomètres).

Affluents. — Il reçoit sur sa rive gauche, en *Alsace :* l'**Ill**, qui prend sa source dans le Jura et coule du sud au nord, en arrosant *Mulhouse* et *Strasbourg ;* la *Zorn*, qui a creusé à travers les Vosges le défilé de Saverne, et la **Lauter** (*Wissembourg* et *Lauterbourg*), qui formait, avant 1871, la limite entre la France et la Bavière rhénane ; en *Allemagne* (Prusse rhénane), la **Moselle** (500 kilomètres), qui descend du col de Bussang, traverse les départements français des Vosges (*Remiremont* et *Epinal*), et de Meurthe-et-Moselle (*Toul*), et la Lorraine dite allemande depuis 1871 (*Metz, Thionville*), arrose *Trèves* (Prusse rhénane) et finit à *Coblentz*. Elle reçoit, à droite, la *Meurthe* qui descend des Vosges (*Saint-Dié* dans les Vosges, et *Nancy* dans le département de Meurthe-et-Moselle), la *Seille* qui finit à *Metz*, et la *Sarre* (*Sarrebourg* et *Sarre-guemines* en Lorraine, *Sarrebruck* et *Sarrelouis* dans la Prusse rhénane), sortie de la chaîne des Vosges, dont le massif épais sépare la vallée du Rhin de celle de la Moselle.

Bassin secondaire de la Meuse. — La *ceinture du bassin* de la Meuse est formée en France : à l'est, par les *côtes lorraines ;* à l'ouest, par l'*Argonne*. Elle prend sa source au *plateau de Langres*, dans le département de la Haute-Marne, et coule du sud au nord, dans une vallée étroite, en arrosant le département des Vosges (*Neuf-château*), celui de la Meuse (*Commercy* et *Verdun*) et celui des Ardennes (*Sedan, Mézières-Charleville* et *Givet*). Elle va se confondre avec le *Rhin*, après avoir franchi la frontière française et traversé la Belgique et la Hollande (900 kilomètres, dont 233 navigables en France, de Verdun à la frontière).

Elle reçoit, en France (rive droite), le *Chiers* (Montmédy) et la *Semoy*, qui viennent des Ardennes et coulent dans des gorges profondes; en Belgique, la *Sambre* (rive gauche), rivière sinueuse qui prend sa source dans le département de l'Aisne, et passe à *Landrecies* et à *Maubeuge* dans le département du Nord.

Bassin secondaire de l'Escaut. — Le bassin de l'Escaut, qui n'est français qu'en partie, a pour ceinture les *collines de l'Artois* et les *collines de Belgique*.

L'Escaut (400 kilomètres) prend sa source au plateau de Saint-Quentin (département de l'Aisne), et coule en plaine, du sud au nord, jusqu'à son entrée en Belgique (62 kilomètres navigables en France depuis Cambrai). Il passe à *Cambrai* et à *Valenciennes,* dans le département du Nord.

Il reçoit, à gauche, la *Sensée*, la *Scarpe* (*Arras* dans le Pas-de-Calais et *Douai* dans le Nord), et la *Lys*, qui finit en Belgique et descend des collines de l'Artois.

Le plus important des petits fleuves côtiers du bassin de l'Escaut est l'*Aa*, qui passe à *Saint-Omer* (Pas-de-Calais) et finit à *Gravelines* (Nord).

III

BASSIN DE LA MANCHE

Ceinture du bassin. — La ceinture du bassin de la Manche est formée : au nord et au nord-est, par les *collines de l'Artois*, depuis le cap Gris-Nez, et par l'*Argonne* ; à l'est, par le *plateau de Langres* et la *côte d'Or* ; au sud, par les monts du *Morvan*, les collines du *Nivernais*, les plateaux de *Beauce*, les collines du *Perche*, de *Normandie* et de *Bretagne*, et les monts d'*Arrée* jusqu'à la pointe Saint-Mathieu.

Cours de la Seine. — La **Seine**, le principal tributaire de la Manche, prend sa source non loin du mont *Tasselot*, dans le département de la Côte-d'Or, sur le territoire de la commune de Chanceaux, à 471 mètres d'altitude. A *Châtillon-sur-Seine*, c'est encore un ruisseau qui se tarit en été ; mais peu à peu elle se grossit des eaux que lui envoient les plateaux crayeux de la Champagne et devient navigable dans le département de l'Aube (*Bar, Troyes, Nogent-sur-Seine*), qu'elle sépare un instant du département de la Marne.

Dans le département de Seine-et-Marne (*Montereau, Melun*), c'est déjà un fleuve qui roule, dans les eaux moyennes, près de 200 mètres cubes par seconde. Après avoir traversé la partie orientale du département de Seine-et-Oise (*Corbeil*), la Seine entre dans le département qui porte son nom, et où elle arrose *Paris, Boulogne, Neuilly* et *Saint-Denis*. Jusque-là le fleuve a coulé du sud-est au nord-ouest ; mais, à partir de Paris, il serpente lentement entre des coteaux couverts de bois, de maisons de campagne, de villes florissantes (*Saint-Germain*, *Poissy*, *Mantes*, dans le département de Seine-et-Oise ; *les Andelys*, *Vernon*, *Pont-de-l'Arche*, dans l'Eure, *Elbeuf*, *Rouen*, *Caudebec*, dans la Seine-Inférieure), et décrit d'innombrables détours qui sont un des traits caractéristiques de son cours.

A partir de *Quillebeuf* (rive gauche, département de l'Eure), il s'élargit, les marées le remplissent : c'est là que commence l'estuaire, qui se prolonge jusqu'au *Havre* (rive droite) et à *Honfleur* (rive gauche).

Le lit de la Seine est bien encaissé, sa pente modérée, ses inondations assez rares et peu redoutables, et les travaux de canalisation ou d'endiguement ont triomphé en partie des difficultés qu'offraient les bancs de sable ou de roches, et la barre, courant violent produit à son embouchure par la lutte du fleuve contre la marée. Son cours est de 770 kilomètres, dont 560 navigables ou canalisés, de Troyes à la mer.

Affluents de droite. — Ses affluents de droite sont :

1° **L'Aube,** qui descend du *plateau de Langres*, et dont la direction est presque parallèle à celle de la Seine (Haute-Marne, Aube, où elle arrose *Arcis* et *Bar-sur-Aube*).

2° **La Marne,** qui prend sa source au *plateau de Langres*, dans le département de la Haute-Marne, où elle passe près de *Chaumont* et arrose *Saint-Dizier*. Elle traverse le département de la Marne (*Vitry*, *Châlons*, *Epernay*), ceux de l'Aisne (*Château-Thierry*), de Seine-et-Marne (*Meaux*), de Seine-et-Oise, et finit à *Charenton* (Seine), après avoir tracé presque un demi-cercle (493 kilomètres dont 320 navigables depuis Donjeux dans la Haute-Marne). Elle reçoit, à droite, l'*Ornain*, qui passe à *Bar-le-Duc* (Meuse), et l'*Ourcq ;* à gauche, le *Petit-Morin* (Marne, Seine-et-Marne) et le *Grand-Morin* (*id.*) qui passe à *Coulommiers* dans le département de Seine-et-Marne.

3° **L'Oise** prend sa source en Belgique et coule du

nord-est au sud-ouest, en traversant les départements de l'Aisne (*la Fère*), de l'Oise (*Compiègne* et *Creil*) et de Seine-et-Oise (*Pontoise*) (189 kilomètres navigables ou canalisés). A gauche, l'Argonne lui envoie l'*Aisne*, grossie de l'*Aire* et de la *Vesle*, qui passe à *Reims*. L'Aisne arrose la Meuse, la Marne (*Sainte-Menehould*), les Ardennes (*Vouziers* et *Rethel*), l'Aisne (*Soissons*) et l'Oise.

4° L'**Epte** (*Gisors* dans l'Eure) et l'**Andelle** sortent des collines du pays de Bray.

Affluents de gauche. — Les principaux affluents de gauche sont :

1° L'**Yonne** (119 kilomètres navigables depuis Auxerre), qui descend des monts du *Morvan*. Elle passe à *Clamecy* (département de la Nièvre), à *Auxerre*, *Joigny* et *Sens* (Yonne), et finit à *Montereau* (Seine-et-Marne). Elle reçoit, à droite, l'*Armançon* (*Tonnerre*, dans le département de l'Yonne), le *Serain* et la *Cure*.

2° Le **Loing** passe à *Montargis* (Loiret) et finit à *Moret* (Seine-et-Marne).

3° L'**Essonne** se jette à *Corbeil*, après avoir arrosé, sous le nom d'*Œuf* (*Pithiviers*), les plateaux du Loiret.

4° L'**Eure** descend des collines du Perche (Orne), traverse les riches plateaux de la Beauce (département d'Eure-et-Loir, où elle passe à *Chartres* et près de *Dreux*), et les vallées boisées de l'Eure (*Louviers*). Elle reçoit l'*Iton*, qui passe à *Evreux* (rive gauche).

5° La **Rille**, qui prend également sa source dans les collines du Perche (Orne), se jette dans la baie de Seine, après avoir arrosé *Laigle* (Orne) et *Pont-Audemer* (Eure).

Bassins secondaires. — 1° Le bassin secondaire de la **Somme**, situé sur la rive droite de la Seine, est enfermé dans une fourche que forment les *collines de l'Artois*, au nord; celles de *Picardie* et du *Pays de Caux*, au sud, jusqu'au cap de la Hève.

La Somme, rivière marécageuse, prend sa source au pied du plateau de *Saint-Quentin* (Aisne), et coule du sud-est au nord-ouest, en arrosant *Péronne*, *Amiens* et

Abbeville (département de la Somme). Elle finit à *Saint-Valery* (Somme).

On rattache d'ordinaire au bassin de la Somme ceux des petites rivières de la *Canche* (*Montreuil* dans le Pas-de-Calais), de l'*Authie*, qui se jettent dans la Manche au nord de l'embouchure de la Somme, de la *Bresle* (*le Tréport*), de l'*Arques* (*Dieppe*) avec son affluent la *Béthune*, qui arrosent le département de la Seine-Inférieure.

2° Le bassin secondaire de l'**Orne**, situé sur la rive gauche de la Seine, est enfermé entre les collines de *Lieuvin*, à l'est; celles de *Normandie*, au sud; celles du *Cotentin*, à l'ouest, jusqu'à la pointe de la *Hague*. L'Orne descend des collines de Normandie et coule du sud-est au nord-ouest en arrosant les départements de l'Orne (*Argentan*) et du Calvados (*Caen*).

Les bassins côtiers de la *Touques* (*Lisieux* et *Pont-l'Évêque*, dans le Calvados), de la *Dives*, de la *Vire* (*Vire* dans le Calvados et *Saint-Lô* dans la Manche) peuvent se rattacher à celui de l'Orne.

3° Entre les collines du *Cotentin* et celles de *Bretagne*, de la pointe de la Hague à la pointe Saint-Mathieu, s'étendent les bassins de la *Sée* qui passe au pied de la colline d'*Avranches* (Manche), de la *Sélune* (Manche), du *Couesnon*, qui passe à *Fougères* (Ille-et-Vilaine) et finit dans la baie du mont Saint-Michel, de la *Rance*, qui arrose *Dinan* (dans les Côtes-du-Nord) et finit à *Saint-Malo* (Ille-et-Vilaine), du *Trieux*, qui passe à *Guingamp* (Côtes-du-Nord), du *Guer*, la rivière de *Lannion* (Côtes-du-Nord), etc. Ces petits fleuves côtiers descendent des collines de Bretagne.

IV

BASSIN DE L'OCÉAN ATLANTIQUE (MER DE FRANCE).

Ceinture du bassin. — La ceinture du bassin de l'océan Atlantique proprement dit ou mer de France est formée au nord, depuis le *cap Saint-Mathieu*, par la ceinture méridionale du bassin de la Manche, qui longe la rive droite de la Loire ; à l'est par les *Cévennes septentrionales* jusqu'aux monts Lozère ; au sud par les monts d'*Auvergne*, du *Limousin*, et les collines du *Périgord* et de *Saintonge*, jusqu'à la pointe de la Coubre.

Cours de la Loire. — La **Loire**, le plus grand fleuve de ce bassin et le plus long de nos cours d'eau français, prend sa source dans les Cévennes, au mont Gerbier-des-Joncs (Ardèche), à 1 375 mètres d'altitude, et coule d'abord du sud au nord dans une vallée étroite enfermée entre les Cévennes et les montagnes du Vélay et du Forez (départements de la Haute-Loire et de la Loire) : jusqu'à *Roanne* (Loire), c'est un torrent aux eaux claires roulant sur un lit de rochers et de gravier.

A partir de Roanne, la vallée s'élargit, le fleuve traverse le département de Saône-et-Loire qu'il sépare de celui de l'Allier, puis le département de la Nièvre (*Nevers* et *Cosne*, rive droite) qu'il sépare de celui du Cher. Serrée de près par les pentes des collines du Nivernais et les plateaux de l'Orléanais, la Loire se détourne peu à peu vers le nord-ouest, puis vers l'ouest, à partir de *Gien* (Loiret). Elle atteint à *Orléans* le point le plus septentrional de sa course, descend vers le sud-ouest par *Blois* (Loir-et-Cher) et *Tours* (Indre-et-Loire), reprend la direction de l'ouest à *Saumur* (Maine-et-Loire) et la garde jusqu'à son embouchure. Depuis Gien, c'est un fleuve sans lit, encombré de sables mouvants, desséché en été, sujet, grâce à la nature imperméable des terrains de son bassin supérieur, à des crues subites dont la double levée qui l'endigue entre Orléans et Angers ne conjure pas toujours les effets désastreux.

Après avoir arrosé le département de la Loire-Inférieure et traversé *Ancenis* et *Nantes*, où elle ne peut porter que des bâtiments de 800 à 1 000 tonneaux, elle se jette dans l'océan Atlantique entre *Saint-Nazaire* et *Paimbœuf* après un cours de 980 kilomètres, dont 781 navigables (depuis Roanne).

Affluents. — Les affluents de droite sont :

1° Le **Furens**, qui passe à *Saint-Étienne* (Loire).

2° L'**Arroux**, qui descend des monts du Morvan et arrose *Autun* (Saône-et-Loire).

3° La **Nièvre**, qui prend sa source dans les collines du Nivernais et finit à *Nevers* (Nièvre).

4° La **Maine**, formée, près d'*Angers* (Maine-et-Loire), par la jonction de la *Mayenne* (204 kilomètres dans le département de la Mayenne, où elle arrose *Mayenne, Laval* et *Château-Gontier*, et dans celui de Maine-et-Loire), de la *Sarthe* (276 kilomètres dans l'Orne, où elle passe à *Alençon*, la Sarthe, où elle arrose *le Mans*, et le Maine-et-Loire) et du *Loir* (310 kilomètres dans l'Eure-et-Loir, où il passe à *Châteaudun*, le Loir-et-Cher, où il arrose *Vendôme*, la Sarthe, où il passe à *la Flèche*, et le Maine-et-Loire). Ces trois rivières naissent sur le revers méridional des collines du Perche et de Normandie. Toutes trois sont navigables dans la partie inférieure de leur cours.

5° L'**Erdre**, qui se jette à Nantes.

Les affluents de gauche sont :

1° Le **Lignon** qui descend des monts du Forez (Loire).

2° L'**Allier** (370 kilomètres, dont 240 navigables), qui descend du massif des monts Lozère, à 1 420 mètres d'altitude, et coule du sud au nord entre les monts d'Auvergne à l'ouest et les montagnes du *Vélay*, du *Forez* et de la *Madeleine* à l'est, en traversant les départements de la Lozère, de la Haute-Loire (*Brioude*), la riche plaine de la Limagne (Puy-de-Dôme), où il reçoit la *Dore*, le département de l'Allier, où il arrose *Vichy* et *Moulins*, et où il reçoit la *Sioule* (rive gauche) et celui de la Nièvre. Dans son cours moyen et inférieur, son lit est ensablé comme celui de la Loire, et les inondations sont aussi brusques et aussi fréquentes.

3° Le **Loiret** (Loiret), petite rivière navigable de 12 kilom. de cours, qui n'est qu'une infiltration de la Loire.

4° et 5° Le **Cosson** (Loiret, Loir-et-Cher) et le **Beuvron**, déversoir des marais de la Sologne.

6° Le **Cher** (320 kilomètres dont 197 navigables) naît

dans les monts d'Auvergne et coule d'abord au nord (départements de la Creuse, de l'Allier (*Montluçon*) et du Cher (*Saint-Amand* et Vierzon), puis à l'ouest (départements de Loir-et-Cher et d'Indre-et-Loire, où il passe près de *Tours*). Ses principaux affluents sont la *Sauldre* et l'*Yèvre* qui passe à Bourges.

7° L'**Indre** (245 kilom.) prend sa source dans un des derniers rameaux des monts de

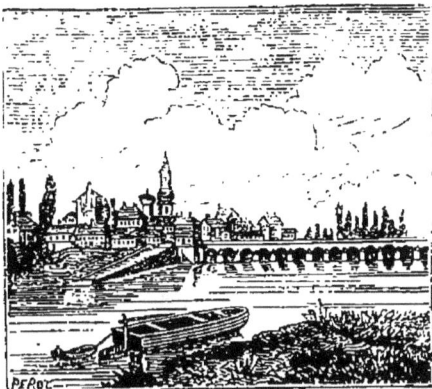

Fig. 10. — L'Allier à Moulins.

la Marche et coule du sud-est au nord-ouest en arrosant le département de l'Indre (*la Châtre* et *Châteauroux*) et celui d'Indre-et-Loire (*Loches*).

8° La **Vienne** (375 kilomètres), le plus long des affluents de la Loire, descend des monts du Limousin (mont Audouze), dans le département de la Corrèze, coule d'abord de l'est à l'ouest, dans les vallées étroites de la Haute-Vienne (*Limoges*), puis du sud au nord, dans la Charente (*Confolens*), la Vienne (*Châtellerault*) et l'Indre-et-Loire (*Chinon*), et reçoit à droite la *Creuse* (*Aubusson* dans la Creuse et *le Blanc* dans l'Indre), grossie de la *Gartempe*, à gauche le *Clain* (*Poitiers*).

9° Le **Thouet** arrose *Parthenay* (Deux-Sèvres).

10° La **Sèvre-Nantaise** descend du plateau de Gâtine et finit à Nantes.

11° L'**Achenau** sert de déversoir au lac de *Grandlieu*, marais à demi desséché.

Bassin secondaire de la Vilaine. — Le bassin secondaire de la Vilaine (rive droite de la Loire) est compris entre les collines de Bretagne au nord, les collines du Maine et l'Anjou au sud-est jusqu'à la pointe du Croisic. La Vilaine descend des collines de Bretagne et coule de l'est à l'ouest jusqu'à son confluent avec l'*Ille*, puis du nord au sud jusqu'à son embouchure, en arrosant *Vitré*, *Rennes*, *Redon* (Ille-et-Vilaine) et *la Roche-Bernard* dans le Morbihan (145 kilomètres navigables). Les petits bassins du *Blavet* (*Pontivy* et *Lorient*), du *Scorf* (*Lorient*), de l'*Odet* (*Quimper*), de l'*Aulne* (*Châteaulin*) peuvent être regardés comme une dépendance de celui de la Vilaine.

Bassin secondaire de la Charente. — Au sud du bassin de la Loire s'étend celui de la **Charente**, compris entre les collines de *Saintonge* et du *Périgord* au sud, les collines du *Poitou* et le plateau de *Gâtine* au nord, depuis la pointe *Saint-Gildas* jusqu'à la pointe de la *Coubre*.

La Charente sort du versant occidental des monts du Limousin, coule d'abord du sud au nord, puis rencontre les collines du Poitou qui la rejettent vers le sud. Elle prend un peu au-dessous d'Angoulême la direction de l'ouest qu'elle garde jusqu'à son embouchure. Elle arrose *Civray* (Vienne), *Ruffec*, *Angoulême* et *Cognac* (Charente), *Saintes* et *Rochefort* (Charente-Inférieure), et finit, en face de l'île d'Oléron, après un cours de 340 kilomètres, dont 192 navigables. Elle reçoit à gauche la *Tardoire*, qui s'engouffre en partie dans des cavités souterraines; à droite la *Boutonne*, qui passe à *Saint-Jean-d'Angely*.

Le *Lay*, qui reçoit l'*Yon* (*la Roche-sur-Yon* dans la Vendée), la *Sèvre-Niortaise*, qui passe à *Niort* et reçoit la *Vendée* (*Fontenay-le-Comte*), et la *Seudre*, qui finit à *Marennes*, peuvent être regardés comme dépendant du bassin de la Charente.

V

BASSIN DU GOLFE DE GASCOGNE

Ceinture du bassin. — La ceinture du bassin du golfe de Gascogne est formée au nord par la ceinture méridionale du bassin de la Charente et du bassin de la

Loire, à l'est par les *Cévennes méridionales* et les *Corbières occidentales*, au sud par les *Pyrénées*.

Cours de la Garonne. — La **Garonne** prend sa source en Espagne, au val d'*Aran*, au pied du massif de la Maladetta, et coule d'abord du sud-est au nord-ouest, dans des gorges étroites et sauvages. A partir de *Montréjeau* (Haute-Garonne), elle se détourne vers le nord-est et entre dans des plaines monotones, où elle arrose *Muret* et *Toulouse* (Haute-Garonne). Au-dessous de Toulouse, elle reprend la direction du nord-ouest en longeant les dernières terrasses du massif central ; sa vallée, plus étroite, est d'une merveilleuse fertilité ; elle passe près de *Castelsarrazin* (Tarn-et-Garonne), arrose *Agen*, *Tonneins*, *Marmande* (Lot-et-Garonne), *la Réole* (Gironde). A *Bordeaux* (Gironde), la Garonne est large de 700 mètres, elle porte les plus gros navires et roule plus de 800 mètres cubes par seconde aux eaux moyennes. Elle prend, dans sa partie maritime, du *Bec d'Ambez* à la *tour de Cordouan*, le nom de **Gironde** et se jette dans le golfe de Gasco-

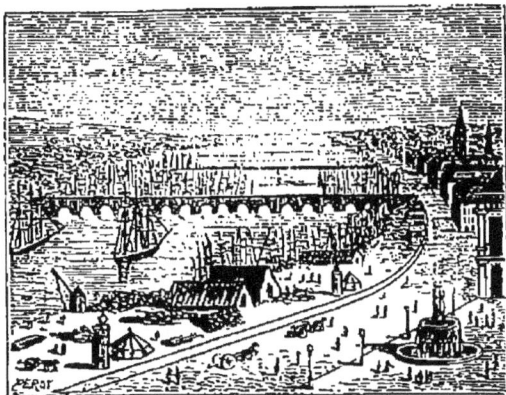

Fig. 20. — Le pont sur la Garonne à Bordeaux.

gne entre la pointe de Grave et celle de la Coubre. Son cours est de 650 kilomètres, dont 468 navigables (depuis Cazères dans la Haute-Garonne). Les crues sont fréquentes et terribles : quelques-unes se sont éle-vées à plus de 10 mètres au-dessus de l'étiage, et, dans les grandes inondations, le volume des eaux est 200 ou 300 fois plus fort qu'en temps ordinaire.

Affluents. — Ses principaux affluents sont, à droite :

1° Le **Salat**, qui passe à *Saint-Girons* (Ariège).

2° L'**Ariège,** qui descend des rochers de *Porteilles* et arrose *Foix* et *Pamiers* (Ariège).

3° Le **Tarn** (147 kilomètres navigables) prend sa source dans les monts *Lozère* (Lozère), coule dans un profond défilé entre la causse Méjean et la causse de Sauveterre, traverse les départements de l'Aveyron (*Millau*), du Tarn (*Albi* et *Gaillac*), où il entre dans la plaine, et finit dans le Tarn-et-Garonne, où il arrose *Montauban* et *Moissac*. Il est navigable depuis Albi.

Ses principaux affluents sont, à droite : l'*Aveyron*, qui descend des monts Lévezou, passe à *Rodez* et à *Villefranche* (Aveyron), reçoit le *Viaur*, sorti du même massif de montagnes, et finit dans le Tarn-et-Garonne; à gauche l'*Agout*, qui descend des monts de l'Espinouse (Hérault) et arrose *Castres* et *Lavaur* (Tarn).

4° Le **Lot** descend des monts Lozère (1 500 mètres), coule dans une vallée profonde, où il arrose *Mende* (Lozère), *Espalion* (Aveyron), *Cahors* (Lot), et finit en plaine près d'*Aiguillon* (Lot-et-Garonne), après avoir traversé *Villeneuve-d'Agen*. Son principal affluent est la *Truyère*, qui sort des monts de la Margeride.

5° Le **Dropt** (Dordogne, Lot-et-Garonne, Gironde) sort des monts du Quercy.

6° La **Dordogne,** le plus grand affluent de la Garonne, naît au mont Dore, à 1 694 mètres d'altitude, au pied du Sancy (Puy-de-Dôme), longe le département du Cantal, traverse ceux de la Corrèze et de la Dordogne, où elle arrose *Bergerac*, et finit au Bec-d'Ambez après avoir traversé *Libourne* (Gironde).

Son cours est de 460 kilomètres, dont 380 navigables.

Elle reçoit à gauche la *Cère*, qui lui apporte les eaux du massif du Cantal; à droite la *Vezère*, grossie de la *Corrèze* qui arrose *Tulle* et *Brive* (Corrèze) ; et l'*Isle* (Haute-Vienne ; Dordogne, *Périgueux ;* Gironde), grossie de la *Dronne,* qui descend des monts du Limousin.

Les affluents de gauche de la Garonne, la **Neste,** grand torrent des Pyrénées, la **Save** (Haute-Garonne, Gers), qui finit près de *Grenade* (Haute-Garonne), le **Gers** (Gers,

Auch ; Lot-et-Garonne), la **Baïse** (Gers, *Mirande* et *Condom ;* Lot-et-Garonne, *Nérac*), ne sont pas navigables. Ces trois derniers cours d'eau naissent au plateau de Lannemezan.

Bassin secondaire de l'Adour. — Au sud du bassin de la Garonne, entre les Pyrénées, les monts de Bigorre, les collines de l'Armagnac, les collines du Bordelais et du Médoc, s'étendent les bassins de la **Leyre,** qui se jette dans le bassin d'Arcachon, et de l'**Adour,** grand cours d'eau navigable de 330 kilomètres. Il descend des monts de

Fig. 21. — Pont de Saint-Sauveur sur le Gave de Pau.

Bigorre (1930 mètres d'altitude), arrose *Bagnères-de-Bigorre, Tarbes* (Hautes-Pyrénées), *Aire, Saint-Sever,* où il devient navigable, *Dax* (Landes), et finit au-dessous de *Bayonne* (Basses-Pyrénées). — Il reçoit à droite la *Midouze,* la rivière de *Mont-de-Marsan* (Landes), à gauche le *Gave de Pau (Argelès, Pau, Orthez),* qui naît au cirque de Gavarnie et reçoit le *Gave d'Oloron ;* la *Bidouze* et la *Nive,* qui finit à Bayonne.

Comparaison des grands fleuves. — L'étendue navigable des cours d'eau français atteint presque 8000 kilomètres. Quatre des grands fleuves de l'Europe, la Garonne, la Loire, la Seine et le Rhône, appartiennent à la France dans toute la partie navigable de leur cours.

Coulant dans un pays de montagnes, dont les terrains sont en général imperméables, alimenté par les neiges et les glaciers des Alpes, ce dernier n'est qu'un grand torrent, aux eaux abondantes, mais impétueuses, et redoutable par ses crues subites, bien que l'encaissement de sa vallée ne permette pas aux inondations de s'étendre sur d'aussi vastes espaces que celles de la Garonne ou de la Loire. Le lac de Genève, qui lui sert de réservoir, et le peu de largeur de son lit maintiennent ses eaux à un niveau assez élevé pour que la navigation n'ait pas à subir d'interruption; mais les brusques détours du fleuve, les roches qui l'obstruent, la rapidité de la pente, les sables et la vase qui s'amoncellent dans la partie inférieure de son cours rendent la navigation difficile et dangereuse; il n'existe pas de port à son embouchure, et les navires de 500 tonneaux ne peuvent remonter jusqu'à Arles.

La *Garonne*, la *Loire* et la *Seine* sont alimentées par les pluies beaucoup plus que par les neiges : les deux premières, dans les trois quarts de leur cours, la troisième presque depuis sa source, coulent en plaine ou dans des pays peu accidentés, dont les terrains perméables, sauf dans le massif central et dans les plaines argileuses de la Sologne et de la Brenne, absorbent une partie des eaux pluviales : elles ont un volume d'eau moins considérable, un cours plus lent, des crues en général moins soudaines. Les sables qu'elles emportent, au lieu de s'entasser à l'embouchure et d'y créer un delta, se déposent dans toute l'étendue de leur parcours, où ils forment quelquefois, surtout dans la Loire, des bancs dangereux pour la navigation. Elles débouchent à la mer par de larges et profonds *estuaires*, accessibles aux plus forts navires, et où s'élèvent des ports florissants. La Garonne, la Loire et la Seine commencent par n'être que des sentiers et finissent par devenir de grandes routes; le Rhône est une grande route qui aboutit à un sentier.

Lacs, étangs et marais. — La France ne possède de grands lacs que dans la région tourmentée des Alpes, où les bouleversements du sol ont creusé d'immenses vasques de granit, sans cesse remplies par la fonte des neiges, des glaciers et par les eaux pluviales. Nous avons déjà décrit le lac de *Genève* (54 000 hectares de superficie), les lacs du *Bourget* et d'*Annecy* en Savoie. Les lacs du Dauphiné et de la Provence (lacs de **Paladru**, dans l'Isère, d'*Allos*, dans les Basses-Alpes), ceux du Jura (lacs de **Saint-Point**, de *Nantua*, de *Châlin*, de *Grandvaux*), des Vosges (lacs de **Gérardmer**, de Longemer, etc.), des Pyrénées (lacs d'*Oo*, de *Gaube*), les lacs volcaniques de l'Auvergne (lac *Pavin*, lac *Chambon*) et du Vélay (lac du *Bouchet*) ne sont que des étangs si on les compare à ces larges nappes d'eau qui dorment au pied des grandes Alpes. Le seul lac de plaine de quelque étendue qui se rencontre en France, est celui de *Grandlieu*, dans la Loire-Inférieure : il a près de 7 000 hectares de superficie, mais c'est un marais vaseux plutôt qu'un lac, et on songe à le dessécher.

Outre les étangs du littoral de la Méditerranée et des Landes, que nous avons décrits plus haut, les régions d'étangs et de marécages sont, au pied du Jura, la *Bresse* et les *Dombes* (département de l'Ain), terres argileuses au sol imperméable ; au sud de la Loire, la *Sologne* (départements de Loir-et-Cher, du Loiret et du Cher) et la *Brenne* (départements de l'Indre et d'Indre-et-Loire), dont le sous-sol argileux retient également les eaux pluviales ; la région des *Brières*, prairies inondées au nord de la Loire, près de son embouchure ; les vastes tourbières de la *Somme* et du *Pas-de-Calais*, désignées dans le pays sous le nom de *claires*, la forêt d'*Argonne* et la partie méridionale de la Lorraine dite allemande (environs de Dieuze).

RÉSUMÉ

I

La CEINTURE DU BASSIN DU RHÔNE et des bassins secondaires du versant de la MÉDITERRANÉE est formée, au sud-ouest, à l'ouest et au nord, par les *Pyrénées orientales* et la ligne de partage des eaux (*Corbières, Cévennes, côte d'Or, plateau de Langres, Faucilles, Jura,* en France, *Jorat* et *Alpes Bernoises* en Suisse); à l'est, par la chaîne des *Alpes,* depuis le mont Saint-Gothard jusqu'aux Apennins.

Le RHÔNE prend sa source en Suisse, dans le massif du *Saint-*

Gothard, coule, de l'est à l'ouest, dans le canton suisse du *Valais*, entre dans le lac *Léman* ou de Genève, en sort à *Genève* et franchit la frontière.

Il est brusquement détourné vers le sud par un des contreforts du *Jura*, mais un contrefort des *Alpes de Savoie* le rejette de nouveau vers l'ouest, jusqu'à son confluent avec la Saône.

Après avoir reçu la Saône, en sortant de *Lyon*, il coule du nord au sud jusqu'à la mer. A 45 kilomètres de son embouchure, le fleuve se partage en deux bras principaux, le *Grand-Rhône*, à l'est, le *Petit-Rhône* à l'ouest, qui embrassent l'île de la *Camargue*. C'est le plus rapide de nos fleuves et celui qui porte le plus d'eau à la mer.

Son cours est de 815 kilomètres dont 497 navigables (du Fort-l'Ecluse, département de l'*Ain*, à la mer).

Il arrose sur sa rive droite : l'Ain, le Rhône (*Lyon*), l'Ardèche (*Tournon*), le Gard (*Beaucaire*) ; sur sa rive gauche : la Haute-Savoie, la Savoie, l'Isère (*Vienne*), la Drôme (*Valence*), le département de Vaucluse (*Avignon*), les Bouches-du-Rhône (*Tarascon* et *Arles*).

Les affluents de droite du Rhône sont : l'Aɪɴ (départements du Jura et de l'Ain) ;

La Saône (455 kilomètres), rivière tranquille et navigable au-dessous de Port-sur-Saône, qui prend sa source dans les monts Faucilles (départements des Vosges, de la Haute-Saône (*Port-sur-Saône*, *Gray*), de la Côte-d'Or, de Saône-et-Loire (*Chalon* et *Mâcon*), de l'Ain et du Rhône) ; elle reçoit à gauche l'*Ognon*, le *Doubs*, torrent sinueux qui descend du Jura (Doubs) et arrose *Pontarlier*, *Besançon* (Doubs), *Dôle* (Jura), et la *Seille* ; à droite, l'*Ouche* (*Dijon*) ;

Le Gɪᴇʀ (départements de la Loire et du Rhône), l'Aʀᴅᴇ̀ᴄʜᴇ (département de l'Ardèche), la Cᴇ̀ᴢᴇ (*id.*), le Gᴀʀᴅ (départements de la Lozère et du Gard (*Alais*), torrents qui descendent des *Cévennes*.

Les affluents de gauche sont : l'Aʀᴠᴇ (Haute-Savoie), qui descend du mont Blanc, le Fɪᴇʀ et le canal de *Savières*, qui servent d'écoulement aux lacs d'*Annecy* et du *Bourget*, en Savoie ; le Gᴜɪᴇʀs, qui descend des montagnes de la Grande-Chartreuse ;

L'Isᴇ̀ʀᴇ, rivière impétueuse et navigable au-dessous de Grenoble, qui descend des Alpes Grées (Savoie (*Moutiers*), Isère (*Grenoble*), et Drôme) ;

La Dʀᴏ̂ᴍᴇ, qui descend des Alpes du *Dauphiné* (département de la Drôme (*Die*) ;

La Dᴜʀᴀɴᴄᴇ, torrent de 380 kilomètres qui naît au mont *Genèvre* et coule, du nord-est au sud-ouest, entre les *Alpes du Dauphiné* et les *Alpes de Provence* (Hautes-Alpes (*Embrun* et *Briançon*), Basses-Alpes (*Sisteron*), Vaucluse et Bouches-du-Rhône).

Les bassins secondaires du versant de la Méditerranée sont :
à l'est du Rhône (rive gauche), ceux du *Var*, de la *Siagne* (Alpes-Maritimes), de l'*Argens* (Var), de l'*Huveaune*, de l'*Arc* (Bouches-du-Rhône), séparés de la vallée de la Durance par les Alpes de Provence ;

A l'ouest des bouches du Rhône (rive droite), ceux du *Vidourle*, du *Lez*, de l'*Hérault* (Hérault), qui descendent des Cévennes, de l'*Aude*, qui prend sa source dans les Pyrénées (Pyrénées-Orientales, Aude (*Carcassonne*), de la *Têt* (Pyrénées-Orientales (*Perpignan*), et du *Tech*.

II

La CEINTURE DU BASSIN DE LA MER DU NORD est formée, en France, par le Jura, les monts Faucilles, le plateau de Langres, les collines de la Meuse, l'Argonne et les collines de l'Artois jusqu'au cap Gris-Nez.

Ce bassin n'est français qu'en partie et seulement sur la rive gauche.

Le RHIN prend sa source, en Suisse, dans le massif du Saint-Gothard, coule du sud au nord, traverse le lac de Constance, se détourne de l'est à l'ouest, puis du sud au nord à partir de Bâle jusqu'à son confluent avec le Main. Il traverse la Suisse, l'Allemagne et les Pays-Bas.

Les affluents de gauche sont : l'ILL (Mulhouse et Strasbourg, en Alsace) ;

La ZORN, col de Saverne (Alsace) ;

La LAUTER (Wissembourg, en Alsace) ;

La MOSELLE (en partie française), dont la vallée est séparée de celle du Rhin par les Vosges (Vosges (*Epinal*), Meurthe-et-Moselle (*Toul*), Lorraine (*Metz* et *Thionville*). Elle reçoit, à droite, la *Meurthe* (Vosges, Meurthe-et-Moselle (*Nancy*), et la *Sarre* (Sarrebourg et Sarreguemines, dans la Lorraine dite allemande).

BASSINS SECONDAIRES. — La MEUSE (en partie française) coule entre l'Argonne et les talus du plateau de la Lorraine. Elle prend sa source au plateau de *Langres* (Haute-Marne), arrose en France les départements de Haute-Marne, Vosges, Meuse (*Commercy*, *Verdun*), et Ardennes (*Sedan*, *Mézières*), traverse la Belgique et finit dans les Pays-Bas. Elle reçoit, à droite, le *Chiers* et la *Semoy*, à gauche, la *Sambre* (Aisne, Nord, Belgique).

L'ESCAUT (en partie français) coule entre les collines de l'Artois et celles de Belgique (Aisne, Nord (*Cambrai, Valenciennes*) : il traverse la Belgique et finit dans les Pays-Bas ; il reçoit, à gauche, la *Scarpe* (Pas-de-Calais (*Arras*), Nord (*Douai*), qui finit en France, et la *Lys* qui finit en Belgique.

III

La CEINTURE DU BASSIN DE LA MANCHE est formée : au nord et au nord-est, depuis le cap Gris-Nez, par les collines de l'Artois, les plateaux de l'Argonne, les collines de la Meuse ; à l'est, par le plateau de Langres et la côte d'Or ; au sud, par les monts du Morvan, les collines du Nivernais, les plateaux de Beauce, les collines du Perche et de Normandie, les collines de Bretagne jusqu'à la pointe Saint-Mathieu.

La SEINE prend sa source près de Chanceaux (Côte-d'Or, à la jonction du plateau de Langres et de la côte d'Or) et coule, du sud-est ou nord-ouest, jusqu'à la Manche.

Elle traverse les départements de la Côte-d'Or (*Châtillon*), de l'Aube (*Bar-sur-Seine, Troyes, Nogent-sur-Seine*), de Seine-et-Marne (*Melun*), de Seine-et-Oise (*Corbeil*), de la Seine (*Paris, Saint-Denis*), de Seine-et-Oise (*Mantes*), de l'Eure, de la Seine-Inférieure (*Elbeuf, Rouen, le Havre*).

Les affluents de droite sont : L'AUBE (Haute-Marne, Côte-d'Or, Aube (*Bar-sur-Aube, Arcis-sur-Aube*) ;

La MARNE (Haute-Marne, plateau de Langres, *Chaumont*), Marne (*Vitry, Châlons, Epernay*), Aisne (*Château-Thierry*), Seine-et-Marne (*Meaux*), Seine-et-Oise, Seine (*Charenton*) ;

L'OISE (Belgique, Aisne, Oise (*Compiègne, Creil*), Seine-et-Oise (*Pontoise*), qui reçoit, à gauche, l'AISNE (Meuse, Marne (*Sainte-Menehould*), Ardennes (*Vouziers, Rethel*), Aisne (*Soissons*), Oise) ;

L'EPTE et l'ANDELLE.

Les affluents de gauche sont : L'YONNE, qui descend des monts du Morvan (Nièvre (*Clamecy*), Yonne (*Auxerre, Joigny, Sens*), Seine-et-Marne (*Montereau*) ;

Le LOING (Yonne, Loiret (*Montargis*), Seine-et-Marne) ;

L'EURE (Eure-et-Loir (*Chartres*), Eure (*Louviers*), grossie de l'*Iton* (*Evreux*) ;

La RILLE (Orne, Eure (*Pont-Audemer*).

BASSINS SECONDAIRES. — Au nord (rive droite), la SOMME, entre les collines de l'Artois et les collines de la Picardie et du pays de Caux jusqu'à la pointe de la Hève, arrose l'Aisne (*Saint-Quentin*) et la Somme (*Péronne, Amiens, Abbeville, Saint-Valery*) ;

A l'ouest (rive gauche), la TOUQUES (Calvados, *Lisieux* et *Pont-l'Evêque*), la DIVES, l'ORNE (Orne (*Argentan*) et Calvados (*Caen*) ; la VIRE, départements du Calvados (*Vire*) et de la Manche (*Saint-Lô*), coulent entre les collines de Lieuvin à l'est, celles de Normandie au sud, et du Cotentin à l'ouest, jusqu'à la pointe de la Hague.

La SÉLUNE, le COUESNON, la RANCE (Côtes-du-Nord (*Dinan*), Ille-et-Vilaine (*Saint-Malo*) arrosent un bassin circonscrit par les collines du Cotentin et les collines de Bretagne, jusqu'à la pointe Saint-Mathieu.

IV

La CEINTURE DU BASSIN DE L'ATLANTIQUE est formée : au nord, depuis le cap Saint-Mathieu, par la ceinture méridionale du bassin de la Manche ; à l'est, par les Cévennes septentrionales jusqu'aux monts Lozère ; au sud, par les montagnes d'Auvergne, du Limousin, les collines du Périgord et de Saintonge.

La LOIRE (980 kilom , dont 781 navigables) prend sa source dans les Cévennes, au mont Gerbier-des-Joncs (Ardèche), coule du sud au nord jusqu'à Gien, décrit un demi-cercle en inclinant à l'ouest de Gien à Tours, et se dirige de l'est à l'ouest, jusqu'à son embouchure.

Elle arrose les départements de l'Ardèche, Haute-Loire, Loire (*Roanne*), Saône-et-Loire, qu'elle sépare de l'Allier, Nièvre (*Nevers*), qu'elle sépare du Cher, Loiret (*Gien, Orléans*), Loir-et-Cher (*Blois*), Indre-et-Loire (*Tours*), Maine-et-Loire (*Saumur*), Loire-Inférieure (*Ancenis, Nantes, Saint-Nazaire, Paimbœuf*).

Les affluents de droite sont : Le FURENS (*Saint-Étienne*, dans la Loire), l'ARROUX (*Autun*, dans Saône-et-Loire), la NIÈVRE (Nièvre, *Nevers*) ;

La MAINE (Maine-et-Loire, *Angers*), formée du LOIR (Eure-et-Loir, *Châteaudun* ; Loir-et-Cher, *Vendôme* ; Sarthe, *la Flèche* ; Maine-et-Loire) ; de la SARTHE (Orne, *Alençon* ; Sarthe, *le Mans* ; Maine-et-Loire) et de la MAYENNE (Mayenne, *Mayenne, Laval, Château-Gontier*, et Maine-et-Loire) ;

L'ERDRE (Maine-et-Loire, Loire-Inférieure).

Les affluents de gauche sont : le LIGNON (Loire) ;

L'ALLIER (370 kilom.), séparé de la Loire par les monts du Vélay et du Forez (Lozère ; Haute-Loire, *Brioude* ; Puy-de-Dôme ; Allier, *Vichy, Moulins* ; Nièvre). Il reçoit à gauche la *Sioule*, à droite la *Dore* ;

Le LOIRET (Loiret) ;

Le CHER (Creuse ; Allier, *Montluçon* ; Cher, *Saint-Amand* ; Loir-et-Cher ; Indre-et-Loire) ;

L'INDRE (Indre, *Châteauroux* ; Indre-et-Loire, *Loches*) ;

La VIENNE (375 kilom.), le plus long des affluents de la Loire (Corrèze, *Mont Audouze* ; Haute-Vienne, *Limoges* ; Charente, *Confolens* ; Vienne, *Châtellerault* ; Indre-et-Loire, *Chinon*). Elle reçoit, à droite, la *Creuse* (Creuse, *Aubusson* ; Indre, *le Blanc* ; Indre-et-Loire), grossie de la *Gartempe* ; à gauche, le *Clain* (Vienne, *Poitiers*) ;

Le THOUET (Deux-Sèvres, Maine-et-Loire) ;

La SÈVRE-NANTAISE (Deux-Sèvres, Vendée, Loire-Inférieure) ;

L'ACHENAU, déversoir du lac de *Grandlieu*.

BASSINS SECONDAIRES. — Au nord (rive droite de la Loire), la VILAINE coule entre les collines de l'Anjou et du Maine et les collines de Bretagne (Ille-et-Vilaine, *Vitré, Rennes, Redon*; Loire-Inférieure, Morbihan).

Elle reçoit l'*Ille* à Rennes.

On doit citer encore les *bassins côtiers* du *Blavet* (Côtes-du-Nord; Morbihan, *Pontivy*) et de l'*Aulne* (Finistère, *Châteaulin*), ce dernier entre les monts d'Arrée et les Montagnes Noires.

Au sud (rive gauche de la Loire), la CHARENTE coule entre les monts du Limousin, les collines du Poitou et le plateau de Gâtine au nord, les collines du Périgord et de la Saintonge au sud (Haute-Vienne; Charente; Vienne, *Civray*; Charente, *Angoulême, Cognac*; Charente-Inférieure, *Saintes, Rochefort*).

De ce bassin dépendent ceux du *Lay* (Vendée); de la *Sèvre-Niortaise* (Deux-Sèvres, *Niort*; Vendée; Charente-Inférieure), qui reçoit la *Vendée* (Vendée, *Fontenay-le-Comte*), et de la *Seudre* (Charente-Inférieure).

V

La CEINTURE DU BASSIN DU GOLFE DE GASCOGNE est formée : au nord, par la ceinture méridionale du bassin de la Loire; à l'est, par les Cévennes méridionales et les Corbières; au sud, par les Pyrénées centrales et occidentales.

La GARONNE (650 kilomètres, dont 468 navigables) prend sa source en Espagne, au val d'Aran, dans le massif de la Maladetta, coule du sud-ouest au nord-est jusqu'à Toulouse, puis du sud-est au nord-ouest jusqu'à la mer. Elle prend le nom de Gironde à partir de son confluent avec la Dordogne.

Elle traverse les départements de la Haute-Garonne (*Toulouse*), de Tarn-et-Garonne, de Lot-et-Garonne (*Agen, Marmande*), de la Gironde (*la Réole, Bordeaux, Blaye*).

Les affluents de droite sont : le SALAT (Ariège, *Saint-Girons*), l'ARIÈGE (Ariège, *Foix, Pamiers*; Haute-Garonne), qui descend du pic de Porteilles;

Le TARN, qui descend des monts Lozère (Lozère; Aveyron, *Millau*; Tarn, *Albi, Gaillac*; Tarn-et-Garonne, *Montauban, Moissac*). Il reçoit, à droite, l'*Aveyron* (Aveyron, *Rodez, Villefranche*; Tarn; Tarn-et-Garonne); à gauche, l'*Agout* (Hérault; Tarn, *Castres*);

Le LOT, qui naît dans les monts Lozère (Lozère, *Mende*; Aveyron, *Espalion*; Lot, *Cahors*; Lot-et-Garonne, *Villeneuve*);

La DORDOGNE, le plus grand affluent de la Garonne (Puy-de-Dôme, *Mont Dore*; Cantal; Corrèze; Lot; Dordogne, *Bergerac*; Gironde, *Libourne*). Elle reçoit, à droite, la *Vézère*, grossie de la *Corrèze* (Corrèze, *Tulle* et *Brive*), et l'*Isle* (Haute-Vienne; Dordogne, *Périgueux*; Gironde).

Les affluents de gauche sont : la NESTE (Hautes-Pyrénées), la SAVE (Haute-Garonne, Gers);

Le GERS (Hautes-Pyrénées; Gers, *Auch*; Lot-et-Garonne);

La Baïse (Hautes-Pyrénées ; Gers, *Condom ;* Lot-et-Garonne, *Nérac*).

Au sud du bassin de la Garonne s'étendent ceux de la Leyre (Landes, Gironde) et de l'Adour, entre les Pyrénées et les monts du Bigorre, les collines de l'Armagnac et du Bordelais jusqu'à la pointe de Grave (Hautes-Pyrénées, *Bagnères-de-Bigorre, Tarbes ;* Gers ; Landes, *Saint-Sever, Dax ;* Basses-Pyrénées, *Bayonne*).

L'Adour reçoit, à droite, la *Midouze* (Gers ; Landes, *Mont-de-Marsan*) ; à gauche, le *Gave de Pau* (Hautes-Pyrénées ; Basses-Pyrénées, *Pau ;* Landes), grossi du *Gave d'Oloron*.

Lacs, étangs et marais. — Les principaux lacs de France sont ceux de Genève, du Bourget, d'Annecy, en Savoie, de Grandlieu (Loire-Inférieure), de *Paladru* (Isère), de *Saint-Point* (Doubs), de *Gérardmer* (Vosges).

Les régions marécageuses sont les *Dombes* et la *Bresse* (Ain), la *Sologne* (Loir-et-Cher), la *Brenne* (Indre), le *marais vendéen*, les *Landes*, le littoral de la Méditerranée, depuis l'embouchure de la *Têt* jusqu'à l'étang de Berre, et les tourbières de Picardie et d'Artois.

Questionnaire.

I. Quelles sont les chaînes de montagnes ou les plateaux qui séparent le versant de la Méditerranée de celui de l'Atlantique ? — Rappeler la définition des versants et des bassins. — D'où vient le nom des monts Faucilles ? — Quelles sont les lignes de partage qui séparent les grands bassins maritimes ? Entre le bassin du golfe de Gascogne et celui de l'océan Atlantique proprement dit ? — Entre l'océan Atlantique et la Manche ? — Entre la Manche et la mer du Nord ? — Quels sont les principaux fleuves de chacun de ces bassins ?

II. Quelle est la ceinture du bassin de la Méditerranée ? — Où le Rhône prend-il sa source ? — Suit-il la même direction depuis sa source jusqu'à son embouchure ? — Indiquer les principaux changements de direction du fleuve. — Quelles en sont les raisons ? — Son cours est-il lent ou rapide ? — Où commence la navigation du Rhône ? — Décrire les bouches du fleuve. — Qu'entend-on par delta ? — Quels sont les principaux affluents du Rhône sur la rive droite ? — sur la rive gauche ? — Indiquer pour les plus importants la source, la direction générale et les caractères qui les distinguent, tels que la pente rapide ou modérée, etc. — Quels sont ceux des affluents du Rhône qui reçoivent eux-mêmes des cours d'eau importants ? — Quels sont les cours d'eau secondaires qui se jettent dans la Méditerranée ? — Sur quelle rive du Rhône est situé le bassin du Var ? de l'Aude ? etc. — Existe-t-il des lacs dans le bassin du Rhône ? — Y trouve-t-on des régions marécageuses ?

Exercices.

Indiquer sur une carte en relief de la France la ceinture du bassin de la Manche, de la mer du Nord, du golfe de Gascogne, etc.

Tracer sur une carte de France où les contours seuls et les montagnes seront indiqués le cours des principaux fleuves.

Nota. — En changeant simplement les noms, le questionnaire et les exercices peuvent s'appliquer à tous les fleuves et à tous les bassins fluviaux ou maritimes de la France.

Lectures.

E. Reclus. *La France.*
Duruy. *Introduction générale à l'histoire de France.*

CHAPITRE IV

Le climat

I

Observations générales. — Le climat de la France, grâce à sa situation, est partout tempéré, mais sans être uniforme. Sur le littoral de l'ouest et du sud-ouest, il est à la fois doux et humide : les vents d'ouest qui soufflent de la mer y apportent les pluies et les brouillards, et les courants chauds de l'Atlantique y entretiennent une température égale et assez élevée pour permettre aux plantes du midi d'y vivre en pleine terre. Sur les plateaux du centre, les hivers sont rigoureux, les pluies abondantes. Sur les bords de la Méditerranée, les neiges sont presque inconnues, le ciel a la pureté et la chaleur des climats de l'Europe méridionale. Aussi la France est-elle le seul pays de l'Europe qui possède à la fois les oranges et les olives de la Provence et du Languedoc, les vins généreux de la Bourgogne et du midi, et les vins plus légers du centre et de la Lorraine ; les betteraves de Picardie et du Beauvaisis, les céréales de la Beauce, de la Flandre et de l'Artois, les prairies de la Normandie, les forêts du Jura et des Vosges.

II

Le climat rhodanien et méditerranéen. — Le bassin de la Méditerranée, au point de vue du climat, peut se diviser en deux grandes régions. — Dans la partie septentrionale et centrale jusqu'au confluent de l'Ardèche et de la Drôme avec le Rhône (*climat rhodanien*), la température moyenne de l'année est de 11 degrés centigrades, la pluie et les orages sont fréquents, surtout dans le Jura et dans les Alpes de Savoie, les variations brusques ; les vents dominants sont ceux du sud et du nord qui s'engouffrent sans obstacle dans les longues vallées du Rhône et de la Saône, tandis que le massif central et les Alpes arrêtent les vents de l'ouest et de l'est. Cette région, boisée dans les parties élevées, cultive surtout les céréales et la vigne ; elle nourrit beaucoup de chevaux, de moutons et de porcs.

Dans la partie méridionale du bassin du Rhône et les petits bassins du littoral (*climat méditerranéen*), la température moyenne atteint 15 degrés centigrades, les hivers sont doux, les étés brûlants, les pluies torrentielles, mais assez rares, sauf dans les Cévennes méridionales : les vents dominants sont celui du nord-ouest, le *mistral*, si redouté des marins de la Méditerranée, et le vent du sud, le *siroco*, tout chargé encore des effluves qu'il a recueillis en passant sur les sables de l'Afrique.

Cette région, pauvre en céréales et en prairies, doit à son climat des cultures méridionales (olivier, arbres fruitiers, amandier, pêcher, oranger dans les environs de Nice); la vigne et la soie, ses plus riches produits, ont été profondément atteints par deux fléaux dont le premier n'a pas été jusqu'ici combattu avec succès, le phylloxera et la maladie des vers à soie.

Le climat girondin. — Le climat *girondin* est plus chaud et plus humide que celui du bassin supérieur du Rhône (bassins de la Garonne et de l'Adour). La moyenne de la température s'élève à plus de 12 degrés : les pluies sont fréquentes, surtout dans la région des Pyrénées : les vents dominants sont les vents de mer (ouest, sud-ouest et nord-ouest) et le vent du sud. Les cultures industrielles sont rares dans le bassin du golfe de Gascogne, mais la vigne et le blé y prospèrent; les hauts plateaux nourrissent de nombreux moutons; et les plantations de pins maritimes ont transformé les terrains stériles et sablonneux des Landes.

Le climat du centre. — Malgré les chaleurs d'un été presque méridional, mais court et orageux, le climat du massif central est froid; les pluies sont fréquentes surtout dans les parties élevées, les neiges y commencent dès la fin d'octobre : dans la vallée inférieure de la Loire et dans celles de la Charente et de la Vilaine, la température plus douce et plus égale se rapproche de celle du bassin de la Seine, avec des pluies plus abondantes, au moins sur les côtes, et des hivers moins rigoureux. Les vents d'ouest et de nord-ouest y prédominent, surtout sur le littoral. Cette région, dont les terrains sont en grande partie granitiques, est riche en pâturages et en herbages sur les plateaux, en vins et en céréales sur le littoral, de la Gironde à la Loire, et dans la vallée du fleuve.

Le climat séquanien. — Dans le climat de la Manche (*climat séquanien*), la moyenne de la température annuelle s'élève à près de 11 degrés : les hivers sont assez doux sur le littoral, les pluies fréquentes, le ciel brumeux : les vents dominants sont ceux de l'ouest, du sud-ouest, chargés d'humidité, et le vent sec et froid du nord-est. La vigne ne réussit pas dans toute la région maritime, où elle est remplacée par les pommes à cidre; mais d'admirables herbages, des plaines où prospèrent les céréales et les plantes fourragères, de belles cultures industrielles, font du bassin de la Manche une des parties les plus riches de notre territoire.

Le climat vosgien. — Dans le bassin de la mer du Nord, les vallées du Rhin, de la Moselle et de la Meuse (*climat vosgien*), sont exposées à de brusques variations atmosphériques : la moyenne annuelle ne dépasse pas 9 degrés et demi centigrades : les étés sont chauds, les hivers rigoureux; les pluies et les orages assez fréquents : les vents dominants sont ceux du nord-est et du sud-ouest, l'un sec, l'autre humide. Les forêts, la vigne en Champagne et même en Lorraine, les fourrages, l'avoine, sont les principaux produits agricoles de la région du nord-est.

Dans le bassin de l'Escaut, le climat est plus égal, les orages moins fréquents, les pluies plus abondantes, le ciel plus brumeux, et les vents dominants sont ceux de l'ouest et du sud-ouest qui apportent les vapeurs et les brouillards de l'Océan : la vigne n'y réussit pas, mais la culture des céréales, celle des plantes industrielles et fourragères y est poussée à un degré de perfection inconnu dans les provinces méridionales.

RÉSUMÉ

La France est située tout entière dans la zone tempérée, mais son climat n'est pas uniforme.

1º Dans le bassin supérieur et moyen du Rhône (*climat rhodanien*), il est variable et les hivers sont assez rigoureux : c'est une région de vignes et de forêts.

2º Dans le bassin inférieur du Rhône et sur le littoral de la Méditerranée (*climat méditerranéen*) : il est sec et chaud c'est la région de l'olivier et du ver à soie.

3º Dans le bassin du golfe de Gascogne (*climat girondin*), il est doux et humide, très favorable à la vigne, sauf dans les régions élevées.

4º Dans le bassin de l'Atlantique il est froid et pluvieux sur les hauteurs (massif central), très doux sur le littoral et dans la vallée de la Loire : c'est un pays de pâturages, de prairies et de céréales.

5º Dans le bassin de la Manche (*climat séquanien*), il est humide et tempéré; les vents d'ouest y dominent : c'est la région des fourrages et des céréales : la vigne ne réussit pas sur le littoral.

6º Dans le bassin de la mer du Nord, le climat est très humide sur le littoral (bassin de l'Escaut), plus sec et plus froid dans l'intérieur (*climat vosgien,* — bassins de la Meuse et du Rhin).

Questionnaire.

Quelles sont les diverses conditions qui constituent le climat? — Combien reconnaît-on en France de climats principaux? — Quels sont les noms qu'on leur a donnés et d'où viennent ces noms? — Quels sont les vents dominants dans la région de l'ouest? dans la région du midi? — Quelle est la température moyenne du climat séquanien? — Qu'entend-on par température moyenne? — Quel est en France le climat le plus humide? — Le climat des hauts plateaux ou des pays de montagnes est-il le même que celui des plaines basses situées sous la même latitude ? — Existe-t-il en France des régions où la vigne ne réussisse pas ?

Exercices.

Tracer sur une carte de France la limite des différents climats.
Indiquer par des teintes différentes l'intensité des pluies.
Tracer les lignes isothermes de 2 en 2 degrés.

Lectures.

E. Reclus. *La France.*

LIVRE II

GÉOGRAPHIE POLITIQUE

CHAPITRE PREMIER

Formation du territoire français.
Anciennes divisions.

La Gaule indépendante et la Gaule romaine.
— Le pays qui porte aujourd'hui le nom de France faisait autrefois partie d'un territoire plus vaste que les Grecs appelaient *Celtique* et les Romains *Gaule*, du nom des anciens habitants, *Celtes* ou *Gaulois*.

Trois races principales ont contribué à peupler la Gaule. Les deux plus anciennes paraissent être les **Ibères** (*Euscariens* ou *Vascons*), dont les traits caractéristiques et la langue ont survécu chez les Basques des Pyrénées, et qui dominaient, entre les Pyrénées et la Garonne, dans le pays appelé plus tard *Aquitaine ;* et les **Ligures**, établis à une époque très reculée sur les bords de la Méditerranée et dans la vallée du Rhône. La plus puissante et celle qui finit par subjuguer les deux autres est celle des Celtes ou Gaulois (*Galli*). Les Romains donnaient plus particulièrement le nom de Celtes aux tribus qui dominaient entre la Garonne, la mer, la Seine et la Marne, le Jura et les Cévennes, et celui de *Belges* aux nations qui occupaient le nord de la Gaule (*Belgique*) et dont quelques-unes étaient d'origine germanique.

Depuis longtemps déjà, des colonies phéniciennes et grecques avaient pris possession d'une partie du littoral de la Méditerranée (Marseille, 600 ans avant J.-C.), quand les Romains s'emparèrent du midi de la Gaule, où ils fondèrent Aix et Narbonne. César acheva la soumission des Gaulois de 58 à 50 avant Jésus-Christ. La langue des vainqueurs effaça peu à peu celle des vaincus, mais les limites de la Gaule restèrent jusqu'à la chute de la domination romaine ce qu'elles étaient avant la conquête. L'ancienne Gaule était bornée, au nord, par le Rhin; au nord-ouest, par la mer du Nord et la Manche; à l'ouest, par l'Atlantique; au sud, par les Pyrénées et la Méditerranée; à l'est, par les Alpes et le Rhin. Ces frontières étaient, comme on le voit, physiques ou naturelles, et s'étendaient bien au delà des limites de la France moderne, puisqu'elles embrassaient, outre le territoire français, les pays appelés aujourd'hui Belgique, Pays-Bas, Suisse et une partie de l'Allemagne occidentale.

La Gaule fut divisée sous Auguste en quatre provinces : **Narbonnaise**, ou province romaine, **Aquitaine**, Celtique ou **Lyonnaise** (du nom de *Lugdunum* ou Lyon) et **Belgique**.

Cette division se modifia peu à peu, et, au quatrième siècle après Jésus-Christ, la Gaule comptait dix-sept provinces, subdivisées en cent quinze cités, dont les chefs-lieux étaient en même temps les résidences des autorités administratives et des autorités religieuses (archevêques dans les métropoles ou capitales de provinces, évêques dans les simples cités).

Empire franc sous les Mérovingiens et sous Charlemagne. — Au cinquième siècle après Jésus-Christ, les invasions des barbares germains détruisirent peu à peu la domination romaine en Gaule, et Clovis, chef des Francs, lui porta le dernier coup. Le nom des

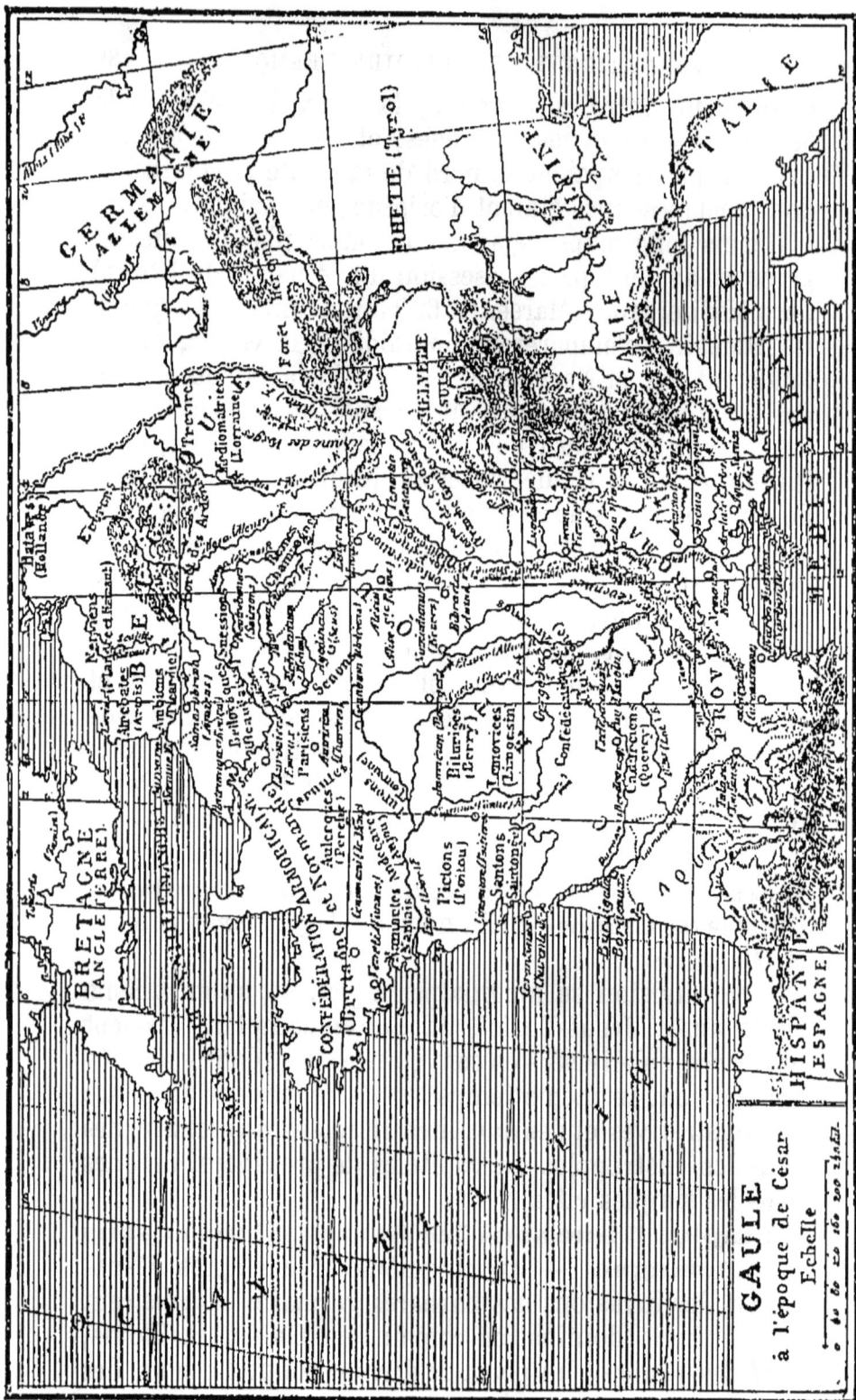

GAULE
à l'époque de César
Échelle

Carte III.

Francs, qui se rendirent maîtres de l'ancienne Gaule, finit par prévaloir sur celui des Gaulois; mais ce ne fut guère avant le neuvième ou dixième siècle qu'on commença à appeler France la partie septentrionale de la Gaule, et ce nom ne s'étendit que beaucoup plus tard aux provinces du midi, qui formaient l'ancienne Aquitaine. Sous la première dynastie franque, celle des Mérovingiens, l'empire des Francs comprenait, à l'époque de sa plus grande puissance, sous le roi Dagobert Ier, vers 630, toute l'ancienne Gaule divisée alors en *Burgondie* (bassin du Rhône), *Austrasie* (bassin du Rhin, rive gauche), *Neustrie* (bassins de l'Escaut, de la Somme, de la Seine et de l'Orne), *Aquitaine* (bassins de la Loire et de la Garonne). La *Septimanie* (bassins côtiers des Pyrénées au Rhône) et la *Bretagne* n'obéissaient pas aux Francs.

Sous la seconde dynastie franque, celle des Carlovingiens, les frontières reculèrent encore, et en 814, à la mort de Charlemagne, son empire comprenait toute la Gaule, le nord et le centre de l'Italie, presque toute l'Allemagne moderne et le nord de l'Espagne.

Royaume de France en 843. (Traité de Verdun.) — En 843, les fils de Louis le Débonnaire, successeur de Charlemagne, *Lothaire* (1), *Louis* et *Charles le Chauve*, se partagèrent cet immense empire. Lothaire eut l'Italie et le pays compris entre le Rhin et les Alpes à l'est, l'Escaut, la Meuse, la Saône et le Rhône à l'ouest; Louis, la Germanie (Allemagne), et Charles, la partie de l'ancienne Gaule comprise entre la mer du Nord, la Manche et l'Atlantique au nord-ouest et à l'ouest; les Pyrénées, le cours de l'*Ebre*, en Espagne, et la Méditerranée au sud; le Rhône, la Saône et la Meuse, à l'est; l'Escaut, au nord.

La France féodale et la France royale (843-1789). — Les derniers Carlovingiens et les rois de la troisième dynastie, les Capétiens, perdirent dès le neu-

---

1. C'est de cette époque que date le nom de Lotharingie ou Lorraine qui fut donné à une des provinces attribuées à Lothaire.

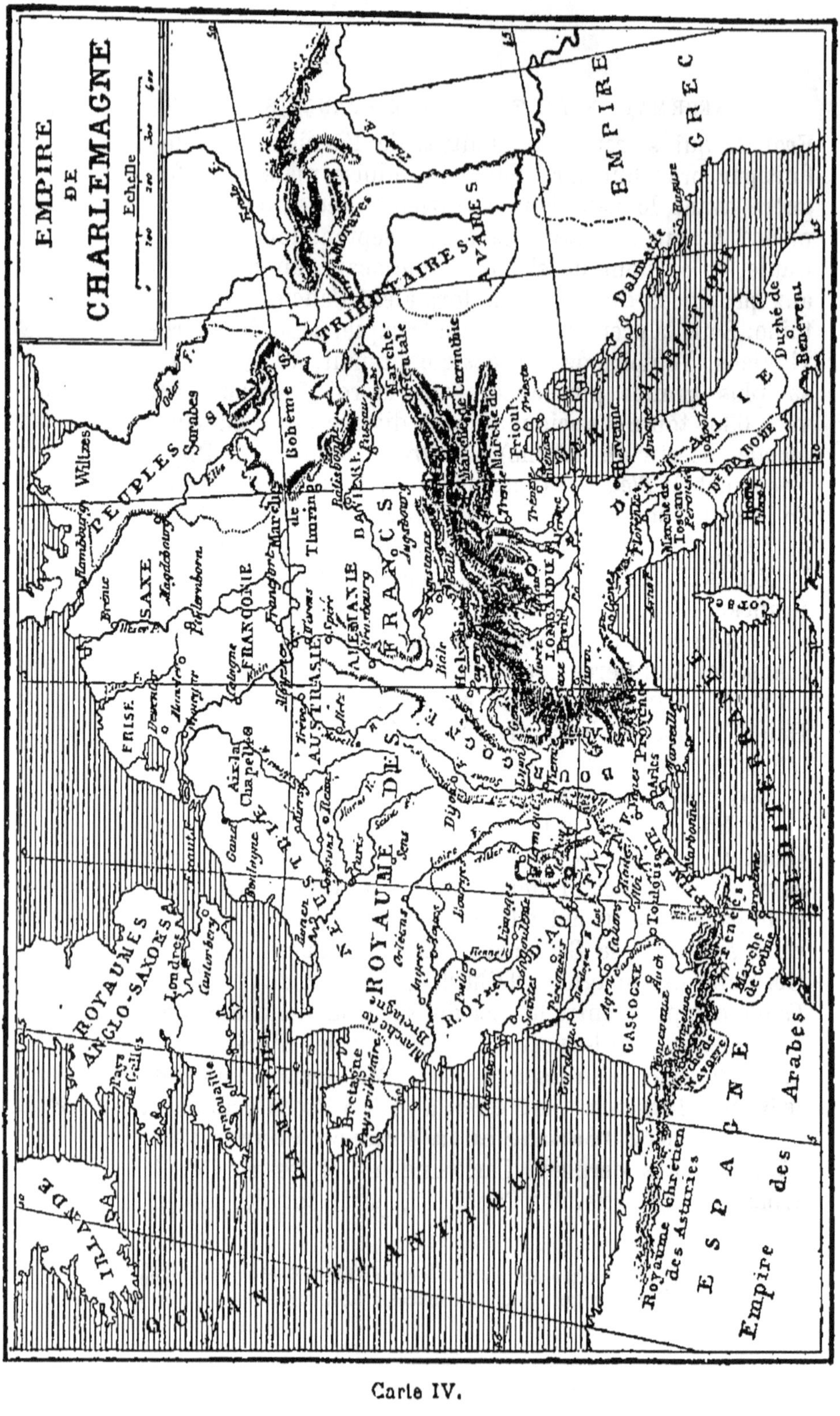

Carte IV.

vième siècle le pays au sud des Pyrénées; à la fin du quinzième, le pays au nord de la Somme, qui devint une possession de la maison d'Autriche; mais ils reconquirent sous Philippe le Bel le *Lyonnais*, sous Philippe de Valois le *Dauphiné*, sous Louis XI la *Provence*, sous Henri II la *Lorraine* occidentale, sous Henri IV la *Bresse* et autres provinces au delà de la Saône (département de l'Ain), sans compter un grand nombre de provinces (Berry, Normandie, Touraine, Poitou, Languedoc, Guienne et Gascogne, Maine, Anjou, Bourgogne, Auvergne, Limousin, Bretagne), qui étaient devenues des fiefs presque indépendants, et qui furent successivement réunies au domaine royal.

L'annexion de l'*Alsace* (1648), du *Roussillon*, de l'*Artois* (1659), de la *Flandre française* (1668), de la *Franche-Comté* (1678) et de Strasbourg (1681) sous Louis XIV, celle de la *Lorraine* et de la *Corse* sous Louis XV, portaient en 1789 les limites du royaume aux Pyrénées, au Rhin et au Jura, et poursuivaient glorieusement la marche lente de la France moderne vers les limites naturelles de l'ancienne Gaule.

La France de la Révolution et du premier Empire (1789-1815). — L'acquisition d'Avignon et du *comtat Venaissin,* qui appartenait aux papes et qui fut réuni par l'Assemblée constituante (1791) donna pour limites à la France, au nord-ouest, à l'ouest et au sud, ses frontières naturelles, la Manche, l'Océan et la Méditerranée; à l'est, le *Var*, les *Alpes*, une ligne conventionnelle du mont *Thabor* au *Rhône*, le Jura et le Rhin; au nord, une limite conventionnelle qui était à peu de chose près la même qu'aujourd'hui. La France était divisée, au moment de la révolution de 1789, en 33 généralités ou intendances et en 40 gouvernements militaires, y compris la Corse et les gouvernements de Paris, du Havre, de Sedan, du Boulonnais, du Saumurois, de Toul, de la Rochelle. Ces gouvernements et généralités, qu'il ne faut pas confondre avec nos anciennes provinces dont la circonscription ne correspondait pas toujours avec cette

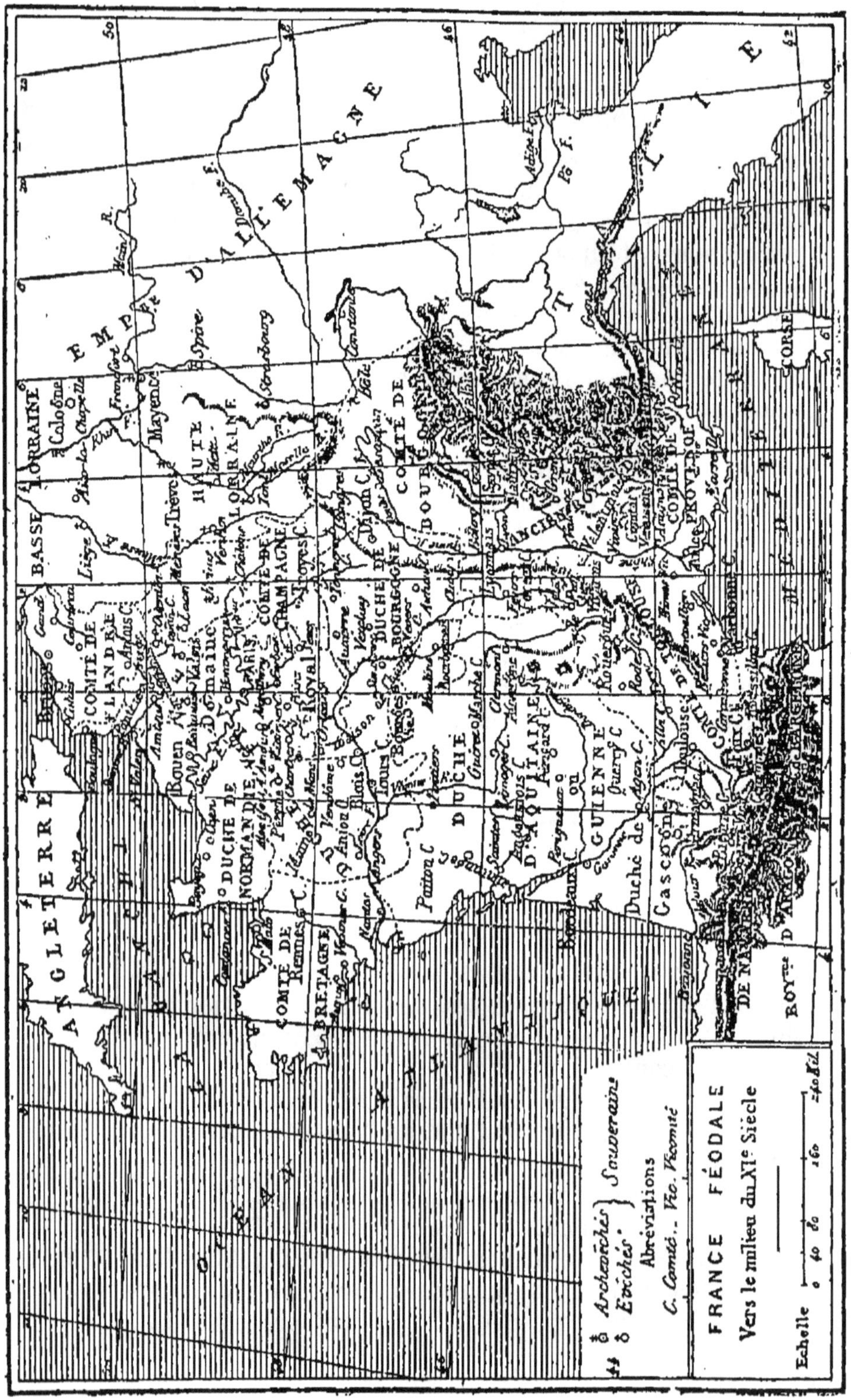

Carte V.

division purement administrative, furent remplacés en 1790 par 83 départements créés pour effacer le souvenir des rivalités provinciales et pour rapprocher par l'unité de lois et d'administration toutes les parties de la France. Les départements furent divisés en arrondissements, les arrondissements en cantons, et les cantons en communes (1).

Les victoires de la République portèrent la France, au nord, jusqu'au Rhin et jusqu'aux frontières de la Hollande; à l'est, jusqu'aux Alpes et au lac de Genève; elle était divisée alors en 103 départements.

Napoléon Ier atteignit et dépassa nos limites naturelles : la Hollande, en deçà et au delà du Rhin, le littoral de l'Allemagne septentrionale, une partie de la Suisse et de l'Italie devinrent des départements français; en 1812, l'empire en comptait 130, des bouches du Tibre, en Italie, aux bouches de l'Elbe, en Allemagne.

En 1814 et en 1815, une coalition européenne renversa cet empire démesuré, et les traités de Paris et de Vienne (1815) nous réduisirent à nos limites de 1791, moins quelques places fortes sur la frontière du nord.

Acquisitions et pertes territoriales depuis 1815. — En 1860, Napoléon III, après la fondation du royaume d'Italie, a ajouté à la France, par une cession volontaire de la part de ce royaume et un vote presque unanime des populations, la *Savoie* et le *comté de Nice*, qui ont formé trois départements, Haute-Savoie, Savoie et Alpes-Maritimes, et qui portent notre frontière du sud-est à ses limites naturelles, les Alpes et le lac de Genève.

Après une guerre funeste entreprise par Napoléon III (1870-1871) contre l'Allemagne, les traités de 1871, en

---

1. Chaque département est administré aujourd'hui par un préfet nommé par le chef de l'État et qui réside au chef-lieu. Un conseil général, nommé par les électeurs du département et composé d'un conseiller par canton, délibère sur les affaires départementales. Chaque arrondissement est administré par un sous-préfet et par un conseil d'arrondissement qui comprend autant de conseillers élus qu'il y a de cantons dans l'arrondissement. Le canton, siège de la justice de paix, n'a pas d'autorité administrative ni d'assemblée spéciale.

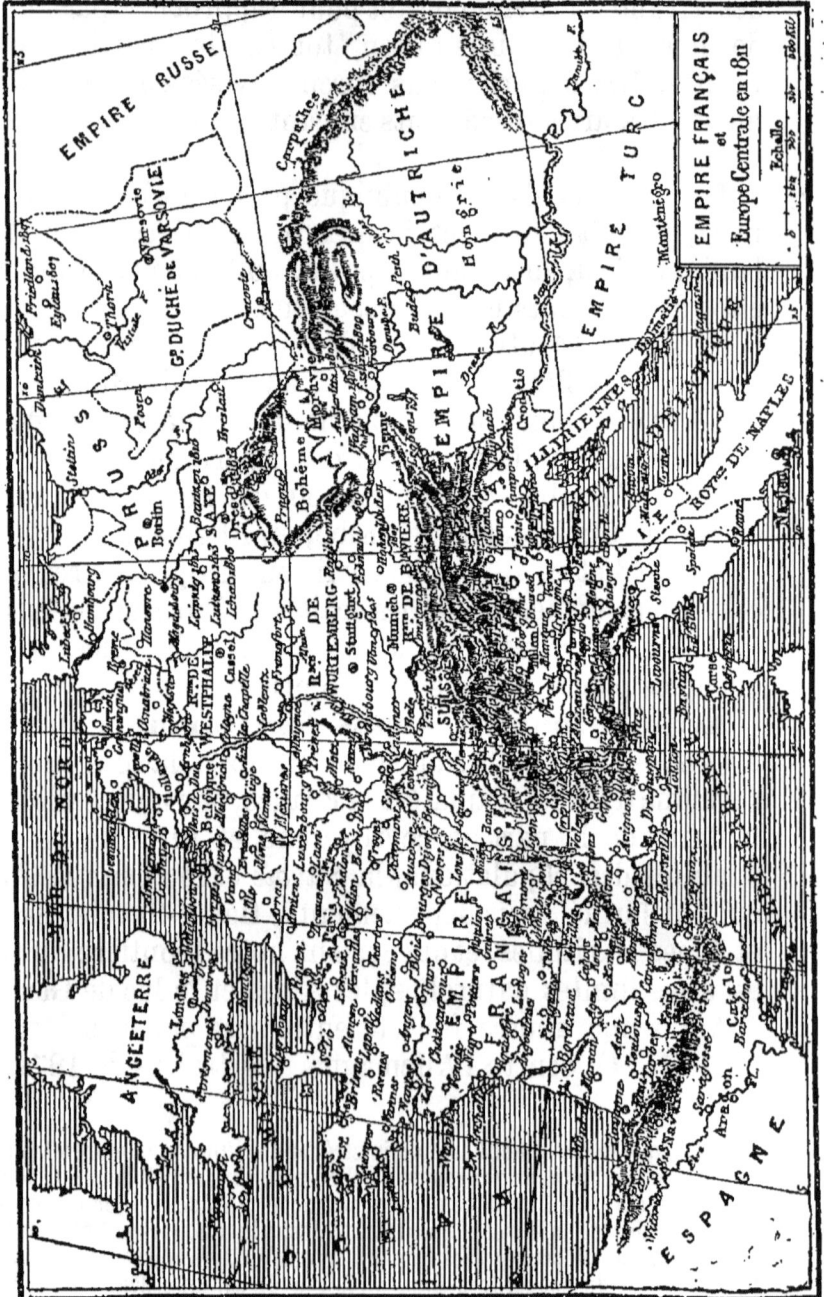

EMPIRE FRANÇAIS
et
Europe Centrale en 1811

Échelle

nous enlevant deux provinces toutes françaises, l'**Alsace** et une partie de la **Lorraine** avec Metz (départements du *Bas-Rhin* et du *Haut-Rhin* sauf Belfort, et une grande partie des départements de la *Moselle* et de la *Meurthe*), ont compromis l'œuvre de dix siècles, ouvert notre frontière aux attaques de la Prusse et détruit pour longtemps toute espérance de tranquillité en Europe, par une affirmation nouvelle et éclatante du droit brutal de la conquête, malgré les vœux et les intérêts des populations conquises.

La France comprend aujourd'hui 87 départements, en comptant le territoire de Belfort.

RÉSUMÉ

L'histoire de la formation du territoire français peut se subdiviser en sept époques.

1º et 2º La *Gaule indépendante et romaine* a pour limites, au nord, le Rhin ; à l'est, le Rhin et les Alpes ; au sud, la Méditerranée et les Pyrénées ; à l'ouest, l'Atlantique ; au nord-ouest, la Manche. La Gaule romaine se divise d'abord en quatre provinces, *Narbonnaise, Aquitaine, Lyonnaise* ou Celtique et *Belgique*, puis en 17 provinces et 115 cités.

3º L'*empire franc sous les Mérovingiens et les Carlovingiens* comprend l'ancienne Gaule et la plus grande partie de l'Allemagne, à laquelle les Carlovingiens ajoutent les deux tiers de l'Italie et le nord de l'Espagne.

Le *Royaume de France*, formé en 843 par le premier démembrement de l'empire carlovingien, comprend la partie de l'ancienne Gaule située entre la mer du Nord, la Manche, l'Atlantique, les Pyrénées, la Méditerranée, le Rhône, la Saône, la Meuse et l'Escaut.

4º Les Capétiens perdent le Roussillon et le pays au nord de la Somme, mais ils recouvrent successivement le Lyonnais, sous Philippe IV, le Dauphiné sous Philippe VI, la Provence sous Louis XI, une partie de la Lorraine sous Henri II, la Bresse sous Henri IV, l'Alsace, le Roussillon, l'Artois, la Flandre française, la Franche-Comté sous Louis XIV, la Lorraine et la Corse sous Louis XV, et réunissent au domaine royal tous les grands fiefs organisés au moyen âge. En 1789, la France était divisée en 40 gouvernements militaires et 33 généralités ou intendances.

5º En 1791, l'acquisition du comtat Venaissin, enlevé au pape, donne à la France pour frontières la Manche et l'Atlantique au nord-ouest et à l'ouest, les Pyrénées et la Méditerranée au sud, les Alpes, le Rhône, le Jura et le Rhin à l'est, et une ligne conventionnelle au nord.

La République donne à la France ses frontières naturelles, au nord et à l'est, par l'acquisition de la Savoie, de la Belgique, celle des provinces allemandes du Rhin : l'Empire dépasse ces limites et s'empare de la Hollande, d'une partie de l'Allemagne, de la Suisse et de l'Italie.

Les traités de 1815 nous ramènent aux limites de 1791, moins quelques places du nord.

6º En 1860, l'annexion de Nice et de la Savoie nous rend nos limites naturelles à l'est.

7º En 1871, les traités de Versailles et de Francfort nous en-lèvent l'Alsace et une partie de la Lorraine, qui sont réunies à l'Allemagne.

La France compte aujourd'hui 87 départements en y compre-nant le territoire de Belfort.

Questionnaire.

Quelles sont les grandes époques de l'histoire de la formation terri-toriale de la France ? — Quel nom portait autrefois la France ? — Quelles étaient les limites et les grandes divisions de la Gaule ? — Le nom de France était-il déjà usité sous les Mérovingiens et les Carlovingiens ? Quelle est l'origine de ce nom ? — Quelle était l'étendue de l'empire des Francs à l'époque de sa plus grande extension sous ces deux dynasties ? — Quelles sont les limites assignées en 843 au royaume de France.

Quelles sont les grandes acquisitions faites par les Capétiens jusqu'à Louis XIV au delà des limites tracées par le traité de Verdun ? — Quelles sont les limites de la France en 1715 ? — Quelles sont les acquisitions nouvelles faites jusqu'en 1791 ? — Quelles sont les limites de la France sous la première République et sous le premier Empire ? — Quelles sont les frontières en 1815 ? — Quels sont les changements qui ont eu lieu dans l'étendue du territoire français depuis 1815 ? — Quels sont les dé-partements et les provinces que la Prusse nous a enlevés en 1871 ?

Exercices.

Carte de la Gaule indiquant les limites et les grandes divisions.
Carte de l'empire de Charlemagne.
Carte du royaume de France en 843.
Carte de la France féodale sous Louis VI.
Carte de la Monarchie française en 1789. — (Limites et gouverne-ments.)
Carte de l'Empire français en 1812.
Carte de la France avant et après les traités de 1871.

Lectures.

MIGNET. *Formation territoriale de la France.*
PAQUIER. *Histoire de l'unité territoriale et politique de la France.* 3 vol. in-8º.

CHAPITRE II

Frontières continentales et maritimes.
Les places fortes.

I

FRONTIÈRES MÉRIDIONALES. LES PYRÉNÉES

La Bidassoa. — La limite entre la France et l'Espagne est formée, depuis le golfe de Gascogne jusqu'au col de *Véra*, par la petite rivière de la **Bidassoa**, que le chemin de fer de Paris à Madrid franchit entre *Hendaye*, sur la rive française, et *Irun* sur la rive espagnole : puis par un rameau des Pyrénées, les *montagnes de la basse Navarre*, qui se prolongent jusqu'au col de *Maya*. C'est la partie la plus faible de cette frontière, celle par où l'armée anglaise pénétra, en 1814, sur le territoire français. Elle est défendue par la place forte de **Bayonne**, qui n'a jamais été prise depuis sa réunion à la France.

Les Pyrénées. — Du col de Maya au cap *Cerbéra*, sur la Méditerranée, sur une longueur d'environ 360 kilomètres, la frontière se dirige de l'ouest à l'est en suivant presque toujours la crête des Pyrénées, sauf sur deux points, les sources de la Garonne (val d'*Aran*), qui appartiennent à l'Espagne, et les sources de la *Segra* (Cerdagne française), qui appartiennent à la France.

Le massif des Pyrénées, bien qu'il soit traversé par de nombreux passages (plus de 150), forme une frontière à peu près infranchissable aux armées, sauf aux deux extrémités de la chaîne qui s'abaissent vers le golfe de Gascogne et la Méditerranée. Les principales routes praticables aux voitures sont, dans les Pyrénées occidentales, celle de *Pampelune*, capitale de la Navarre espagnole, à *Bayonne* par le *col de Maya;* celle de Pampelune à *Saint-Jean-Pied-de-Port*, petite place fortifiée par Vauban (Basses-Pyrénées), par le *col de Roncevaux*, témoin du désastre si fameux de l'armée de Charlemagne, et où la route carrossable s'interrompt pendant quelques kilomètres; celle de Jaca en Espagne, à Oloron en France, par la vallée d'*Aspe*, le *Somport* et le val de *Canfranc* (vallée de l'Aragon, affluent de l'Èbre). Cette route est inachevée au delà de la frontière française : elle est défendue par le fort d'*Urdos*.

Dans les Pyrénées orientales, les routes carrossables sont celles de *Puycerda* (Cerdagne espagnole) à *Ax* (Ariège), par le col de *Pymorens*, et à *Prades* (Pyrénées-Orientales), par le col de la *Perche*, que défend la forteresse française de *Mont-Louis;* et celle de *Figuières*, en Catalogne, à *Perpignan* (Pyrénées-Orientales), par le col de *Pertus*, que défend le fort de *Bellegarde*. Le chemin de fer de Barcelone franchit les Pyrénées au col des Balistres, le long de la côte, non loin de *Banyuls*. La route de la côte est commandée par les fortifications de *Collioure* et de *Port-Vendres* et par le fort *Saint-Elme*.

Les Pyrénées-Orientales ont pour citadelle la place forte de **Perpignan,** qui domine toute la plaine du Roussillon, et qui a toujours arrêté les invasions de ce côté de la frontière. Les petits cours d'eau qui descendent des Pyrénées, le Tech, la Têt, l'Agly, l'Aude forment des lignes de défense parallèles très difficiles à franchir.

Les départements qui touchent à la frontière sont : de l'ouest à l'est, les *Basses-Pyrénées*, les *Hautes-Pyrénées*, la *Haute-Garonne*, l'*Ariège* et les *Pyrénées-Orientales*.

II

FRONTIÈRES DU SUD-EST. LES ALPES

Les Alpes. — La frontière entre la France et l'Italie qui, avant l'annexion du comté de Nice (1860), était formée par le Var, a été reportée, à l'est de cette ancienne limite, jusqu'à la crête des collines qui dominent la rive droite de la *Roya*. Elle longe ensuite cette rivière et passe sur sa rive gauche, puis la franchit de nouveau, au sud du col de **Tende,** pour se diriger vers l'ouest et atteindre

enfin la crête des Alpes, qu'elle suit aujourd'hui jusqu'au
mont *Blanc*. Malgré leurs glaciers et leurs neiges éternelles, les Alpes sont moins inaccessibles que les Pyrénées. Les routes qui les franchissent sont nombreuses.
Quelques-unes, comme celles du *col de l'Argentière* sui-
vie par François Ier avant la bataille de Marignan (route
de *Barcelonnette*, dans les Basses-Alpes, à *Coni*, en Piémont), et du col *Agnel* (route de *Briançon*, dans les
Hautes-Alpes, à *Saluces*, en Piémont), défendues l'une
par le fort de *Tournoux*, l'autre par celui de *Queyras*,
celles des cols d'*Abriès*, de la *Croix*, etc., ne sont que
des routes muletières ; mais celles du mont **Genèvre** et
du mont **Cenis** qui partent, l'une de *Briançon*, l'autre
de *Saint-Jean-de-Maurienne* (Savoie), et viennent se

Fig. 22. — Grenoble.

réunir à *Suse*, en Piémont, sont praticables aux gros
charrois et ont été plus d'une fois franchies par les armées
depuis Annibal jusqu'à nos jours. La route de *Moutiers*
(Savoie) à *Aoste* (Piémont), par le col du *Petit Saint-
Bernard*, n'est pas entièrement carrossable.

Le chemin de fer de Lyon à Turin perce les Alpes
entre le mont *Cenis* et le mont *Thabor* par un tunnel de
12 kilomètres qui passe sous le col de *Fréjus*.

Les principales places fortes de cette frontière sont : *Embrun*, *Mont-Dauphin*, *Briançon* (Hautes-Alpes), qui défendent la vallée de la Durance et qui communiquent avec celle de l'Isère par la route du col de Lautaret et la vallée de la Romanche. **Grenoble** (Isère), l'une de nos plus importantes forteresses, est située au débouché des montagnes, dans la vallée de l'Isère.

Malgré les nombreuses routes, les obstacles qu'offre le pays et la ligne de défense que forme derrière les Alpes le cours du Rhône depuis le défilé de Pierre-Châtel jusqu'à son embouchure rendent les invasions difficiles par la frontière du sud-est.

Les départements limitrophes de l'Italie sont, du sud au nord, les *Alpes-Maritimes*, les *Basses-Alpes*, les *Hautes-Alpes*, la *Savoie* et la *Haute-Savoie*.

III

FRONTIÈRES DE L'EST. LE JURA (SUISSE) ET LES VOSGES

Le lac de Genève. — A partir du mont Blanc, la frontière se redresse vers le nord, s'éloigne de la chaîne principale et suit jusqu'aux bords du lac de Genève un rameau des Alpes qui sépare le département de la *Haute-Savoie* du canton suisse du Valais.

Elle longe ensuite la rive méridionale du lac, l'abandonne à peu de distance de Genève, atteint le Rhône, qu'elle remonte pendant quelques kilomètres, traverse le fleuve et le chemin de fer de Lyon à Genève, et se dirige de nouveau vers le nord, séparée du lac par une étroite bande de terrain qui appartient au canton suisse de Genève. Le défilé par lequel le Rhône se fraie un chemin entre le Jura et les derniers contreforts des Alpes de Savoie (mont *Vuache*) est fermé par le fort l'*Écluse;* un second défilé situé plus bas par ceux de *Pierre-Châtel* et des *Bancs*. La place de **Lyon**, au confluent du Rhône et de la Saône, est la citadelle de la région de l'est et du sud-est.

Le Jura. — A partir du massif de la Dôle, la limite suit la crête du Jura, puis le Doubs, qui séparent la France des cantons de Vaud, de Neuchâtel et de Berne, coupe deux fois le cours capricieux de cette rivière et vient rejoindre les Vosges au ballon d'Alsace en embrassant le territoire de Belfort, le dernier débris de l'Alsace que nous aient laissé les traités de 1871.

Le Jura est franchi par un grand nombre de routes, dont les principales sont : celle de Lyon à Genève par la vallée du Rhône que suit également le chemin de fer;

Fig. 23. — Besançon.

celles de Lons-le-Saunier à Genève, par le col des *Rousses;* de Pontarlier à Neuchâtel, par le col des *Verrières*, défendue par le fort de *Joux;* et de Besançon au Locle, ville du canton de Neuchâtel, par le col des *Roches* ou coupure de *Morteau.*

Quatre lignes de chemins de fer traversent le Jura : celle de Pontarlier à Lausanne (Suisse) par *Jougne;* celle de Pontarlier à Neuchâtel par le col des *Verrières;* celle de *Morteau* à Bienne (Suisse); et celle de Montbéliard (département du Doubs) à Porrentruy (Suisse).

La principale place forte de notre frontière de l'est
est **Besançon**, sur le Doubs (département du Doubs).
Langres (Haute-Marne) et **Dijon**, fortifié depuis 1871,
défendent les routes qui conduisent de la vallée de la
Saône dans celle de la Seine.

La Suisse est un pays neutre, et, si cette neutralité est
respectée, la frontière du Jura se trouve garantie contre
toute attaque; mais, quelle que puisse être la bonne vo-
lonté de la Suisse, sa neutralité, déjà violée en 1814,
peut l'être une seconde fois, et c'est une éventualité qu'il
serait imprudent de ne pas prévoir.

La trouée de Belfort. — Entre le Jura et les
Vosges, le terrain s'abaisse; aux montagnes succèdent
des collines ou des pla-
teaux peu élevés : c'est la
trouée de Belfort, franchie
par le canal du Rhône au
Rhin, par la grande route
de Paris à Bâle (Suisse),
et par le chemin de fer de
Belfort à Mulhouse et à
Bâle. Ce point vulnérable
est couvert par le camp
retranché de *Belfort*, la
seule des forteresses as-

Fig. 21. — Belfort.

siégées par les Prussiens en 1871 qui ait résisté jusqu'à
la fin des hostilités. En seconde ligne, *Langres* défend à
la fois la vallée de la Saône, celle de la Seine et celle de
la Marne.

Les départements limitrophes de la Suisse sont la
Haute-Savoie, l'*Ain*, le *Jura*, le *Doubs* et le territoire de
Belfort (Haut-Rhin).

La frontière avant 1871. — Avant les traités
de 1871, la frontière française de l'est, à partir de la
trouée de Belfort, suivait le cours du Rhin depuis *Huningue*, place forte démantelée en 1815, jusqu'à *Lauterbourg*, au confluent du fleuve avec la Lauter. Le Rhin
avait donné son nom aux deux départements qui for-

maient autrefois la province d'Alsace, le Haut-Rhin et le Bas-Rhin. La grande place de **Strasbourg** couvrait à la fois le passage du fleuve et les défilés des Vosges. Les traités de 1871 ont donné à l'empire d'Allemagne les deux rives du Rhin.

Les Vosges. — Les Vosges forment aujourd'hui la frontière entre l'Allemagne et la France, depuis le ballon d'Alsace jusqu'au mont Donon. Ces montagnes, percées de nombreux défilés : le col de *Bussang* (route d'Epinal à Mulhouse) ; les cols d'*Oderen*, de *Bramont*, de la *Schlucht* (Remiremont à Saint-Amarin et à Munster) ; le col du *Bonhomme* (route de Saint-Dié à Colmar) ; le col de *Sainte-Marie-aux-Mines* (route de Saint-Dié à Schelestadt) ; le col de *Schirmeck* (route de Saint-Dié à Strasbourg), ne seraient une défense que si nous possédions tout le versant occidental de la chaîne ; les Prussiens étant maîtres des deux versants au nord du mont Donon, la défense des *Vosges méridionales* n'offre plus qu'un intérêt secondaire : elles ne sont couvertes, du reste, par aucune grande place forte dans le département qui porte leur nom ; mais plusieurs forts détachés, ceux du ballon de *Servance*, de *Rupt*, de *Remiremont* et le camp retranché d'*Epinal*, etc., ferment les routes qui les traversent.

IV

FRONTIÈRES DU NORD-EST ET DU NORD

Allemagne. — A partir du mont Donon, la frontière cesse d'être **naturelle** ; ce ne sont plus des fleuves, des montagnes ou des mers qui limitent la France, mais des frontières de convention.

Avant 1871, la frontière, à partir du confluent du Rhin et de la Lauter, suivait d'abord la vallée de cette petite rivière où se livrèrent les premiers combats de la campagne de 1870 (bataille de Wissembourg), puis coupait les Vosges, la vallée de la Sarre, l'une des routes de l'invasion prussienne en 1870, et celle de la Moselle, défendue par les places de *Thionville* et de **Metz**, aujourd'hui occupées par l'Allemagne.

Depuis les traités de 1871, qui nous ont enlevé le département presque entier de la Moselle et une partie de celui de la Meurthe avec toutes les places fortes qui défendaient les passages des Vosges et les vallées de la Sarre et de la Moselle : *Phalsbourg, Bitche, Metz, Thionville,* la frontière se dirige vers le nord-ouest en coupant le chemin de fer de Nancy à Strasbourg, le canal de la Marne au Rhin, le cours de la Moselle et les voies ferrées de Nancy et de Verdun à Metz. *Toul,* sur la Moselle, dont les travaux récents ont fait un vaste camp retranché, est la seule de nos anciennes forteresses que nous ayons conservée. *Nancy* est également défendu par un système de fortifications récemment achevées.

Le département de *Meurthe-et-Moselle,* devenu frontière, est limitrophe de l'Alsace-Lorraine, la nouvelle conquête allemande, et de deux pays neutres : le grand-duché de Luxembourg et la province du Luxembourg belge.

Belgique. — Depuis *Longwy* (Meurthe-et-Moselle) jusqu'à *Dunkerque,* la France n'est séparée de la Belgique que par une ligne de convention. La frontière, qui continue de courir vers le nord-ouest, traverse les plateaux des Ardennes, coupe le cours de la Meuse, se creuse en arc de cercle entre la Meuse et la Sambre, traverse la Sambre, l'Oise presque à sa source, l'Escaut et son affluent la Lys, et vient aboutir à la mer du Nord, non loin de Dunkerque. Les départements limitrophes de la Belgique sont, de l'est à l'ouest, les départements de *Meurthe-et-Moselle,* de la *Meuse,* des *Ardennes,* de l'*Aisne* et du *Nord.*

Cette frontière étant complètement ouverte aux invasions, Louis XIV confia au grand ingénieur Vauban le soin de la fortifier et de suppléer par l'art aux défenses naturelles.

Longwy et *Montmédy* (Meuse) défendent mal la trouée entre la Moselle et la Meuse. Sur ce dernier cours d'eau sont échelonnés, du sud au nord : *Verdun* (Meuse), devenu, depuis la perte de Metz, une des principales places de notre frontière, *Mézières* (Ardennes) et *Givet-Charlemont* (Ardennes). Les défilés de l'*Argonne*, rendus si fameux par la campagne de Dumouriez en 1792, sont aujourd'hui percés par trop de routes pour constituer une ligne de défense sérieuse. *Rocroi*, déclassé depuis 1889, couvrait imparfaitement la trouée entre la Sambre et la Meuse. *Maubeuge* (Nord) barre la vallée de la Sambre; *Condé*, celle de l'Escaut; *Aire* (fort *Saint-François*), celle de la Lys; *Dunkerque*, *Gravelines* (Nord) et *Calais*, les routes du littoral. **Lille**, une des plus fortes places de l'Europe, commande tout le système de défense de la frontière septentrionale.

Derrière cette première ligne, les forts détachés de *Reims* protègent la jonction de cinq de nos plus importantes voies ferrées; les fortifications de *Soissons*, de *La Fère* et de *Laon* défendent la trouée de l'Oise; celles de *Péronne* (Somme), le cours de la Somme. Enfin, Paris, avec son enceinte bastionnée et son vaste système de forts détachés qui embrasse un périmètre d'environ 130 kilomètres, est devenu la base sur laquelle s'appuie toute l'organisation défensive de notre nouvelle frontière, si largement ouverte à toutes les attaques.

La Belgique est neutre comme la Suisse, mais cette neutralité est beaucoup plus favorable à l'Allemagne qu'à la France, car elle nous empêche de tourner les défenses de l'Allemagne, tandis qu'elle ne gêne en rien les opérations des armées allemandes, qui ont pour point d'appui naturel Metz et la ligne des Vosges, et qui peuvent choisir leur route d'invasion.

Littoral. — En énumérant nos ports militaires, nous avons indiqué plus haut les principales défenses du littoral français. *Brest*, *Lorient*, *Rochefort* et *Toulon* sont à l'abri d'une attaque venant de la mer; il n'en est pas de même de *Cherbourg*, que ses ouvrages avancés et les batteries de sa digue ne protégeraient qu'imparfaitement contre les nouvelles pièces à longue portée. *Dunkerque* est aujourd'hui une place de premier ordre.

Fig. 25. — Le port de Brest.

Calais a été également fortifié avec soin ; mais nos autres ports marchands de la Manche et de l'Atlantique, sauf *Bayonne*, ne sont protégés que par des batteries isolées ou de vieilles fortifications impuissantes contre l'artillerie moderne. Sur la Méditerranée, *Nice* et *Toulon* d'un côté, *Port-Vendres* et *Collioure* de l'autre, offrent, au contraire, des positions capables d'arrêter toute invasion qui suivrait la route du littoral.

RÉSUMÉ

I. Les Limites du sud, entre l'Espagne et la France, sont formées par la *Bidassoa*, les *Pyrénées occidentales* (cols de Maya et de Roncevaux) ; les *Pyrénées centrales* dont les passages sont impraticables pour une armée; et les *Pyrénées orientales* (cols de la Perche, de Pertus). Deux lignes de chemins de fer franchissent cette frontière à l'ouest et à l'est.

Les *départements frontières* sont les Basses-Pyrénées (place forte de Bayonne), les Hautes-Pyrénées, la Haute-Garonne, l'Ariège, les Pyrénées-Orientales (Perpignan).

II. Les Limites du sud-est et de l'est sont formées, entre la France et l'Italie, par les *Alpes maritimes* du col de Tende au mont Viso (col de l'Argentière) ; les *Alpes cottiennes* du mont Viso au mont Cenis (cols du mont Genèvre et du mont Cenis, tunnel du chemin de fer de Lyon à Turin) ; les *Alpes Grées* du mont Cenis au mont Blanc (col du Petit-Saint-Bernard).

Les *départements frontières de l'Italie* sont les Alpes-Maritimes, les Basses-Alpes, les Hautes-Alpes (Embrun, Briançon), la Savoie et la Haute-Savoie ; Grenoble (Isère) et Lyon (Rhône) sont les principales défenses de cette frontière.

III. Les Limites de l'est sont formées, entre la France et la Suisse, par le *lac de Genève* et le *Jura* jusqu'à la trouée de Belfort. Le Jura est traversé par plusieurs routes ou lignes de chemins de fer (col des Rousses, col des Verrières, chemins de fer de Pontarlier à Lausanne et à Neuchâtel).

Les *départements frontières de la Suisse* sont la Haute-Savoie, l'Ain, le Jura, le Doubs (place forte de Besançon).

Entre la France et l'Allemagne, au delà de la trouée défendue en première ligne par Belfort, en seconde ligne par Langres (Haute-Marne), s'élèvent les *Vosges* (territoire de Belfort et département des Vosges), coupées par les cols de Bussang, du Bonhomme, de Sainte-Marie-aux-Mines, de Schirmeck, dans leur partie française et défendues par les ouvrages d'Epinal et de nombreux forts détachés.

IV. La Limite du nord-est et du nord est une ligne conventionnelle qui sépare la France de l'*Allemagne* (département de Meurthe-et-Moselle, place forte de Toul) ; du *grand-duché de Luxembourg* (département de Meurthe-et-Moselle, place forte de Longwy), et de la *Belgique* (départements de Meurthe-et-Moselle, de la Meuse (Verdun), des Ardennes (Mézières), de l'Aisne (Laon et La Fère), et du Nord (Maubeuge, Condé, Lille). Péronne, Soissons, Reims forment une seconde ligne de défense.

Paris avec ses forts détachés est devenu la citadelle de la France septentrionale.

Les principales défenses du littoral sont les ports de Dunkerque, sur la mer du Nord ; Calais, Cherbourg, Brest, Lorient, Rochefort, Bayonne, sur la Manche et l'Atlantique ; Port-Vendres, Toulon et Nice, sur la Méditerranée.

Questionnaire.

Quelles sont les limites du sud ? — Quelle est la direction générale des Pyrénées ? — Où commence et où finit la partie française des Pyrénées ? — Indiquer les routes et les cols les plus importants. — Quels sont les départements de la frontière du sud ? — Quelles sont les principales places fortes ? — Quelles sont les limites du sud-est et les pays limitrophes de la France ? — Quelles sont les parties françaises de la chaîne des Alpes ? Indiquer les cols principaux. — Quels sont les départements qui touchent aux Alpes ? — Les Alpes et les Pyrénées sont-elles franchies par des lignes de chemins de fer ? — Où commence et où finit la partie française des Vosges ? — Quels sont les principaux cols ? — Quels sont les départements qui bordent les Vosges ? — Quelles sont les défenses de la frontière de l'est ? — Quelles sont les limites du nord-est et du nord ? — Indiquer les pays limitrophes de la France et les départements frontières. — Quelles seraient les frontières naturelles de la France ? — Quelles sont les places fortes de la frontière du nord ? — Quelle était la frontière française avant 1871 ?

Quelles sont au nord-ouest et à l'ouest les limites de la France ? — Indiquer les départements, les ports militaires et les villes fortes du littoral de la mer du Nord, de la Manche, de l'Atlantique et de la Méditerranée.

Exercices.

Tracé comparé des frontières françaises en 1789, en 1815, en 1860 et en 1871. — Places fortes. — Principales routes et lignes de chemins de fer.

Lecture de la carte de l'état-major français.

Lectures.

Niox. *Géographie militaire de la France.* 1 vol. in-12, 1879.
Ch. Lavallée. *Les frontières de la France.*

CHAPITRE III

Anciens gouvernements de provinces, départements, villes principales du bassin de la Méditerranée.

Régions de l'est, du sud-est et du sud.

Aspect général du bassin. — Le bassin de la Méditerranée, qui comprend l'est, le sud-est et une partie du midi de la France, est une des régions les plus accidentées, les plus pittoresques et les plus variées de notre pays : d'un côté, les *Alpes*, avec leurs vallées sauvages, leurs glaciers, leurs neiges éternelles, le *Jura*, avec ses forêts de chênes et de sapins; de l'autre, les *Cévennes*, avec leurs sommets dépouillés; au nord, une large et riche vallée, celle de la Saône à laquelle succède la vallée plus étroite et plus tourmentée du Rhône; au sud-est, sur le littoral de la Méditerranée, des hauteurs déchirées et couronnées de chênes verts et des baies innombrables au bord desquelles grandissent l'olivier, l'oranger et le palmier; à l'ouest, sur le littoral du golfe du Lion, des côtes basses et sablonneuses, des lagunes, des plaines sillonnées de canaux d'irrigation, des coteaux plantés de vignes et de mûriers, qui prolongent jusqu'à la mer les dernières ondulations des Cévennes, des Corbières et des Pyrénées.

Anciennes divisions. — Le versant français de la

Méditerranée comprend le territoire entier de quatre des anciens gouvernements de provinces : la *Franche-Comté*, le *Dauphiné*, la *Provence*, le *Roussillon*, et plus de la moitié de trois autres, le *Lyonnais*, la *Bourgogne* et le *Languedoc*. Il faut y ajouter l'île de *Corse* conquise sous Louis XV (dix-huitième siècle), ainsi que le *comtat Venaissin*, devenu français en 1791, la *Savoie* et le *comté de Nice* réunis à la France en 1860, c'est-à-dire depuis la suppression des anciens gouvernements.

Départements. — Il renferme 23 (1) de nos départements qui représentent plus du quart de la superficie de la France. Le Rhône ne coupe aucun de ces départements et sert de limite entre ceux qui bordent sa *rive gauche :* *Haute-Savoie, Savoie* (Savoie) ; *Isère, Drôme* (Dauphiné), *Vaucluse* (comtat Venaissin) ; *Bouches-du-Rhône* (Provence) ; et ceux qui longent sa *rive droite : Ain* (Bourgogne) ; *Rhône* (Lyonnais) ; *Ardèche* et *Gard* (Languedoc).

Les autres départements qui appartiennent au bassin du Rhône proprement dit sont ceux des *Basses-Alpes* (Provence) et des *Hautes-Alpes* (Dauphiné), sur la rive gauche du fleuve ; ceux du *Jura*, du *Doubs*, de la *Haute-Saône* (Franche-Comté), de la *Côte-d'Or* et de *Saône-et-Loire* (Bourgogne), dans la vallée de la Saône. Les départements qui appartiennent aux bassins secondaires du littoral sont les *Alpes-Maritimes* (comté de Nice) et le *Var* (Provence), sur la rive gauche du Rhône ; l'*Hérault*, l'*Aude* (Languedoc), et les *Pyrénées-Orientales* (Roussillon), sur la rive droite.

1° Rive gauche du Rhône.

SAVOIE (2)

La **Savoie,** limitrophe de l'Italie et de la Suisse, est un pays de montagnes, sillonné de vallées étroites et pro-

---

1. Nous considérons comme appartenant au bassin d'un fleuve les départements dont le chef-lieu ou le territoire presque entier est compris dans ce bassin.

2. *Savoie* signifie pays des *sapins*.

fondes, dominé par les glaciers et les massifs neigeux
du *mont Blanc*, des *Alpes Grées* et *Cottiennes*, baigné au
nord par le lac de Genève, à l'ouest par le *Rhône*, et
arrosé par l'*Isère*.

Les principales cultures, celles du seigle, de la pomme
de terre, de la vigne, du tabac, du mûrier, ne réussissent
que dans les plaines ou dans les vallées bien exposées.

Les plateaux, les hautes vallées, les pentes des montagnes sont couverts d'immenses pâturages, entrecoupés
çà et là de quelques bois de châtaigniers et de sombres
forêts de sapins, et parcourus pendant l'été par des troupeaux de bœufs et de chèvres qui sont l'unique richesse
des populations de la montagne. C'est au milieu de
ces forêts solitaires, de ces ravins où mugissent des torrents, que bondit sur la crête des précipices l'agile chamois, que se joue l'écureuil noir, que la marmotte creuse
son terrier, que l'ours brun guette sa proie et que l'aigle
royal construit son aire.

Les richesses minérales consistent en gisements de
cuivre, de fer et de plomb, en carrières de granit, de
marbre, de pierre de taille et de plâtre et en sources
d'eaux salines ou sulfureuses (*Evian, Aix-les-Bains*).

L'industrie, qui trouvait peu de ressources dans les
productions du sol et la situation du pays, ne s'est guère
développée que dans le voisinage de la Suisse, où la fabrication de l'horlogerie occupe un certain nombre d'ou-
vriers.

Aussi la Savoie est pauvre, et une partie des montagnards est réduite à demander à l'émigration le travail
et le bien-être que lui refusent un sol stérile et un climat
rigoureux.

La Savoie, province de race et de langue française, qui
a formé au moyen âge un comté, puis un duché dont les
souverains devinrent successivement maîtres du Piémont, rois de Sardaigne et enfin rois d'Italie, a été cédée
à la France en 1860, par le roi d'Italie, Victor-Emmanuel,
après un vote unanime des populations : elle a formé
deux départements.

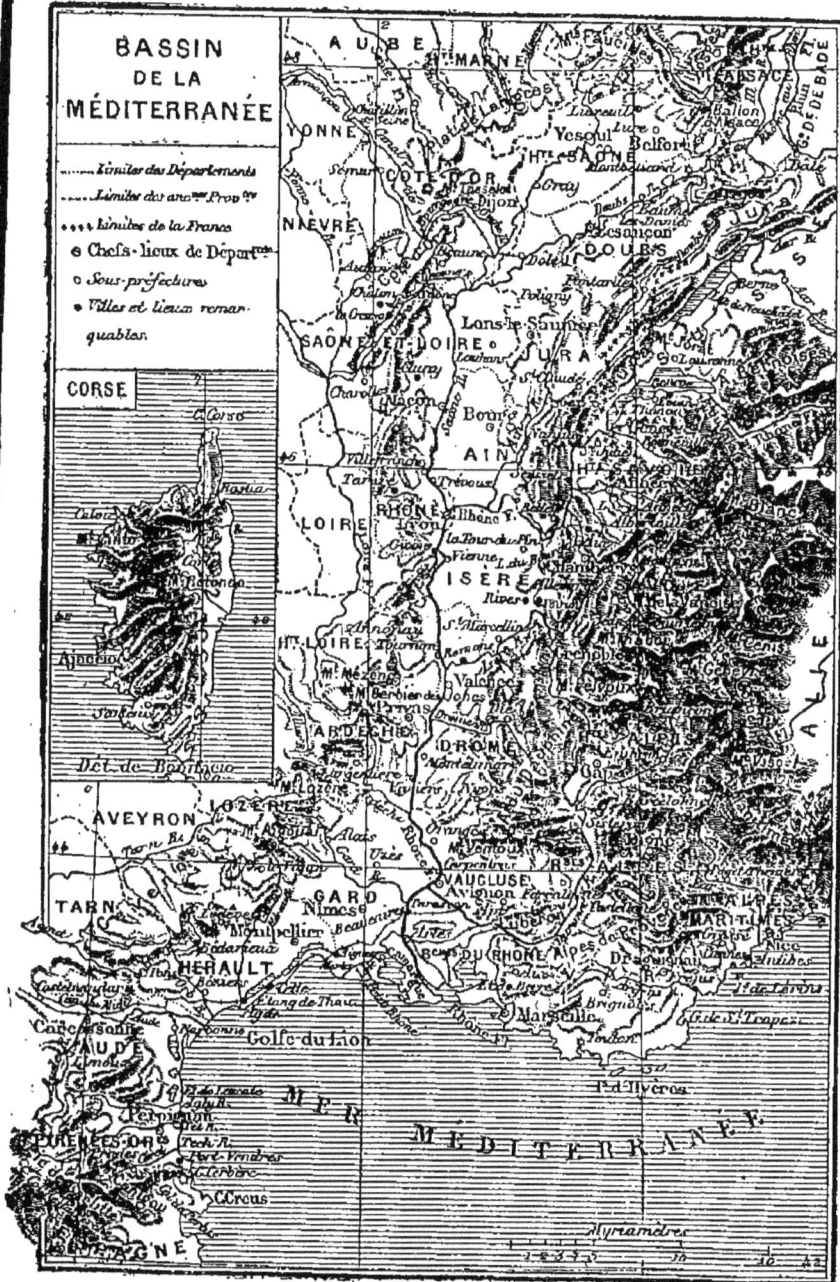

Carte VII.

1° **Savoie,** chef-lieu *Chambéry*, siège d'un archevêché, d'une cour d'appel, chef-lieu d'académie (1), ancienne capitale de la province (20900 hab.); villes principales, *Moutiers* sur l'Isère, *Albertville*, *Saint-Jean-de-Maurienne* et *Aix-les-Bains*, près du lac du Bourget, célèbre par ses eaux thermales.

2° **Haute-Savoie,** chef-lieu *Annecy*, évêché, sur le lac du même nom. Villes principales, *Thonon* et *Evian*, sur le lac de Genève.

DAUPHINÉ (2)

Le **Dauphiné,** séparé de l'Italie par le massif des *Alpes Cottiennes*, sillonné par les rameaux des *Alpes du Dauphiné* qui dominent d'un côté la vallée de la *Durance*, de l'autre celle de l'*Isère*, et donnent naissance à la *Drôme*, présente dans sa partie orientale le même aspect sévère et presque sauvage que la province de Savoie : des rochers, des pâturages, des bruyères et des forêts de sapins et de châtaigniers; au nord, s'abaissent jusqu'aux bords du *Rhône* des terrains plats et sablonneux; à l'ouest, dans la vallée inférieure de l'Isère et dans celle du Rhône, les plaines et les coteaux sont couverts de vignobles, de plantations de chanvre, de mûriers et d'arbres fruitiers, de champs de blé et de pommes de terre. L'industrie, beaucoup plus active que dans la région savoisienne, doit en grande partie son existence aux produits mêmes du sol. La production de la laine a créé les manufactures de draps (*Vienne*); la culture du chanvre, les fabriques de toiles (*Voiron*, dans l'Isère); celle du mûrier, les magnaneries (3); celle des arbres fruitiers et de l'amandier, la confiserie (*Montélimar*, dans le département de la Drôme); la récolte des plantes aromatiques

---

1. Nous n'indiquons la population que pour les villes de plus de 20000 habitants.

2. Le Dauphiné appartenait autrefois à des princes qui portaient le nom de *dauphins*, titre qui devint celui des fils aînés des rois de France lorsque cette province fut réunie au domaine de la couronne.

3. Le ver à soie, dans le Midi, porte le nom de magnan; on appelle magnaneries les établissements où on élève les vers à soie.

de la montagne a donné naissance aux fabriques de liqueurs de *Grenoble* et de la *Grande-Chartreuse;* l'éducation de la chèvre, à la ganterie; l'exploitation de la houille et des minerais de fer, aux forges et aux fonderies de l'Isère.

Le Dauphiné, acheté par Philippe VI en 1349, a formé trois départements :

1° **Isère**, patrie du chevalier Bayard (seizième siècle), chef-lieu *Grenoble* sur l'Isère (53000 habitants), ancienne capitale du Dauphiné, siège d'un évêché, d'une académie et d'une cour d'appel, place forte et ville d'industrie. Ville principale, *Vienne* sur le Rhône (26500 hab.), déjà florissante au temps de la domination romaine.

2° **Drôme**, chef-lieu *Valence*, sur le Rhône (25000 hab.), siège d'un évêché. Ville principale, *Montélimar*, près du Rhône.

3° **Hautes-Alpes**, chef-lieu *Gap*, évêché. Sous-préfectures, *Briançon* et *Embrun*, places fortes sur la Durance.

COMTAT VENAISSIN (1), PROVENCE (2) ET COMTÉ DE NICE

Cette région, sillonnée par les rameaux des Alpes qui plongent brusquement dans la Méditerranée et qui viennent se terminer par des pentes plus douces sur les bords du Rhône, est le pays des contrastes; des vents tour à tour brûlants (le *siroco*) ou glacés (le *mistral*), des gorges sauvages hérissées de rochers, et de vertes et riantes vallées aux flancs tapissés de vignobles, semés de bouquets de mûriers et de vergers où croissent l'amandier, le pêcher, le figuier, l'olivier; des hauteurs tantôt couronnées de forêts de chênes-lièges, tantôt couvertes de pâturages secs où paissent de nombreux troupeaux de moutons; des plaines fertilisées par les canaux

---

1. Le comtat ou comté Venaissin tire son nom de la ville de Vénasque qui en faisait partie.

2. Au temps où les Romains commencèrent la conquête de la Gaule, les pays qu'ils occupèrent les premiers portèrent le nom de *Province romaine :* telle est l'origine du nom moderne de Provence.

d'irrigation et où se récoltent le froment et les légumes, ou arides, pierreuses, couvertes de cailloux roulés, mais qui en hiver se revêtent d'une herbe courte et savoureuse (plaine de la *Crau*, au nord de l'étang de Berre); enfin des baies étroites et bordées de rochers, ou des golfes entourés de collines verdoyantes, au pied desquels grandissent l'oranger, le citronnier et le palmier (comté de Nice). La Provence a peu de manufactures : les principales industries, extraction du marbre dans la région des Alpes, du charbon de terre à *Fréjus* (Var), à *Aix*, à *Forcalquier* (Basses-Alpes), magnaneries dans toute la Provence et surtout dans le comtat Venaissin, extraction des huiles d'olive, parfumeries de *Grasse* et de *Nice*, tanneries du département du Var, se bornent à l'exploitation des produits du sol; la seule grande ville industrielle est *Marseille*, qui doit à son immense commerce maritime et à la facilité avec laquelle elle se procure les ma-

Fig. 26. — Marseille. La Canebière.

Fig. 27. — Avignon. Le château des papes.

tières premières, ses forges, ses fonderies de cuivre, ses moulins à vapeur, ses fabriques de bougies, de savon, de produits chimiques, ses raffineries de sucre, ses salaisons, etc.

La **Provence**, devenue française par héritage sous Louis XI, a formé trois départements :

1° **Basses-Alpes**, chef-lieu *Digne*, évêché. Ville principale : *Sisteron*, sur la Durance.

2° **Bouches-du-Rhône**, chef-lieu *Marseille*, siège d'un évêché, chef-lieu du 15° corps d'armée, la reine de la Méditerranée, enrichie par le commerce et l'industrie, notre premier port marchand et la troisième ville de France par le chiffre des habitants (376000 habitants). Marseille a été fondée au sixième siècle avant Jésus-Christ, par des colons d'origine grecque, les Phocéens. C'est la patrie du sculpteur Puget (dix-septième siècle) et de Thiers, le grand historien et le fondateur de la république. Sous-préfectures : *Aix* (29000 hab.), ancienne capitale de la Provence, siège d'un archevêché, d'une académie, d'une cour d'appel, d'une école d'arts et métiers, et *Arles* (24000 hab.), sur le Rhône, toutes pleines encore de leurs souvenirs et de leurs monuments romains.

3° **Var** (1), chef-lieu *Draguignan*. Villes principales : *Toulon*

Fig. 28. — Vue de Nice.

(70000 hab.), notre grand port de guerre sur la Méditerranée, *Fréjus*, siège d'un évêché, et *Hyères*.

Le **comtat Venaissin**, qui appartenait au pape et qui fut réuni à la France en 1791, a formé un département :

---

1. Le Var ne coule plus depuis 1860 dans le département qui porte encore son nom. La partie qu'il arrosait a été réunie aux Alpes-Maritimes.

celui de **Vaucluse,** ainsi nommé d'une source qui se déverse dans le Rhône par la Sorgues, chef-lieu *Avignon* (41 000 hab.), sur le Rhône, siège d'un archevêché, résidence des papes au quatorzième siècle. Villes principales : *Carpentras*, au pied du mont Ventoux, et *Orange*, avec leurs ruines romaines.

Le **comté de Nice,** français depuis 1860, a formé un département : celui des **Alpes-Maritimes,** chef-lieu *Nice*, ancienne colonie grecque, sur la Méditerranée (77 000 hab.), si renommée par son climat. Nice est le siège d'un évêché. C'est la patrie de Masséna, un des grands généraux de la première République et du premier Empire. Villes principales : *Grasse*, *Antibes*, *Menton*, sur la Méditerranée.

La principauté de **Monaco** est enclavée dans le département des Alpes-Maritimes.

CORSE

La **Corse** est une grande île montagneuse située dans la Méditerranée, à 160 kilomètres au sud des côtes de France, terminée au nord par le *cap Corse*, et séparée de l'île de Sardaigne par le *détroit de Bonifacio*. Couverte de forêts ou de fourrés inextricables qui portent le nom de *maquis*, ravinée par des torrents qui inondent les vallées, et qui transforment les plaines basses en marécages, la Corse, dont les rudes et belliqueuses populations gardent encore leur langue (un dialecte italien) et une partie de leurs habitudes nationales, est un pays primitif, mal peuplé, sans industrie, mais réservé à un brillant avenir : les céréales, toutes les variétés d'arbres fruitiers, le citronnier, l'olivier, le mûrier, le tabac, le chanvre, réussissent sur le littoral ; le bétail y trouve de magnifiques pâturages ; des forêts de pins, de châtaigniers et de chênes verts couronnent les montagnes, qui recèlent dans leurs flancs des carrières de marbre, des mines de fer, de cuivre et de plomb.

La Corse, conquise en 1769, a formé un département :

chef-lieu *Ajaccio* (évêché), sur la côte occidentale, patrie de l'empereur Napoléon Ier. Ville principale : *Bastia*, le premier port de l'île, siège d'une cour d'appel.

2° Bassins côtiers, rive droite du Rhône, vallée de la Saône.

ROUSSILLON

Le **Roussillon** (1), limitrophe de l'Espagne à qui il fut enlevé sous Louis XIV, et dont il a en partie conservé la langue et les usages, est enveloppé au sud par les *Pyrénées* et le mont *Canigou*, à l'ouest par les *Corbières occidentales*, à l'est par la Méditerranée bordée d'étangs et de plages sablonneuses. Autant la région de la montagne avec ses torrents, ses lacs, ses pâturages et ses sommets dépouillés, et celle du littoral avec ses marais salants et ses plages nues balayées par le vent, sont stériles et désolées, autant la plaine qu'arrose la Têt avec ses innombrables canaux d'irrigation, ses plants de vignes et d'oliviers, ses moissons et ses cultures maraîchères (2), est peuplée et fertile. Le Roussillon exploite des carrières de marbre, des mines de fer et de nombreuses sources thermales (*Amélie-les-Bains*, etc.).

Il a formé un département : celui des **Pyrénées-Orientales,** chef-lieu *Perpignan* (34 000 hab.), évêché et place forte sur la Têt. Ville principale : *Port-Vendres*, sur la Méditerranée.

LANGUEDOC

La province de **Languedoc** (3) n'appartient pas tout entière au bassin du Rhône; elle est coupée par les *Cévennes méridionales* et *septentrionales*, et le versant méri-

---

1. Le Roussillon doit ce nom à la ville antique de *Ruscino*.
2. On appelle ainsi la culture des légumes qui réussit surtout dans des terrains bas occupés autrefois par des marais.
3. On appelait autrefois langue d'oc celle qui se parlait dans le midi de la France et où le mot *oui* se disait *oc*.

dional et oriental de ces montagnes est le seul qui fasse
partie de ce bassin. Bordé sur le littoral d'étangs (étang
de Thau, etc.) et de marais salants, dominé par les pentes
abruptes des Cévennes dont le sol pierreux ne se prête
guère qu'au pâturage, à la culture de la pomme de terre,
du seigle et à celle du mûrier, le Languedoc renferme
entre la montagne et la mer une zone d'une merveilleuse
fertilité, couverte de vignobles, d'oliviers, d'arbres fruitiers, de moissons; l'industrie beaucoup plus active
qu'en Provence doit en grande partie son existence aux
produits mêmes du sol; la culture de la vigne a donné
naissance à la préparation des eaux-de-vie et des alcools
de *Cette,* de *Béziers,* de *Montpellier;* celle du mûrier, aux
innombrables magnaneries du *Gard* et de l'*Ardèche* et
aux fabriques de soieries de *Nîmes;* l'éducation des
abeilles, au commerce des miels de *Narbonne;* celle du

mouton, aux ma-
nufactures de drap
de *Lodève* et de
Carcassonne; celle
de la chèvre, aux
mégisseries (1)
d'*Annonay* (Ardè-
che); l'exploitation
des houilles de *Bes-
sèges* (Gard), aux
usines métallurgi-
ques et aux verre-
ries d'*Alais;* celle

Fig. 29. — Montpellier. Le Peyrou.

des mines de fer de l'*Ardèche,* aux forges de *la Voulte;*
celle des minerais de cuivre de l'*Hérault,* aux fabriques
de vert-de-gris de *Montpellier,* etc.

La partie du Languedoc comprise dans le bassin du
Rhône, et qui fut conquise par Louis VIII, a formé quatre
départements:

_____

1. On appelle mégisserie l'industrie qui s'occupe de la préparation
des peaux destinées spécialement à la ganterie.

1° **Aude**, chef-lieu *Carcassonne* (évêché, 29400 hab.); sur l'Aude. Ville principale : *Narbonne* (29700 hab.), une des premières villes romaines de l'ancienne Gaule.

Fig. 30. — Maison-Carrée (Nîmes).

2° **Hérault**, chef-lieu *Montpellier* (56800 hab.), siège d'un évêché, d'une cour d'appel, du commandement du 16° corps d'armée, célèbre par son école de médecine qui rivalisait au moyen âge avec celle de Paris. Sous-préfectures : *Béziers* (42000 hab.), *Saint-Pons*, *Lodève*. Ville principale : *Cette* (37000 hab.), port sur la Méditerranée au débouché du canal du Midi.

3° **Gard**, chef-lieu *Nîmes* (70000 hab.), siège d'un évêché et d'une cour d'appel, célèbre par ses monuments romains et surtout par les ruines de ses gigantesques arènes et par le temple appelé Maison-Carrée. Villes principales : *Alais*, sur le Gard (22500 hab.); *Beaucaire*, sur le Rhône, autrefois importante par ses foires, et *Aigues-Mortes*, où saint Louis s'embarqua pour ses croisades d'Egypte et de Tunisie.

Fig. 31. — Les arènes de Nimes.

4° **Ardèche**, chef-lieu *Privas*. Villes principales : *Annonay* et *Aubenas*, centres industriels ; *Viviers*, évêché, sur le Rhône.

LYONNAIS (1)

Coupée par les montagnes boisées du Lyonnais et du Beaujolais, cette province située en partie dans le bassin de la Loire, en partie dans celui du Rhône, a formé dans ce dernier le département du **Rhône,** un des plus petits et des plus peuplés de France, admirablement cultivé, et dont le chef-lieu, *Lyon* (402 000 hab.), au confluent de la Saône et du Rhône, siège d'un archevêché, d'une cour d'appel, d'une académie, d'un corps d'armée (14°), l'antique capitale des Gaules au temps de la domination romaine, la métropole de l'industrie des soieries, l'un des principaux centres pour la fabrication de la charcuterie, de la bière, des liqueurs, de la chapellerie, des machines à vapeur, des produits chimiques, est la seconde ville de France par sa population, l'une des premières par son

1. Il fut en grande partie acquis par Philippe IV en 1312.

commerce. La seule sous-préfecture est *Villefranche* sur la rive droite de la Saône, qui partage avec la petite ville de *Tarare* la fabrication des mousselines et des peluches, dites articles de Tarare.

BOURGOGNE (1)

La **Bourgogne,** coupée comme les provinces précédentes par les *Cévennes septentrionales* et la *Côte d'Or*, appartient pour les deux tiers de son territoire au bassin du Rhône. La partie qui s'étend sur la rive droite du *Rhône* et sur la rive gauche de la *Saône* est sillonnée à l'est par les chaînes boisées du *Jura*, qui viennent mourir dans une plaine à peine ondulée, connue autrefois sous le nom de *Bresse* et de pays des *Dombes*, riche en céréales, en prairies, en bestiaux, en volailles, mais couverte d'étangs, malsaine et encore désolée par les fièvres, malgré les travaux d'assainissement. Sur la rive droite de la *Saône* s'élèvent en amphithéâtre, des bords de la rivière au sommet des Cévennes et de la Côte d'Or, de vertes prairies, des champs de blé, d'avoine, d'orge, de maïs, de chanvre, des coteaux tapissés de vignes, dont les crus généreux n'ont pas de rivaux dans le monde, d'épaisses forêts de chênes et des pâturages qui nourrissent des troupeaux de moutons mérinos.

Les richesses minérales, asphaltes de *Seyssel* (Ain), pierres de taille de la Côte-d'Or, mines de fer des environs de Dijon et de Mâcon, houillères de *Blanzy*, du *Creusot*, d'*Épinac* (situées sur le revers occidental des Cévennes, dans le bassin de la Loire), terre à briques de *Bèze* (Côte-d'Or), ne le cèdent pas aux richesses végétales ; aussi les verreries (*Blanzy* et *Épinac*) et surtout les industries métallurgiques représentées par les grands établissements du *Creusot*, de *Châtillon-sur-Seine*, etc., ont-elles pris un large développement.

La Bourgogne, en partie réunie au domaine royal par

1. Cette province doit son nom à un peuple d'origine germanique qui s'y établit au cinquième siècle après J.-C. et qui se nommait *Burgondes* ou *Bourguignons.*

Louis XI à la mort du dernier duc, Charles le Téméraire, en partie conquise par Henri IV sur le duc de Savoie

Fig. 32. — Lyon. La rue de la République.

(département de l'Ain), a formé quatre départements, dont un dans le bassin de la Seine, celui de l'Yonne, et trois dans le bassin du Rhône :

Fig. 33. — Saint-Bénigne à Dijon.

1° **Ain**, chef-lieu *Bourg*. Villes principales, *Trévoux*, sur la Saône, *Nantua*, sur le lac du même nom, et *Belley*, évêché.

2° **Saône-et-Loire**, chef-lieu *Mâcon*, sur la Saône, patrie du poète Lamartine. Sous-préfectures : *Autun*, siège d'un évêché, vieille ville romaine, sur l'Arroux, affluent de la Loire, *Chalon-sur-Saône, Charolles, Louhans*. Ville principale, *le Creusot* (27 000 hab.).

3° **Côte-d'Or**, patrie de saint Bernard, le prédicateur de la seconde croisade, de Bossuet, l'un des plus grands écrivains du dix-septième siècle, et du célèbre naturaliste Buffon (dix-huitième siècle) : chef-lieu *Dijon* (60800 hab.), siège d'un évêché, d'une académie, d'une cour d'appel. Ville principale, *Beaune*, au centre des plus riches vignobles de Bourgogne.

FRANCHE-COMTÉ (1)

La **Franche-Comté** est un pays de montagnes, de forêts et de pâturages, sillonné de profondes vallées où serpentent l'*Ain* et le *Doubs*, et dominé par les crêtes boisées du *Jura*. Les pâturages de la montagne et les prairies des bords du Doubs et de la Saône nourrissent des chevaux robustes et de nombreux bestiaux dont le lait sert à la fabrication du fromage qui se vend en France sous le nom de Gruyère. La richesse forestière, l'abondance des minerais de fer, l'exploitation de la houille dans la Haute-Saône, ont créé de nombreuses forges et des fabriques d'outils. Le voisinage de la Suisse a développé à *Besançon* et dans plusieurs autres villes l'industrie de l'horlogerie ; enfin la région du Jura est riche en pierres de taille, en sources d'eaux minérales (*Luxeuil* dans la Haute-Saône), et en sources salées, dont les plus connues sont celles de *Salins* (Jura).

La Franche-Comté a formé trois départements :

1° **Haute-Saône,** chef-lieu *Vesoul*. Ville principale : *Gray*, sur la Saône.

2° **Doubs,** chef-lieu *Besançon* (56500 hab.), ancien chef-lieu de la province, place forte sur le Doubs, siège d'un archevêché, d'une académie, d'une cour d'appel, du quartier général du 7ᵉ corps d'armée, patrie de Victor Hugo. Villes principales ; *Pontarlier*, sur le Doubs, et *Montbéliard*.

3° **Jura,** chef-lieu *Lons-le-Saunier*. Villes principales : *Dôle*, sur le Doubs, et *Saint-Claude*, évêché.

Voir le résumé, le questionnaire, les exercices et les lectures, pages 175 et suivantes.

---

1. Le mot Comté était autrefois du féminin. La Franche-Comté s'appelait aussi la *comté* de Bourgogne.

CHAPITRE IV

Versant de l'Atlantique. — Bassin de la mer du Nord (Rhin, Meuse et Escaut).

Régions du nord-est et du nord.

Aspect général du bassin. — Le bassin de la mer du Nord comprend le nord-est et le nord de la France, et se divise en quatre grandes vallées : celle du Rhin, celle de la Moselle, celle de la Meuse et celle de l'Escaut.

La vallée du Rhin (Alsace), que dominent les sommets arrondis et les pentes boisées des Vosges, est une des régions les plus fertiles et les mieux cultivées de l'Europe. Habitée par une race énergique et intelligente, française de cœur, bien que l'Allemagne nous l'ait arrachée par la conquête, elle a vu l'industrie se développer en même temps que l'agriculture, et la population s'accroître, malgré l'émigration, dans une proportion inconnue aux régions du Midi.

La vallée de la Moselle, étroite, mais fertile, coupe le plateau de la Lorraine et se dirige du sud au nord dans le même sens que la vallée de la Meuse, dominée par des plateaux boisés, au sol âpre et pierreux, et souvent rebelle à la culture (Lorraine (1) et Champagne).

Le bassin de l'Escaut (Flandre et Artois) est une vaste plaine d'une fertilité sans égale, entrecoupée de quelques tourbières et bordée sur le littoral de dunes sablonneuses et de marais desséchés.

Divisions anciennes. — Le bassin de la mer du Nord comprend cinq de nos anciennes provinces : l'*Alsace* perdue en 1871, la *Lorraine* mutilée par les traités

---

1. Voir la note de la page 91.

de 1871 ; un quart de la *Champagne*, l'*Artois* et la *Flandre*.

Départements. — Il était divisé avant 1871 en 9 départements qui représentaient un dixième de la superficie de la France : *Haut-Rhin* et *Bas-Rhin* (Alsace), *Vosges, Meurthe, Moselle, Meuse* (Lorraine) ; *Ardennes* (Champagne), *Nord* (Flandre) et *Pas-de-Calais* (Artois). Aujourd'hui il ne comprend plus que six départements (*Vosges, Meurthe-et-Moselle, Meuse, Ardennes, Nord* et *Pas-de-Calais*) et l'arrondissement de Belfort (*Haut-Rhin*) considéré comme une division indépendante.

Vallée du Rhin.

ALSACE (1)

L'Alsace (2) est une étroite et fertile plaine resserrée entre le *Rhin* et les *Vosges*, dont les premiers mamelons, couverts de vignes et de moissons, contrastent avec les sombres forêts de sapins qui montent jusqu'à la cime et qui tapissent les flancs des vallées où roulent les affluents de l'Ill. Dans la plaine au sol humide et profond croissent le houblon, qui sert à la fabrication des fameuses bières de Strasbourg, le tabac, le chanvre, les céréales, les fèves. L'Alsace nourrit beaucoup de chevaux, de bœufs et de volailles. Elle possède des sources minérales, des mines de fer qui ont développé à *Belfort*, à *Strasbourg*, à *Niederbronn* l'industrie des forges, des machines-outils, de la quincaillerie ; des carrières de grès, des mines d'alun, qui ont créé des fabriques de poteries et de produits chimiques, mais les deux principales industries, celle du coton (*Mulhouse*) et celle de la laine (*Bischwiller* dans le Bas-Rhin, *Sainte-Marie-aux-Mines* dans le Haut-Rhin), qui réunissent au travail de la filature celui du tissage et l'impression sur étoffes, ne doivent leur exis-

---

1. Tout en enregistrant des changements imposés par la nécessité et consacrés par des traités, on ne doit pas laisser oublier que l'Alsace et la Lorraine dite allemande ont été françaises et ne sont allemandes que par le droit de la force. Les traités passent et les sentiments restent.
2. *Alsace* signifie pays de l'*Ill* ou *Ell* (Elsasz).

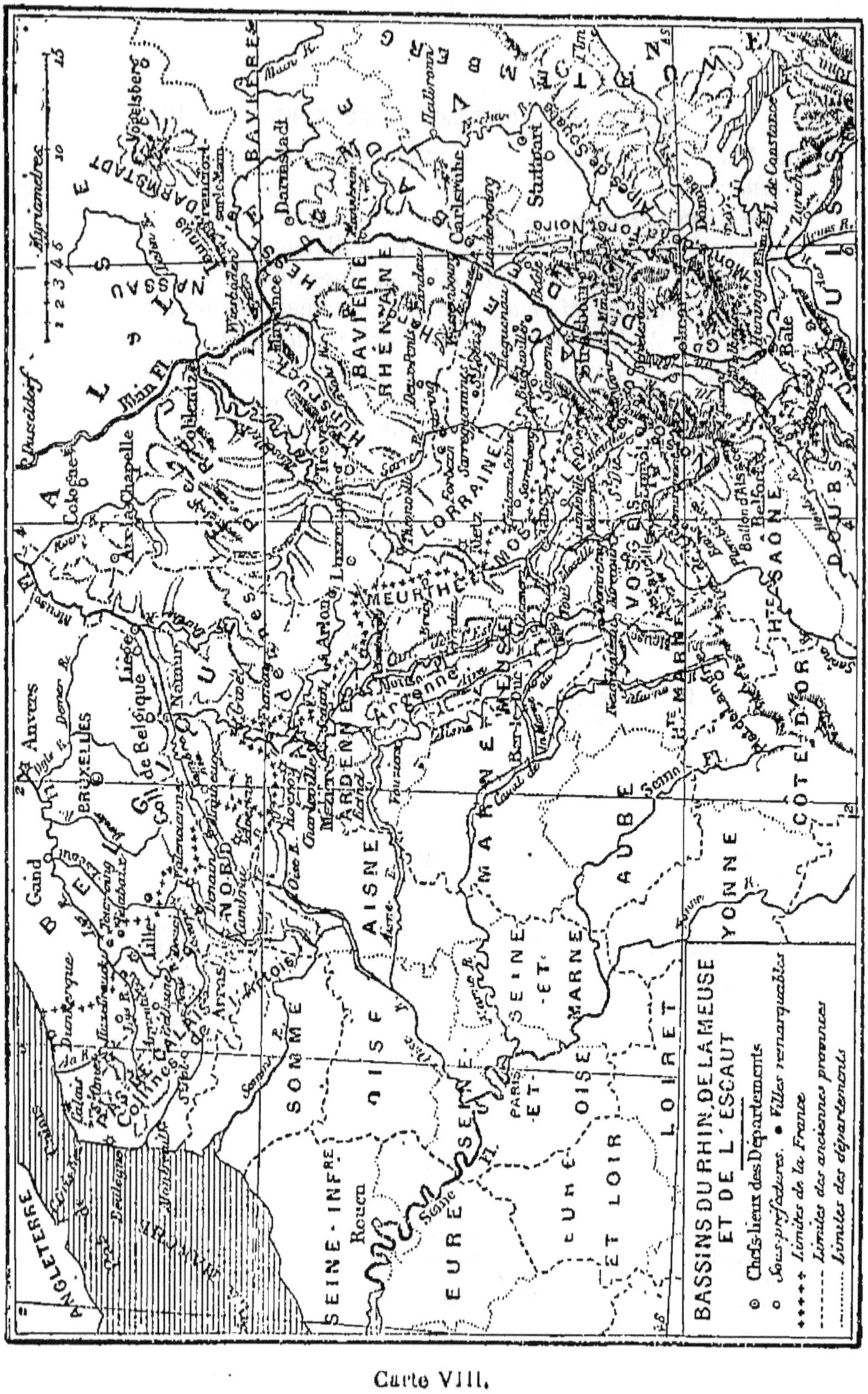

BASSINS DU RHIN, DE LA MEUSE
ET DE L'ESCAUT

◎ Chefs-lieux des Départements
○ Sous-préfectures • Villes remarquables
++++ Limites de la France
------ Limites des anciennes provinces
------ Limites des départements

Carte VIII.

tence qu'à l'esprit de recherche, à la persévérance, au patient et laborieux génie des populations al-
saciennes, françaises
de cœur et d'intérêts,
bien qu'en partie alle-
mandes par la langue,
sinon par la race. Cette
province acquise sous
Louis XIII a été enlevée
à la France par les
traités de 1871 et forme
aujourd'hui une dépen-
dance de l'empire d'Al-
lemagne.

Elle comprenait
avant 1871 deux dépar-
tements :

1º Celui du **Bas-
Rhin**, chef-lieu *Stras-
bourg*, ancienne capitale de l'Alsace, sur l'Ill (106500 hab.
en 1887). Villes principales : *Saverne, Wissembourg*, sur

Fig. 34. — Houblon.

la Lauter, célèbre par nos
triomphes pendant les
guerres de la Révolution
et par notre premier échec
en 1870; *Haguenau, Rei-
chshofen* où une armée
française fut écrasée par les
Allemands en août 1870.

2º Le **Haut-Rhin**, chef-
lieu *Colmar*. Sous-préfectures : *Mulhouse*, sur l'Ill
(70000 hab.), et *Belfort*,
(22000 hab.), place forte,
illustrée par sa défense en

Fig. 35. — La cathédrale de Strasbourg.

1870 et qui reste seule à la France avec une portion de son
arrondissement.

Vallées de la Moselle et de la Meuse.

LORRAINE (1) (*Lorraine, Toul, Metz et Verdun*).

La **Lorraine** est un plateau coupé du sud au nord
par la vallée de la *Meuse* et celle de la *Moselle*, et dominé à l'est par les Vosges, qui versent dans la Moselle la *Sarre* et la *Meurthe*. Habitée par une race énergique et laborieuse, dont le caractère comme la langue
rappelle la situation intermédiaire entre la France et
l'Allemagne, la Lorraine est à la fois un pays d'agriculture
et d'industrie. Sur la pente des Vosges s'étendent des
forêts de chênes et de sapins, entrecoupées de clairières
où on cultive surtout la pomme de terre, et dominées
par des sommets gazonnés où paissent de nombreux
troupeaux de vaches. Aussi les fromages des Vosges
égalent-ils en réputation ceux du Jura (fromages de
Gérardmer dans les Vosges, etc.) : les plaines et les vallées
produisent en abondance le froment, les arbres fruitiers,
les plantes fourragères, la vigne ; sur les plateaux de
l'Argonne et des Ardennes qui encadrent la vallée de la
Meuse, le sol est maigre et pierreux, mais les pâturages
qui en couvrent le sommet se prêtent à l'éducation du
mouton, et celle du porc est favorisée par les forêts de
chênes qui en revêtent les flancs. Du reste, le travail a
su partout dompter la nature ou profiter des ressources
qu'elle offrait : des papeteries, des filatures de coton se
sont établies dans les vallées des Vosges, sur les chutes
d'eau qui leur procuraient une force motrice ; des verreries, des cristalleries (*Saint-Louis* et *Baccarat*), des
manufactures de glaces (*Cirey*), et de faïences (*Sarre-
guemines*) au milieu des forêts où elles trouvaient le
combustible ; des forges puissantes (*Frouard* près de
Nancy, *Styring* au nord-est de Metz), au centre des gisements de fer et de houille qui bordent la vallée de la
Moselle et celle de la Sarre ; de magnifiques salines, qui,
avant 1871, fournissaient près d'un tiers du sel consommé

1. Voir plus haut la note de la page 91.

en France, avaient en même temps développé l'industrie des produits chimiques ; enfin les broderies de *Nancy* et de *Mirecourt* (Vosges) rivalisent avec les produits de la Suisse.

La Lorraine formait, avant 1871, quatre départements :

1° **Vosges**, chef-lieu *Épinal*, sur la Moselle (21 000 h.), qui partage avec Metz la fabrication et le commerce de l'imagerie. Villes principales : *Remiremont* sur la Moselle, *Saint-Dié* sur la Meurthe, siège d'un évêché, *Plombières*, célèbre par ses eaux thermales et le petit village de *Domrémy* où naquit Jeanne d'Arc.

2° **Meurthe**, chef-lieu *Nancy*, sur la Meurthe (79000 hab.), ancienne capitale de la Lorraine, siège d'un évêché, d'une cour d'appel, d'une académie, et grande ville industrielle (broderies, draps, etc.). Villes principales : *Lunéville*, sur la Meurthe, et *Toul*, place forte, sur la Moselle.

Fig. 36. — Nancy

3° **Moselle**, chef-lieu **Metz** (54000 hab. en 1887), sur la Moselle, place forte dont le nom rappelle les plus sanglants et les plus tristes épisodes de la campagne de 1870. Villes principales : *Sarreguemines*, sur la Sarre, et *Thionville*, place forte, sur la Moselle.

4° **Meuse**, chef-lieu *Bar-le-Duc*, sur un affluent de la Marne. Ville principale : *Verdun*, place forte, sur la Meuse, siège d'un évêché.

Les traités de 1871 nous ont enlevé tout le département de la Moselle, sauf l'arrondissement de Briey ; et deux arrondissements de la Meurthe, ceux de Château-Salins et de Sarrebourg. De ces deux départements, on

en a formé un seul, la **Meurthe-et-Moselle**, chef-lieu
Nancy. Sous-préfectures : *Briey, Lunéville* et *Toul*.

CHAMPAGNE (1) (*Principauté de Sedan*).

La partie de la **Champagne** comprise dans le bassin de
la Meuse n'a formé qu'un département, celui des **Ardennes**, limité au nord par la Belgique, arrosé par la
Meuse et par l'*Aisne*, affluent de l'Oise, et presque entièrement couvert, sauf dans sa partie méridionale, par
les plateaux boisés de l'Argonne et des Ardennes qui
forment la ceinture du bassin de la *Meuse*. Les pâturages
nourrissent de nombreux moutons estimés pour leur
chair et pour leur laine que mettent en œuvre les filatures
de *Rethel* et les manufactures de draps de *Sedan :* malgré
l'âpreté du sol, le froment, le seigle, la pomme de terre,
le chanvre, les prairies naturelles et artificielles, con-
courent avec les mines de fer, les carrières d'ardoises
de *Fumay*, à la prospérité croissante d'une région où le
travail a dû tout créer malgré la nature.

Le chef-lieu est *Mézières-Charleville* (24 000 hab.), sur
les deux rives de la Meuse, avec ses manufactures d'armes
et de clouterie ; les villes principales : *Rocroi*, ancienne
place forte, fameuse par une victoire du grand Condé (1643) ;
Sedan, sur la Meuse, patrie de Turenne (dix-septième
siècle) et théâtre d'un de nos plus sanglants désastres
(1er septembre 1870).

Bassin de l'Escaut.

ARTOIS (2)

L'**Artois** est une plaine arrosée par le cours supérieur
de la *Scarpe*, de la *Lys*, et par quelques petits fleuves
côtiers, traversée par les *collines de l'Artois*, bordée, sur
les côtes de la Manche et du détroit qui lui a donné son

---

1. Ce nom signifie pays de plaines (*campania*).
2. Ce nom dérive de celui d'un ancien peuple de la Gaule, les *Atre-
bates*.

nom, de dunes et de plages marécageuses, semée de
tourbières, mais presque partout fertile, couverte de
prairies, de champs de blé, de betteraves, de colza, de
lin, de chanvre, de pommes de terre, de plantations de
tabac et de cultures maraîchères. Il a formé le départe-

Fig. 37. — Le beffroi d'Arras.

ment du **Pas-de-Calais**, chef-lieu *Arras* (27 000 hab.),
ancienne place forte sur la Scarpe et siège d'un évêché;
villes principales : *Boulogne* (46 000 hab.), port sur le Pas
de Calais; *Saint-Omer* (24 300 hab.), sur l'Aa, et *Calais*
(58 000 hab. avec *Saint-Pierre-les-Calais*), sur le détroit,
en relations continuelles avec l'Angleterre.

FLANDRE (1)

La **Flandre** a formé le département du **Nord**, limité

1. Ce nom, dont l'origine est incertaine, n'est usité qu'à partir du
neuvième siècle ap. J.-C.

au nord par la Belgique, à l'ouest par la mer du Nord, arrosé par l'*Escaut*, la *Scarpe*, la *Lys*, la *Sambre* et de nombreux canaux : c'est une plaine ondulée et couverte de forêts et d'herbages dans sa partie orientale, marécageuse et sablonneuse sur les bords de la mer, formée au centre de magnifiques terrains d'alluvion qui produisent la betterave, les céréales, le lin, les plantes oléagineuses (colza, œillette, etc.), le houblon, le tabac, les plantes fourragères, et qui nourrissent des races estimées de chevaux, de bœufs, de moutons. L'industrie, non moins active que l'agriculture, extrait du colza, du lin et de l'œillette les huiles ; le sucre et l'alcool de la betterave ; file et tisse

Fig. 38. — Lille. (La grand'place.)

le lin et la laine à *Lille*, à *Roubaix* (100000 hab.), à *Tourcoing*, à *Armentières* (28000 hab.), fabrique des dentelles auxquelles *Valenciennes* a donné son nom. Les riches houillères d'*Anzin* ont créé des forges, des fonderies, des fabriques de machines, des verreries (*Anzin*, *Denain*, théâtre d'une des dernières victoires du règne de Louis XIV, *Maubeuge*), qui ne craignent en France aucune concurrence.

Fig. 39. — Le beffroi de Douai.

Le chef-lieu est *Lille* (188000 hab.), place forte de premier ordre, quartier général du 1er corps d'armée et l'un de nos grands centres manufacturiers.

RÉGIONS DU NORD ET DU NORD-OUEST. 139

Les villes principales sont, outre *Roubaix* et *Tour-coing* (58000 hab.) : *Cambrai* (24000 hab.), sur l'Escaut, siège d'un archevêché, *Douai* (30000 hab.), sur la Scarpe, siège d'une cour d'appel et chef-lieu d'académie ; *Dunkerque* (38000 hab.), sur la mer du Nord, patrie du marin Jean Bart (dix-septième siècle), et *Valenciennes* (27600 hab.), ancienne place forte sur l'Escaut.

Voy. le résumé, le questionnaire, les exercices, les lectures, pages 175 et suivantes.

CHAPITRE V

Bassin de la Manche (Seine, Somme, bassins secondaires).

Régions du nord et du nord-ouest.

Aspect général du bassin. — Le bassin de la Seine, qui correspond à la région du nord-ouest et à une partie de celle du nord, offre un aspect tout autre que celui du Rhône ou du Rhin : plus de neiges éternelles, plus de montagnes élevées, plus de vallées sauvages ; la ceinture du bassin est presque partout formée de collines ou de plateaux d'une médiocre hauteur; la pente des rivières est modérée, leur lit bien tracé, les inondations rares et peu redoutables : au nord de la Marne et de la Seine s'étend jusqu'à la mer une plaine accidentée (Champagne, Ile-de-France et Picardie), sillonnée de collines boisées, semée dans le bassin de la Somme de tourbières et de marécages, riche en céréales et en cultures industrielles de toute espèce. Entre la Marne et la Seine s'élève un plateau (Champagne) crayeux, stérile, creusé de quelques vallées marécageuses. Sur la rive gauche de la Seine, aux plateaux boisés qui dominent le cours de l'Yonne (Bourgogne) succèdent les vastes plaines de la Beauce (Ile-de-France et Orléanais), et les vallées de la Normandie avec leurs magnifiques herbages ; enfin, sur le littoral de la Manche, du golfe de Saint-Malo à la pointe Saint-Mathieu, se prolonge une bande de terrains granitiques, de plaines sablonneuses et de landes stériles (*Bretagne*).

Divisions anciennes. — Le bassin de la Manche comprend trois de nos anciennes provinces, l'*Ile-de-France*, berceau de la monarchie et de la nationalité françaises, la *Picardie*, la *Normandie;* et une partie de quatre autres, la *Bourgogne,* la *Champagne,* l'*Orléanais* et la *Bretagne.*

Départements. — Il renferme 17 départements qui représentent un peu plus du cinquième de la superficie de la France. Ceux que la Seine traverse sont la *Côte-d'Or* (bassin du Rhône), l'*Aube*, la *Seine-et-Marne,* la *Seine,* la *Seine-et-Oise,* l'*Eure*, et la *Seine-Inférieure.*

Le bassin de la Seine proprement dit comprend 12 départements qui doivent leur nom au fleuve et à ses affluents : *Aube, Haute-Marne* et *Marne* formés par l'ancienne Champagne; *Yonne* (Bourgogne); *Eure-et-Loir* (Orléanais); *Seine-et-Marne, Seine-et-Oise, Seine, Aisne, Oise* (Ile-de-France); *Seine-Inférieure* et *Eure* (Normandie).

Les bassins secondaires renferment cinq départements : *Somme* (Picardie), dans le bassin de la Somme; *Orne, Calvados* et *Manche* (Normandie), dans ceux de l'Orne et de la Vire; *Côtes-du-Nord* (bassins du littoral de Bretagne).

Bassin secondaire de la Somme.

PICARDIE

La **Picardie** n'a formé qu'un département, celui de la **Somme**, arrosé par la rivière dont il porte le nom. A peine sillonné de quelques collines et bordé sur le littoral de la Manche de dunes peu élevées, ce département est une vaste plaine entrecoupée de tourbières et couverte de magnifiques cultures, blés, avoines, lin, chanvre, betteraves, pommes de terre, colza, prairies où paissent de nombreux troupeaux de chevaux, de bœufs et de moutons.

Le chef-lieu est *Amiens* (80000 hab.), sur la Somme canalisée, siège d'un évêché, d'une cour d'appel, quartier général du 2° corps d'armée, l'une des métropoles de la filature de la laine, de l'industrie des velours de coton et de laine, des tissus mélangés, des toiles de chanvre et de lin, des tapis, de la papeterie. Villes principales : *Abbeville*, sur la Somme, avec ses fabriques de draps, *Montdidier*, patrie de Parmentier, le propagateur de la pomme de terre, et *Péronne*, sur la Somme.

Fig. 40. — Cathédrale d'Amiens.

Le petit village de *Crécy*, au nord d'Abbeville, fut témoin d'une de nos défaites dans la guerre de Cent ans contre les Anglais (1346).

Bassin de la Seine.

CHAMPAGNE

La **Champagne** est un plateau crayeux d'une médiocre élévation, qui prolonge les pentes du plateau de Langres et de l'Argonne, et que coupent quatre vallées décrivant

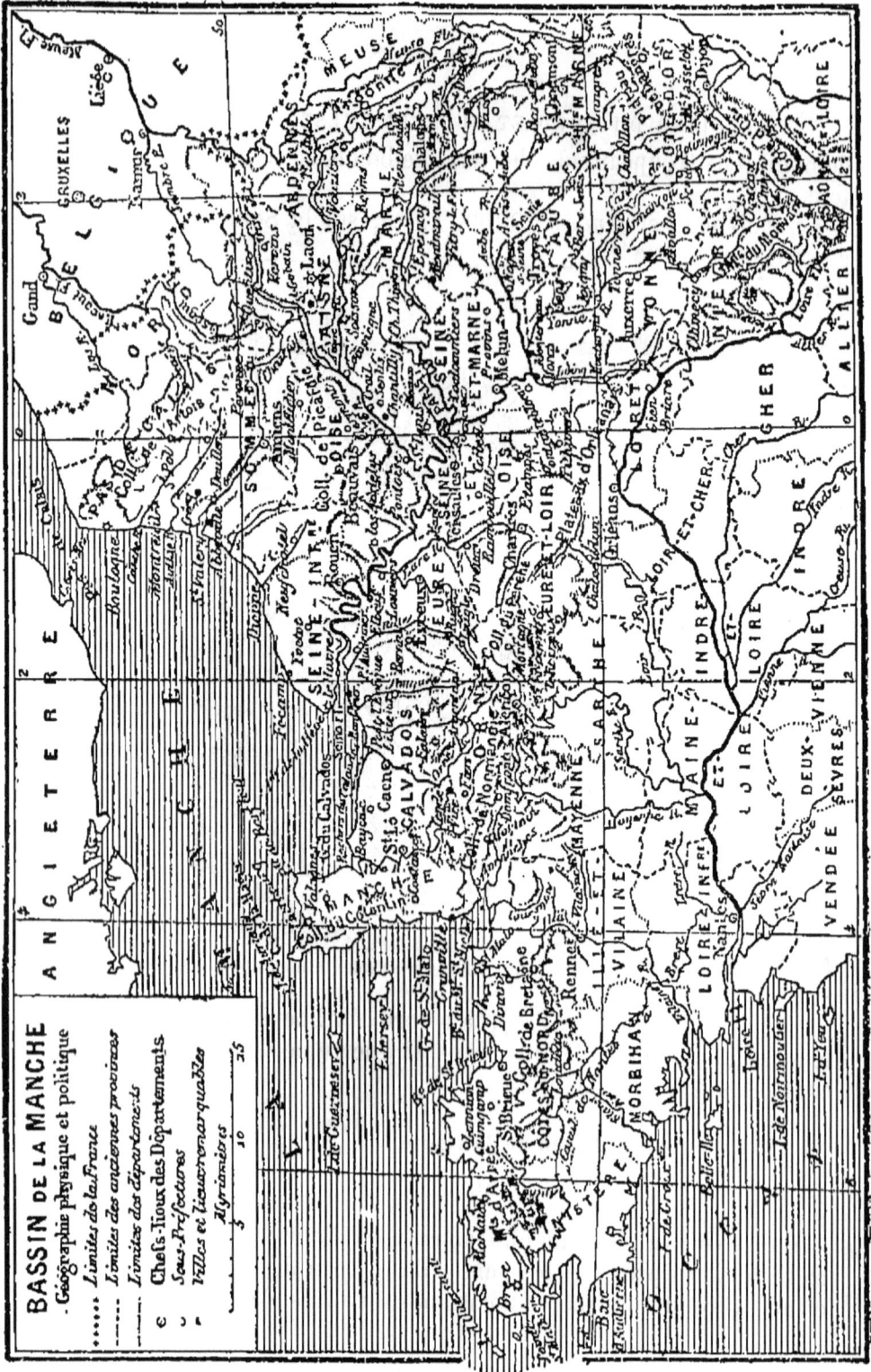

Carte IX.

des arcs de cercle presque parallèles, celles de l'Aisne, de
la Marne, de l'Aube et de la Seine. Le sol maigre et
pierreux, sauf dans quelques bassins plus fertiles, se
prête mieux à la culture de l'avoine, du seigle et du sainfoin, qu'à celle du froment; mais sur les côteaux de la
Marne mûrissent les vignes qui donnent les fameux vins

Fig. 41. — Cathédrale de Reims.

de Champagne; les plateaux nourrissent de nombreux
moutons mérinos, dont la laine est mise en œuvre par
les filatures et les manufactures de *Reims;* enfin les belles
forêts et les gisements de fer de la Haute-Marne ont fait
de *Saint-Dizier* et de *Langres* deux centres industriels de
premier ordre pour la production du fer et la fabrication
de la coutellerie.

La Champagne a formé, dans le bassin de la Seine, trois départements :

1° **Haute-Marne**, chef-lieu *Chaumont*, sur la Marne. Villes principales : *Langres*, place forte et évêché, et *Saint-Dizier*, sur la Marne.

2° **Marne**, chef-lieu *Châlons-sur-Marne* (23 700 hab.), siège d'un évêché, d'une école d'arts et métiers et quartier général du 6° corps d'armée. Villes principales : *Epernay*, sur la Marne, *Reims* (98 000 hab.), siège d'un archevêché, avec son antique cathédrale où se faisaient autrefois sacrer les rois de France, et *Vitry-le-François*, sur la Marne. *Valmy* a été le théâtre de la première victoire de la Révolution (1792), et *Montmirail*, d'une des dernières de Napoléon Ier (1814).

3° **Aube**, chef-lieu *Troyes* (47,000 habitants), sur la Seine, ancienne capitale du comté de Champagne et siège d'un évêché.

BASSE BOURGOGNE

La partie de la **Bourgogne** comprise dans le département de la Seine n'a formé qu'un département, celui de l'**Yonne**, couvert de bois et de plateaux rocailleux, plus riche en prairies artificielles qu'en céréales, et dont les principales ressources sont la culture de la vigne (vins de Chablis, de Tonnerre, etc.), et l'exploitation des carrières de pierre dure et de pierre à chaux.

Le chef-lieu est *Auxerre*, sur l'Yonne ; les principales villes, *Joigny* et *Sens*, siège d'un archevêché, sur l'Yonne.

ORLÉANAIS.

La partie de l'**Orléanais** comprise dans le bassin de la Seine n'a formé qu'un département, celui d'**Eure-et-Loir**, occupé presque tout entier par les vastes plaines de la Beauce, la région des céréales et des prairies artificielles, le grenier de Paris et l'un des centres d'élevage pour le mouton et le cheval.

Le chef-lieu est *Chartres* (22000 hab.), siège d'un évêché, sur l'Eure. Villes principales : *Dreux*, *Château-*

dun, près du Loir, illustré par sa défense contre les Prussiens en 1870.

ILE-DE-FRANCE ET PARIS.

L'Ile-de-France est une riche et vaste plaine arrosée par la *Seine*, la *Marne*, l'*Oise*, l'*Aisne* et par un grand nombre de petits cours d'eau qui y tracent de riantes vallées, semée de forêts dont quelques-unes, celles de *Compiègne*, de *Fontainebleau*, de *Rambouillet*, comptent parmi les plus belles de la France, propre aux cultures les plus variées depuis le froment, l'avoine et les prairies artificielles jusqu'à la betterave, à la vigne et aux cultures maraîchères, si développées dans les environs de Paris. L'éducation du mouton, celle du gros bétail et de la volaille apportent leur contingent à la richesse agricole. Le sol, pauvre en gisements métalliques, renferme d'inépuisables carrières de pierres de taille et de pierres meulières (*la Ferté-sous-Jouarre*). Toutes les industries, et surtout les industries de luxe, se sont donné rendez-vous à Paris ; mais, en dehors de cette immense agglomération parisienne et des usines répandues dans la zone environnante, et qui n'en sont qu'une dépendance, il faut citer encore les manufactures de *Saint-Quentin* qui fabrique les tissus légers de coton, les usines de *Chauny* (Aisne) pour la préparation des produits chimiques, les glaces de *Saint-Gobain* (Aisne), les dentelles de *Chantilly* dans l'Oise, les tapisseries de *Beauvais*, les faïences fines de *Creil* (Oise) et de *Montereau* (Seine-et-Marne).

L'Ile-de-France, berceau de la monarchie capétienne, a formé cinq départements :

1° **Aisne,** patrie de la Fontaine et de Racine (dix-septième siècle), chef-lieu *Laon*. Villes principales : *Château-Thierry*, sur la Marne, *Saint-Quentin* (47000 hab.), sur la Somme, *Soissons*, sur l'Aisne, place forte et siège d'un évêché.

2° **Oise,** chef-lieu *Beauvais*. Villes principales : *Com-*

piègne, sur l'Oise, avec son ancien château royal, *Noyon,* patrie de Calvin, le fondateur du protestantisme en France, *Pierrefonds* et *Chantilly,* célèbres par leurs châteaux.

Fig. 42. — Château de Pierrefonds.

3° **Seine-et-Marne,** chef-lieu *Melun,* sur la Seine. Villes principales : *Fontainebleau* avec son château de la Renaissance, *Meaux,* sur la Marne, siège d'un évêché occupé par Bossuet, *Provins,* et *Montereau,* au confluent de l'Yonne et de la Seine.

4° **Seine-et-Oise,** chef-lieu *Versailles* (50000 hab.), siège d'un évêché, patrie du général Hoche, un des héros des guerres de la Révolution, séjour favori de Louis XIV, et théâtre des premières scènes de la Révolution (1789) et des événements de 1870-1871, si graves pour l'avenir de la France. Villes principales : *Corbeil* et *Mantes,* sur la Seine, *Pontoise,* sur l'Oise, et *Etampes.*

5° **Seine,** département enveloppé par celui de Seine-et-Oise, chef-lieu **Paris,** capitale de la France.

Siège des administrations, des grands corps de l'État,

des compagnies de commerce les plus puissantes, situé
sur un fleuve navigable, à 40 lieues de la mer, au centre

Fig. 43. — Le château de Versailles.

de toutes nos voies de communication, habité par une

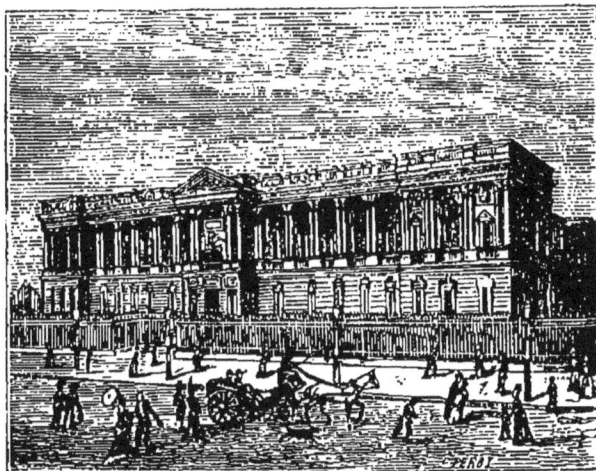

Fig. 44. — La colonnade du Louvre à Paris.

population de 2345000 âmes, foyer d'une industrie dont
le chiffre d'affaires s'élève à plus de 4 milliards, ville de

luxe et de travail, d'activité et de plaisir, Paris est à la fois la capitale politique, commerciale et industrielle de la France. En même temps, ses monuments (l'ancien et le nouveau Louvre, l'Hôtel de Ville, le Luxembourg, le Palais de Justice, le Palais-Royal, les églises Notre-Dame, de la Sainte-Chapelle, du Val-de-Grâce, de Saint-Sulpice, du Panthéon, de la Madeleine; l'Opéra, l'hôtel des Invalides, l'Arc de Triomphe, etc.), ses musées, ses bibliothèques, ses établissements scientifiques (Sorbonne, Jardin des Plantes, Observatoire, Conservatoire des arts et métiers, etc.), ses écoles, ses théâtres en font le

Fig. 45. — La Sainte-Chapelle.

rendez-vous du monde civilisé, la capitale des arts et de l'intelligence, la tête de la France et de l'Europe.

Paris est le siège d'un archevêché, d'une cour d'appel, d'un gouvernement militaire spécial, d'une académie, etc. Le département de la Seine a vu naître les grands ministres Richelieu et Louvois (dix-septième siècle), Turgot (dix-huitième); les écrivains Boileau, Molière, Regnard (dix-septième siècle), Rollin, Voltaire et Beaumarchais (dix-huitième); Béranger, Alfred de Musset et Michelet (dix-neuvième), le chimiste Lavoisier (dix-huitième siècle); les peintres Lesueur (dix-septième), David (dix-huitième et dix-neuvième), Horace Vernet et Delaroche (dix-neuvième); les architectes Mansard et Perrault (dix-septième); le sculpteur Jean Goujon (seizième); les généraux Condé, Eugène de Savoie, Catinat (dix-septième).

Les deux anciennes sous-préfectures, dont l'administration est concentrée à Paris, sont la petite ville de *Sceaux* et celle de *Saint-Denis*, sur la Seine, avec son antique abbaye, sépulture des rois de France, et ses nom-

Fig. 46. — Notre-Dame de Paris.

breuses usines, fonderies de fer et de cuivre, filatures de laine, distilleries, etc. (48000 hab.). Les villes de *Neuilly*, de *Boulogne-sur-Seine*, de *Levallois-Perret*, de *Vincennes*, de *Saint-Ouen*, de *Clichy*, d'*Aubervilliers*, d'*Ivry*, de *Montreuil* ont plus de 20000 habitants.

Vallée inférieure de la Seine. Bassin secondaire de l'Orne.

NORMANDIE (1)

La **Normandie,** baignée par la Manche, arrosée par la Seine, par ses affluents, l'*Eure* et la *Rille*, et par de nombreux cours d'eau, la *Touques*, l'*Orne*, la *Vire*, qui la sillonnent de fraîches vallées, est habitée par une race intelligente et vigoureuse, à qui l'on a pu reprocher parfois son astuce et son âpreté au gain, mais qui a fourni à la France quelques-uns de ses plus mâles génies, le poète Corneille, le peintre Nicolas Poussin (dix-septième siècle), les marins Tourville et Duquesne (dix-septième siècle).

Sur les deux rives de la Seine, les champs sont couverts de riches moissons, les coteaux, où la vigne ne mûrit pas, de plantations de pommiers à cidre, de poiriers, de cerisiers ; au bord de la mer, les prairies imprégnées d'une saveur saline nourrissent les fameux moutons de prés salés ; des bois où dominent le chêne et le hêtre rappellent encore les immenses forêts qui couvraient autrefois toute la Normandie ; mais les principales richesses agricoles, ce sont ces prairies naturelles, ces herbages gras et touffus, qui nourrissent les plus beaux bestiaux et les chevaux les plus robustes de France. Aussi riche que l'Ile-de-France en carrières de pierres de taille, la Normandie a de plus des gisements de fer et les granits du Cotentin. La mer même, avec ses pêcheries, ses rivages bordés de falaises pittoresques ou ses plages unies et sablonneuses, est une source de richesses. Les villes de bains, disséminées sur la côte, rivalisent avec les villes d'eaux du centre et du midi ; les huîtres, engraissées dans les parcs du littoral (Dieppe, etc.), sont livrées par millions aux chemins de fer, qui les emportent dans

---

1. La Normandie doit son nom aux Normands ou hommes du Nord qui s'y sont établis au dixième siècle ap. J.-C.

la France entière; enfin, le commerce maritime a créé les plus grandes villes de Normandie et la principale industrie normande, celle de la filature et du tissage du coton, dont Rouen est aujourd'hui le centre le plus actif. La plupart des autres industries sont intimement liées à la production agricole : la préparation des fromages et des beurres salés, à l'éducation du bétail; la fabrication du drap et des lainages (*Elbeuf*, dans la Seine-Inférieure, *Louviers*, dans l'Eure, *Vire*), à la production de la laine ; le tissage des toiles et des coutils (*Bernay*, dans l'Eure, *Lisieux*, dans le Calvados, *Flers*, dans l'Orne) et la fabrication des dentelles (*Alençon, Caen* et *Bayeux*, dans le Calvados), à la culture du lin.

La Normandie, conquise sur les rois d'Angleterre par Philippe-Auguste, a formé cinq départements :

1° Seine-Inférieure, chef-lieu *Rouen,* sur la Seine (107 000 hab.), ancienne capitale de la Normandie, siège d'un archevêché, d'une cour d'appel, et quartier général du 3e corps d'armée. Villes principales : *Dieppe,* (23 000 hab.), port sur

Fig. 47. — Rouen vu de la Seine.

la Manche, *le Havre* (112 000 hab.), à l'embouchure de la Seine, notre second port de commerce, *Elbeuf* et *Caudebec*, centres industriels.

2° Eure, chef-lieu *Evreux,* sur l'Iton, affluent de l'Eure, siège d'un évêché. Villes principales : *Louviers,* sur l'Eure, *Bernay*, et *les Andelys,* sur la Seine.

3° Calvados, chef-lieu *Caen* (44 000 hab.), sur l'Orne, siège d'une académie et d'une cour d'appel. Villes principales : *Bayeux,* siège d'un évêché, *Falaise, Lisieux* et *Vire,* sur la Vire.

4° **Orne,** chef-lieu *Alençon,* sur la Sarthe. Villes principales : *Séez,* siège d'un évêché, *Flers* et *Laigle,* centres industriels.

5° **Manche,** chef-lieu *Saint-Lô,* sur la Vire. Villes principales : *Cherbourg* (37 000 hab.), port de guerre sur la Manche, *Granville,* et *Coutances,* siège d'un évêché.

Bassins côtiers de Bretagne.

BRETAGNE

Le littoral septentrional de la **Bretagne,** arrosé par un grand nombre de petits cours d'eau qui se jettent dans la Manche, a formé un département compris presque tout entier dans le bassin de la Manche, celui des **Côtes-du-Nord,** région peu fertile où la pêche, l'éducation du cheval, du porc et du gros bétail, la culture du sarrasin, de l'avoine, des légumes et du lin, suffisent cependant aux besoins d'une population rude et habituée aux privations.

Le chef-lieu est *Saint-Brieuc,* siège d'un évêché, sur une baie qui porte son nom ; la principale ville est *Dinan,* sur la Rance.

Voir le résumé, le questionnaire, les exercices et les lectures, pages 175 et suivantes.

CHAPITRE VI

Bassin de l'Atlantique proprement dit (Vilaine, Loire, Charente).

Régions de l'ouest et du centre.

Aspect général du bassin. — La partie supérieure du bassin de la Loire forme le talus septentrional d'un vaste plateau élevé de 500 à 700 mètres au-dessus du niveau de la mer. Pays tourmenté, hérissé de montagnes volcaniques, couvert de prairies et de pâturages,

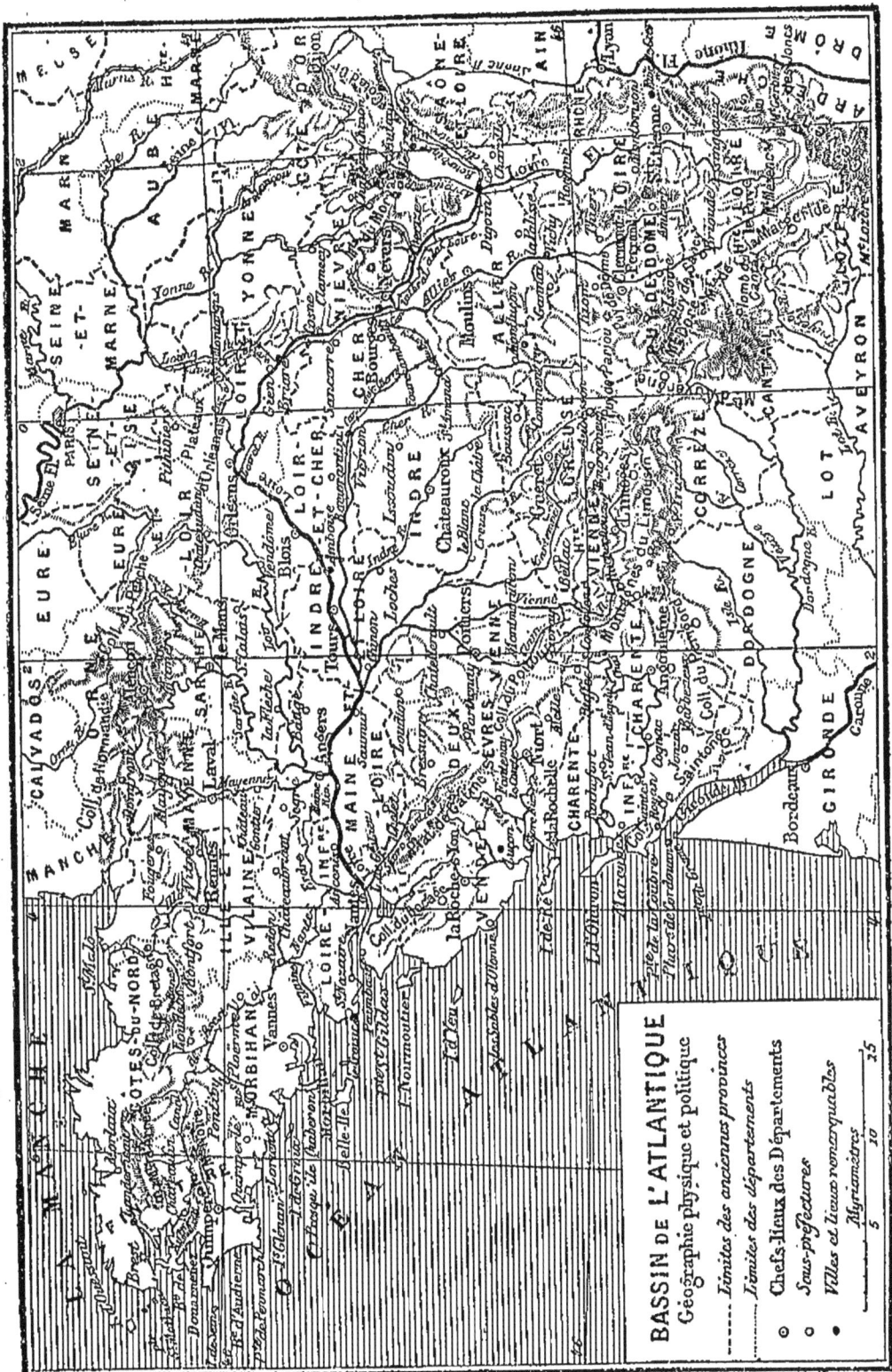

BASSIN DE L'ATLANTIQUE
Géographie physique et politique

- - - - - Limites des anciennes provinces
· · · · · · Limites des départements
⊙ Chefs-Lieux des Départements
○ Sous-préfectures
• Villes et lieux remarquables

Myriamètres
5   10   25

Carte X.

le plateau central (Marche, Limousin, Auvergne, Lyonnais, Languedoc) porte encore dans ses cratères éteints, dans ses coulées de laves, dans les déchirures qui ont donné passage aux eaux de ses lacs desséchés, les traces des convulsions de la nature à l'époque où il se dressait comme une île gigantesque au-dessus des flots de l'Océan, qui couvraient encore presque tout le reste de la France.

La pente septentrionale du plateau vient mourir dans une plaine marécageuse et légèrement ondulée dont la Loire forme la limite (Bourbonnais, Berry, Orléanais). Sur la rive droite, les montagnes ou les collines de ceinture qui, dans la vallée supérieure de la Loire, sont très rapprochées du fleuve, s'écartent à partir d'Orléans, et aux pâturages des Cévennes, aux forêts du Nivernais succèdent les riches plaines de l'Orléanais, du Maine et de la Touraine, le jardin de la France.

A partir de la vallée de la Mayenne, le sol change encore de caractère : le granit reparaît; c'est l'Anjou avec ses étroits vallons, ses champs bordés de haies, ses plantations de pommiers et de poiriers; c'est la Bretagne avec ses bruyères, ses landes stériles, sa ceinture de rochers, pays où semble s'être réfugié l'opiniâtre génie de la race gauloise dont les paysans du Morbihan et du Finistère parlent encore la langue.

Au sud de la Loire, le bassin de la Charente et de la Sèvre niortaise (Poitou, Angoumois et Saintonge), couvert sur le littoral de plages marécageuses, fertile et bien cultivé dans la vallée de la Charente et les plaines de la Vendée, est assez accidenté, peu propice aux céréales, mais riche en prairies et en bestiaux dans la vallée supérieure de la Charente et de la Sèvre.

Divisions anciennes. — Le bassin de la Loire et les bassins côtiers comprennent le territoire entier de neuf de nos anciens gouvernements de provinces : la *Marche*, le *Bourbonnais*, le *Berry*, la *Touraine*, le *Maine*, l'*Anjou*, le *Poitou*, l'*Angoumois* et la *Saintonge;* et une partie plus ou moins considérable de sept autres, le *Lan-*

guedoc, l'*Auvergne*, le *Lyonnais*, le *Nivernais*, l'*Orléanais*, la *Bretagne* et le *Limousin*.

Départements. — Il renferme vingt-quatre départements, qui représentent près d'un tiers de la superficie de la France. Les départements arrosés par le fleuve sont, outre celui de l'*Ardèche*, où il prend sa source (bassin du Rhône), ceux de la *Haute-Loire* (Languedoc), de la *Loire* (Lyonnais), de *Saône-et-Loire* (bassin du Rhône), séparé par le cours de la Loire de celui de l'*Allier* (Bourbonnais) ; de la *Nièvre* (Nivernais), séparé par le cours de la Loire du département du *Cher* (Berry) ; du *Loiret*, de *Loir-et-Cher* (Orléanais), d'*Indre-et-Loire* (Touraine), de *Maine-et-Loire* (Anjou) et de la *Loire-Inférieure* (Bretagne).

Les autres départements compris dans le bassin de la Loire sont le *Puy-de-Dôme* (Auvergne), la *Creuse* (Marche), la *Haute-Vienne* (Limousin), l'*Indre* (Berry), la *Vienne* et les *Deux-Sèvres* (Poitou), la *Sarthe* et la *Mayenne* (Maine).

Les départements du bassin de la Charente et de la Sèvre niortaise sont la *Charente* (Angoumois), la *Charente-Inférieure* (Aunis et Saintonge) et la *Vendée* (Poitou). Ceux du bassin de la Vilaine et des autres bassins du littoral au nord de la Loire sont l'*Ille-et-Vilaine*, le *Finistère* et le *Morbihan* (Bretagne).

Vallée supérieure de la Loire.

LANGUEDOC (VÉLAY)

En sortant du département de l'Ardèche, la Loire qui n'est encore qu'un torrent entre dans celui de la *Haute-Loire* qui appartenait à l'ancien gouvernement de Languedoc et formait la province de Vélay. Ce département se compose de deux vallées ; celle de la *Loire*, dominée par les pentes abruptes et dénudées des *Cévennes*, avec leurs pâturages, leurs champs de seigle et de pommes de terre, et celle de l'*Allier*, enfermée entre la chaîne volcanique des *monts du Vélay* et celle des *monts de la Margeride*, avec leurs forêts de châtaigniers et de sapins.

Le chef-lieu est *le Puy*, évêché, centre d'un important commerce de dentelles, bâti non loin de la Loire, au milieu d'un chaos de montagnes volcaniques, de coulées de laves et de rochers basaltiques (1). Ville principale, *Brioude*, sur l'Allier.

LYONNAIS (FOREZ)

Le département de la **Loire** (ancien **Forez**, compris dans le gouvernement du Lyonnais), où le fleuve, toujours resserré entre les Cévennes et les montagnes boisées du Forez, devient navigable, n'a, comme le précédent, d'autres ressources agricoles que la culture des pommes de terre et du seigle, quelques vignobles, des

Fig. 48. — Saint-Etienne.

forêts de châtaigniers et des pâturages où paissent des bestiaux et des moutons de race médiocre; de magnifiques houillères (*Rive-de-Gier, Firminy, Saint-Chamond*)

1. Le basalte est une roche volcanique qui affecte souvent la forme de colonnes à pans régulièrement coupés.

en ont fait un des centres les plus actifs de notre industrie métallurgique.

Le chef-lieu est *Saint-Etienne* (118000 habitants), sur le *Furens*, affluent de la Loire (rive droite), l'une des métropoles de l'industrie française, avec ses fabriques de rubans, ses manufactures d'armes, de quincaillerie, de serrurerie, ses verreries, etc. Villes principales : *Roanne* (30000 hab.), sur la Loire, et *Montbrison*, l'ancien chef-lieu.

BOURBONNAIS (1)

En sortant du département de la Loire, le fleuve arrose le département de *Saône-et-Loire*, que nous avons déjà décrit, et le sépare de celui de l'**Allier**, formé par l'ancienne province du **Bourbonnais**, réunie au domaine royal sous François Ier, par confiscation sur le connétable de Bourbon qui avait passé dans les rangs de l'ennemi.

Les derniers contreforts des monts d'Auvergne et du Forez divisent ce département en trois larges vallées ouvertes du sud au nord, celle de la *Loire*, celle de l'*Allier* et celle du *Cher*. De belles prairies qui nourrissent un grand nombre de bœufs, des plaines fertiles, des vignobles assez productifs, mais médiocres, telles sont les richesses agricoles de cette région où les terres incultes occupent encore beaucoup trop de place ; mais les mines de houille (*Commentry*) y ont développé l'industrie des fers, celle de la verrerie et des glaces (*Montluçon*), et les sources minérales de *Vichy*, de *Néris*, de *Bourbon-l'Archambault*, comptent parmi les plus célèbres de France.

Le chef-lieu est *Moulins* (28000 hab.), ancienne capitale du Bourbonnais, sur l'Allier, siège d'un évêché et patrie du maréchal Villars (dix-septième et dix-huitième siècles). Ville principale : *Montluçon* (25000 hab.), sur le Cher.

1. De *Aquæ Borboniæ*, ancien nom de Bourbon-l'Archambault.

Vallée moyenne de la Loire.

NIVERNAIS (1)

Le **Nivernais,** séparé du Bourbonnais par la Loire, n'a formé qu'un département, celui de la **Nièvre,** divisé en deux régions par les montagnes qui le traversent : celle du nord, le *Morvan,* où coulent l'Yonne et ses affluents, est froide, sauvage, couverte de pâturages, de rochers et de forêts où errent en-core des troupes de loups et de sangliers et où pullulent les rep-tiles ; celle du sud, moins accidentée, cul-tive la vigne et le fro-ment, nourrit de ma-gnifiques bestiaux, et possède des sources minérales, des car-rières de pierres de taille, des mines de houille et de fer qui ont développé à *Fourchambault,* à *Nevers,* à *Decize,* la fabrication du fer et de l'acier.

Fig. 40. — Palais ducal à Nevers.

Le chef-lieu est *Nevers* (25 000 hab.), au confluent de la Loire et de la Nièvre, siège d'un évêché. — Villes principales, *Clamecy,* sur l'Yonne et *Cosne,* sur la Loire.

BERRY (2)

Le **Berry,** séparé du Nivernais par la Loire, et arrosé par le Cher, l'Indre et la Creuse, est une région assez accidentée, semée de bouquets de bois et de vignobles, couverte de champs de blé, d'avoine et de pommes de

---

1. De *Nevirnum,* ancien nom de Nevers.
2. Ce nom dérive de celui d'un ancien peuple de la Gaule, les *Bitu-riges.*

terre, mais surtout de belles prairies, que séparent des rangées de peupliers, et où paissent de nombreux troupeaux de chevaux et de moutons. A l'ouest du Berry, entre la vallée de la Creuse et celle de l'Indre, s'étend un plateau peu élevé, semé d'étangs et de marécages, au sol imperméable, au climat humide et insalubre; c'est la Brenne, le pays des brouillards et des fièvres. La production de la laine, l'exploitation des gisements de fer et des bois, ont créé à *Châteauroux* des fabriques de draps, dans les environs de *Bourges* des forges et des fonderies, à *Vierzon* des manufactures de porcelaines et de verreries.

Le Berry, acheté par le roi Philippe Ier, a formé deux départements :

1° **Cher,** chef-lieu *Bourges* (43 000 hab.), ancienne capitale de la province; archevêché, cour d'appel et quartier général du 8e corps d'armée. Ville principale, *Sancerre.*

2° **Indre,** chef-lieu *Châteauroux* (23 000 hab.), sur l'Indre; ville principale, *Issoudun.*

ORLÉANAIS

La partie de l'**Orléanais** qui appartient au bassin de la Loire se divise en deux régions séparées par le fleuve, au nord un plateau tantôt boisé, tantôt couvert de champs de blé et d'avoine, et dont la pente occidentale est arrosée par le *Loir;* au sud une plaine dont la lisière septentrionale est occupée sur les bords de la Loire par des vignobles, des cultures maraîchères, des prairies, des forêts, mais qui, à mesure qu'on s'éloigne vers le sud, change d'aspect, se couvre d'étangs, de bois de pins et de chênes, de landes et de bruyères où paissent des troupeaux de moutons; c'est la Sologne qui fut autrefois un pays de fièvres et de marais comme la Brenne, mais dont le sol sablonneux et stérile a été régénéré par les semis de pins, le drainage (1) et le desséchement des étangs.

---

1. L'opération du drainage consiste à creuser dans les terrains hu-

L'Orléanais, qui faisait partie du domaine primitif des Capétiens, a formé trois départements :

1° **Eure-et-Loir** (bassin de la Seine).

Fig. 50. — Statue de Jeanne d'Arc à Orléans.

2° **Loiret,** chef-lieu *Orléans* (61 000 hab.), sur la Loire, où vivent encore les souvenirs de Jeanne d'Arc. Orléans est le siège d'un évêché, d'une cour d'appel et du 5° corps d'armée. Villes principales : *Montargis*, sur le Loing, et *Gien*, sur la Loire.

Fig. 51. — Château de Blois.

3° **Loir-et-Cher,** patrie du poète Ronsard (seizième siècle), de Denis Papin (dix-septième siècle), et de l'historien Augustin Thierry (dixneuvième-siècle), chef-lieu *Blois* (22000 hab.), sur la Loire, siège d'un évêché. Ville principale : *Vendôme*, sur le Loir.

mides des rigoles où on pose des tuyaux nommés drains et servant à faciliter l'écoulement des eaux.

TOURAINE (1)

La **Touraine**, conquise par Philippe-Auguste et qui a formé le département d'**Indre-et-Loire**, est traversée par la *Loire*, et arrosée au sud par le *Cher*, l'*Indre* et la *Vienne*. L'aspect de la riche vallée de la Loire avec ses prairies, ses vignobles (*Vouvray*), ses champs de blé, ses arbres fruitiers, contraste avec le caractère monotone du département, où la seule grande culture est celle du chanvre, et dont une partie est couverte de bois et de landes incultes.

Fig. 52. — Le pont do Tours.

Le chef-lieu est *Tours* (60 000 habitants), entre le Cher et la Loire, patrie du philosophe Descartes (dix-septième siècle), siège d'un archevêché et quartier général du 9ᵉ corps d'armée. Villes principales : *Chinon*, sur la Vienne, *Loches*, sur l'Indre, *Amboise*, sur la Loire, avec leurs châteaux célèbres.

1. Ce nom dérive de celui d'un peuple de l'ancienne Gaule (*Turones*).

Vallée inférieure de la Loire.

ANJOU (1) ET SAUMUROIS

L'Anjou, qui a formé de département de **Maine-et-Loire,** est comme la Touraine divisé par la Loire en deux parties : l'une, sur la rive gauche du fleuve, est couverte de prairies qui nourrissent de nombreux et magnifiques bestiaux, ou de champs de blé que bordent des haies de grands arbres et qu'ombragent des plantations de pommiers ; l'autre, sur la rive droite, arrosée par la *Mayenne*, la *Sarthe* et le *Loir*, qui se réunissent pour former la *Maine*, est sillonnée par d'innombrables vallons, riche en céréales, en pommes de terre, en prairies artificielles, en herbages, où paissent des chevaux de race percheronne, en pépinières qui font des environs d'Angers un vaste jardin, en plantations de chanvre et de lin, qui ont donné naissance aux filatures et aux corderies d'Angers, aux fabriques de toiles de *Cholet*. A ces richesses agricoles, il faut joindre les ardoisières d'Angers, des gisements de fer et des mines de charbon de terre.

L'Anjou a été définitivement réuni au domaine royal sous Louis XI par héritage.

Le chef-lieu est *Angers* (73000 habitants), sur la Maine, ancienne capitale de l'Anjou, siège d'un évêché, d'une cour d'appel et d'une école d'arts et métiers. Villes principales : *Cholet* et *Saumur*, sur la rive gauche de la Loire.

MAINE (2)

L'aspect du **Maine,** arrosé par la *Sarthe*, la *Mayenne* et le *Loir*, rappelle celui de l'Anjou ; mêmes cultures, sauf la vigne, que remplacent les pommiers à cidre, mêmes races de bestiaux et de chevaux ; mêmes exploitations minérales, même industrie (fabrication des toiles

1. Du nom des *Andegavi*, ancien peuple gaulois.
2. Du nom des *Cenomani*, ancien peuple gaulois.

et des coutils). Le Maine, définitivement réuni au domaine royal sous Louis XI, a formé deux départements :

1° **Sarthe,** chef-lieu *le Mans* (57 600 hab.), sur la Sarthe, ancienne capitale du Maine, siège d'un évêché et du 4ᵉ corps d'armée, centre important pour le commerce des toiles et des volailles. Ville principale, *la Flèche*, sur le Loir.

2° **Mayenne,** chef-lieu *Laval* (30 600 hab.), sur la Mayenne, évêché et centre industriel. Ville principale : *Mayenne*.

Vallée inférieure de la Loire. — Bassin de la Vilaine.

BRETAGNE (1)

L'ancienne **Bretagne** se divisait en trois régions : le Nantais, la haute et la basse Bretagne.

La vallée inférieure de la Loire (Nantais) n'a jamais été qu'à demi bretonne. Sur le littoral, des plages sablonneuses et des marais salants ; sur les bords du fleuve, semé de grandes îles verdoyantes, des coteaux granitiques chargés de vignes et de pommiers, interrompus çà et là par des prairies marécageuses ; au sud de la Loire, des étangs, des plaines humides arrosées par la Sèvre nantaise, coupées de haies qui entourent des champs de blé, de pommes de terre ou de lin ; au nord, des tourbières, des marais desséchés, des prairies où paissent de nombreux bestiaux, des bruyères et des landes dominées par quelques collines boisées. L'exploitation des gisements de houille, et surtout la pêche et le commerce maritime ont développé dans cette région, dont Nantes est le centre, l'industrie des constructions navales, la fabrication des machines à vapeur, celle du savon, la raffinerie du sucre, la préparation des conserves alimentaires et en particulier de la sardine.

1. La Bretagne, appelée autrefois Armorique, doit son nom aux nombreux réfugiés de la Grande-Bretagne qui sont venus s'y établir au cinquième siècle après J.-C.

La haute Bretagne (Côtes-du-Nord et Ille-et-Vilaine), malgré les progrès de la culture du froment, du lin, du chanvre, des légumes verts, rappelle encore l'aspect de la vieille Bretagne avec ses côtes hérissées de rochers, ses collines granitiques, ses forêts de chênes et de châtaigniers, ses champs bordés de haies, ses landes incultes où paissent de petits chevaux à demi sauvages, et des bestiaux à la charpente osseuse dont le lait et le beurre sont à peu près les seuls produits.

Mais c'est surtout dans la basse Bretagne (Morbihan et Finistère), au milieu des bruyères, des landes arides et pierreuses, des rochers battus par une mer toujours agitée, des îles enveloppées de brouillard, que s'est maintenu dans toute sa rudesse le caractère particulier de cette race bretonne qui parle encore la langue et qui a conservé les traditions des Gaulois, nos ancêtres. Dans les campagnes, pas d'autre culture que celle du seigle, de l'avoine, du sarrasin et du chanvre ; dans les pâturages qui couvrent la moitié du sol, errent de maigres troupeaux de bœufs et de moutons noirs ; dans les villages, dans la plupart des villes, pas d'autre industrie que la fabrication de la

Fig. 53. — Rennes.

toile, les saleries de beurre et quelques tanneries. Des carrières de granit, des ardoisières, des mines de plomb et de riches pêcheries (sardines, huîtres, harengs) ne compensent qu'à demi la pauvreté du sol.

La Bretagne, réunie au domaine royal sous François Ier par mariage et héritage, a formé cinq départements :

1° **Côtes-du-Nord**. (Voy. bassin de la Manche.)

2° **Loire-Inférieure**, chef-lieu *Nantes*, sur la Loire (127 500 hab.), un de nos ports les plus actifs, siège d'un évêché et du 11ᵉ corps d'armée. Ville principale : *Saint-Nazaire* (25 500 hab.), port à l'embouchure de la Loire.

3° **Morbihan,** chef-lieu *Vannes* (20 000 hab.), siège d'un évêché. Ville principale : *Lorient*, port militaire (40 000 hab.).

4° **Finistère,** chef-lieu *Quimper*, évêché. Villes principales : *Brest* (70 800 hab.), port militaire sur l'Atlantique, et *Morlaix*, port sur la Manche.

5° L'**Ille-et-Vilaine,** chef-lieu *Rennes* (66 000 hab.), au confluent de l'Ille et de la Vilaine, ancienne capitale de la Bretagne, siège d'un archevêché, d'une cour d'appel, d'une académie et du 10ᵉ corps d'armée. Ville principale : *Saint-Malo*, port sur la Manche, à l'embouchure de la Rance.

Bassins de la Loire, de la Sèvre et de la Charente.

POITOU (1)

Arrosé par la *Vienne* et la *Sèvre nantaise,* qui appartiennent au bassin de la Loire, par la *Sèvre niortaise* et son affluent la *Vendée*, et par la *Charente*, le **Poitou** est un pays accidenté sans être montagneux, coupé de haies d'arbres qui lui donnent, surtout dans les vallons du Bocage, l'aspect d'une vaste forêt, plat et sablonneux sur le littoral que bordent des marais salants, médiocrement cultivé, bien que la production du froment, du chanvre, de la pomme de terre, de la vigne y soit en progrès, mais riche surtout en prairies naturelles qui nourrissent des bœufs et des moutons de bonne race, des chèvres, d'excellents chevaux et les plus beaux mulets de France, (*Parthenay* et *Melle*). La Vendée et le Poitou n'ont d'autres centres industriels que *Châtellerault*, avec sa manufacture d'armes et sa coutellerie, et *Niort*, avec ses fabriques de ganterie.

Le Poitou, enlevé aux rois d'Angleterre par Philippe-Auguste, a formé trois départements :

1° **Vendée,** chef-lieu *la Roche-sur-Yon,* qui a porté

---

1. Ce nom a pour origine celui d'un ancien peuple gaulois, les *Pictavi*.

tour à tour le nom de Bourbon-Vendée et de Napoléon-Vendée. Ville principale : *Luçon*, siège d'un évêché occupé par le cardinal de Richelieu.

2° **Deux-Sèvres**, chef-lieu *Niort* (23 000 hab.), sur la Sèvre niortaise, évêché. Ville principale : *Parthenay*.

3° **Vienne**, chef-lieu *Poitiers* (36 900 hab.), sur le Clain, affluent de la Vienne, ancienne capitale du Poitou, siège d'un évêché, d'une académie et d'une cour d'appel. Ville principale : *Châtellerault*, sur la Vienne.

ANGOUMOIS (1)

Arrosé par la *Charente* et par la *Vienne*, traversé à l'est par les *monts du Limousin*, au sud par les *collines du Périgord*, que couvrent des forêts de chênes et de châtaigniers, l'**Angoumois** a formé le département de la **Charente**, où les cultures industrielles sont peu développées, mais qui possède en revanche de belles prairies et des vignobles dont les produits, consacrés à la fabrication de l'eau-de-vie (*Cognac*), font sa principale richesse.

Le chef-lieu est *Angoulême* (34 500 hab.), sur la Charente, siège d'un évêché, renommé pour ses papeteries. Villes principales : *Cognac*, sur la Charente, et *Ruffec*.

SAINTONGE (2) ET AUNIS

La vallée inférieure de la Charente est une plaine sillonnée de quelques coteaux, limitée au nord par la *Sèvre*, qui la sépare de la Vendée, au sud par la *Gironde* que longent les collines de *Saintonge*. Les marais salants et les bancs d'huîtres du littoral, les prairies qui occupent l'emplacement de marécages desséchés, et surtout les vignes ravagées aujourd'hui par le phylloxera, sont les principales ressources du département de la **Charente-**

1. D'*Inculisma*, ancien nom d'Angoulême. L'Angoumois a été définitivement réuni au domaine royal à l'avènement de François Ier, dont cette province formait l'apanage.
2. De *Santones*, ancien peuple gaulois.

Inférieure, formé des anciennes provinces d'**Aunis** et de **Saintonge**, définitivement conquises sous Charles V.

Les îles de *Ré*, d'*Aix* et d'*Oléron* en dépendent.

Le chef-lieu est *la Rochelle* (24000 hab.), ancienne capitale de l'Aunis, port sur l'Atlantique et siège d'un évêché. Villes principales : *Rochefort* (31000 hab.), sur la Charente, port de guerre et de commerce, et l'un de nos premiers chantiers de construction; *Saintes*, sur la Charente, ancienne capitale de la Saintonge.

Massif central.

La partie septentrionale du massif central qui appartient au bassin de la Loire correspondait aux trois anciens gouvernements de Marche, de Limousin et d'Auvergne.

MARCHE (1)

La **Marche** a formé le département de la **Creuse**, sillonné par les rameaux des *monts d'Auvergne* et *de la Marche*, et arrosé par le *Cher* et la *Creuse*, affluent de la Vienne, qui y prennent leur source. C'est un pays de prairies et de pâturages, au sol maigre et sablonneux, au climat froid et humide, où la vigne ne mûrit pas, et où le seigle, le blé noir, les châtaignes et la pomme de terre remplacent le froment. La houille (*Ahun*) et l'étain sont l'objet d'exploitations assez actives. La Marche fut confisquée par François Ier en même temps que le Bourbonnais. Le chef-lieu est *Guéret*, ancienne capitale de la province. Ville principale : *Aubusson*, sur la Creuse, célèbre par ses manufactures de tapis.

LIMOUSIN (2)

La partie du **Limousin** comprise dans le bassin de la Loire a formé le département de la **Haute-Vienne**,

---

1. *Marche* signifie frontière. Cette province formait autrefois la frontière entre la France du midi et la France du nord.

2. De *Lemovices*, nom d'un ancien peuple gaulois.

région humide, couverte par les ramifications des *monts
du Limousin* et des *monts de la Marche*, et arrosée par la
Vienne et par d'innombrables ruisseaux. Les pâturages,
les prairies naturelles, les châtaigniers, qui suppléent à
la production insuffisante des céréales, couvrent plus de

Fig. 54. — Limoges.

la moitié du départe-
ment ; mais l'éduca-
tion du mouton et du
porc, l'exploitation des
richesses minérales,
minerais de fer, terre
à porcelaine de *Saint-
Yrieix*, etc., la puis-
sante industrie de Li-
moges avec ses manu-
factures de porcelai-
nes, ses fabriques de
flanelles et autres lai-
nages, rachètent l'infériorité de l'agriculture.

Le chef-lieu est *Limoges*, sur la Vienne (68 500 hab.),
ancienne capitale du Limousin, siège d'un évêché, d'une
cour d'appel et du 12° corps d'armée.

AUVERGNE (1)

La partie de l'**Auvergne** qui appartient au bassin de
la Loire a formé un seul département, celui du **Puy-de-
Dôme.**

Quand, du haut de la montagne qui a donné son nom
au département, on jette les yeux sur l'immense horizon
qui embrasse presque toute l'ancienne Auvergne, on voit
se prolonger au nord et au sud un plateau aride dominé
par une chaîne de volcans avec leurs cônes dépouillés, et
leurs lacs qui dorment au fond des cratères encore béants.
C'est la chaîne des *Dômes*, qui se rattache sur les limites
du Cantal au massif du mont *Dore*, le plus élevé du pla-

1. D'*Arvernes*, nom d'un ancien peuple gaulois.

teau central. A l'ouest s'étend une longue pente qui se relie au plateau de la Creuse, et que couvrent des champs de seigle, de pommes de terre, et des pâturages où paissent d'innombrables moutons.

A l'est enfin s'ouvre un large bassin dominé à l'horizon par les montagnes du *Forez* et arrosé par l'*Allier*. C'est la plaine de la Limagne avec ses moissons, ses vignes, ses plantations de chanvre, ses champs de betteraves, ses arbres fruitiers, ses cultures maraîchères et sa fertilité sans égale.

Les forêts de sapins et de châtaigniers, l'éducation du bétail, l'exploitation des mines de plomb argentifère (*Pontgibaud*), des laves de *Volvic*, de la pierre à chaux, des sources minérales (*Mont-Dore, Royat*), ajoutent de nouvelles ressources à celles de l'agriculture.

Le chef-lieu est *Clermont-Ferrand* (46 700 h.), au pied du Puy-de-Dôme, ancienne capitale de l'Auvergne, siège d'un évêché, d'une académie et du 13ᵉ corps d'armée, patrie d'un

Fig. 55. — Clermont-Ferrand.

de nos plus grands écrivains et de nos plus illustres savants, Pascal (dix-septième siècle). Villes principales : *Thiers*, la première fabrique de coutellerie française, et *Riom*, siège d'une cour d'appel.

Voir le résumé, le questionnaire, les exercices et les lectures, pages 175 et suivantes.

CHAPITRE VII

Bassin du golfe de Gascogne (Garonne et Adour).

Régions du sud-ouest et du sud.

Aspect général du bassin. — Le bassin de la Garonne se divise en quatre régions naturelles.

Au sud, le long des Pyrénées, s'ouvrent d'étroites vallées arrosées par des torrents, et couronnées de sombres forêts d'ifs et de sapins (Béarn, Gascogne, Languedoc et comté de Foix). Au nord et à l'est, s'élèvent en amphithéâtre jusqu'aux sommets des monts du Limousin, des monts d'Auvergne et des Cévennes méridionales, des plateaux arides et pierreux, derniers gradins du plateau central, pays de landes et de pâturages, sillonnés de ravins et de vallons qui seuls se prêtent à la culture (Guienne, Languedoc, Auvergne et Limousin). Au centre se déploie une large et fertile vallée, celle de la Garonne, couverte de moissons, d'arbres fruitiers et d'admirables vignobles, qui sont une des richesses de la France (Guienne). A l'ouest, enfin, sur le littoral de l'Atlantique, bordé de mornes marécages et de dunes blanches que couronnent des forêts de pins, s'étend une plaine sablonneuse, véritable steppe avec ses bruyères incultes, ses fondrières, ses troupeaux de chevaux et de moutons à demi sauvages, et sa population de bergers et de résiniers (Landes de Gascogne).

Divisions anciennes. — Le bassin du golfe de Gascogne, qui correspond à la région du sud-ouest et du sud, comprend le territoire entier de trois de nos anciens gouvernements de province, la *Guienne* et la *Gascogne*, conquises sur les Anglais par Charles VII (quinzième siècle), le *Béarn* et le *comté de Foix*, domaine personnel d'Henri IV, réuni à la couronne de France, à son avènement, et une partie de trois autres, le *Limousin*, l'*Auvergne* et le *Languedoc*.

Carte XI.

Départements. — Il renferme 16 départements qui représentent près du quart de la superficie de la France. La Garonne traverse les départements de *Haute-Garonne* (Languedoc), *Tarn-et-Garonne*, *Lot-et-Garonne* et *Gironde* (Guienne et Gascogne).

Les autres départements compris dans le bassin de la Garonne sont : l'*Ariège* (comté de Foix), le *Tarn* et la *Lozère* (Languedoc), l'*Aveyron*, le *Lot* et la *Dordogne* (Guienne), le *Cantal* (Auvergne), la *Corrèze* (Limousin), le *Gers* (Gascogne). Les départements du bassin de l'Adour sont les *Landes*, les *Hautes-Pyrénées* (Gascogne), et les *Basses-Pyrénées* (Béarn).

Massif central.

LIMOUSIN

Le versant méridional du massif central qui appartient au bassin de la Garonne correspond à une partie des anciens gouvernements de Limousin et d'Auvergne.

La partie du **Limousin** comprise dans le bassin de la Garonne a formé le département de la **Corrèze**.

Ce département, arrosé par la *Dordogne*, la *Vézère* et la *Corrèze*, est dominé au nord par les monts du *Limousin*, dont les pentes couvertes de forêts de châtaigniers et de pâturages s'abaissent par degrés jusqu'à la vallée de la Dordogne, où le terrain plus fertile et le climat plus doux se prêtent à la culture de la vigne et des céréales. On y exploite des ardoisières.

Le chef-lieu est *Tulle*, sur la Corrèze, siège d'un évêché. Ville principale : *Brive*, sur la Corrèze.

AUVERGNE

La partie méridionale de l'**Auvergne** comprise dans le bassin de la Garonne a formé le département du **Cantal**, vaste massif de montagnes volcaniques, dont les cimes, le *Plomb du Cantal* et le *Puy-Violan*, sont couvertes de neiges pendant six mois de l'année, et dont les pentes, creusées par les torrents, ne portent que des forêts de châtaigniers, de maigres champs de seigle, des pâturages et des prairies où paissent des bœufs et des moutons. Ces troupeaux sont la principale ressource d'un pays où la population, emportée par le courant de l'émigration, diminue graduellement depuis près d'un siècle.

Le chef-lieu est *Aurillac*. Ville principale : *Saint-Flour*, siège d'un évêché.

Vallée de la Garonne.

HAUT LANGUEDOC ET COMTÉ DE FOIX

Le **haut Languedoc**, c'est-à-dire la partie de l'ancien gouvernement de Languedoc située au nord des Cévennes méridionales, n'appartient pas tout entier au bassin de la Garonne. L'ancienne province du *Vélay* (Haute-Loire) est comprise dans le bassin de la Loire, celle du *Vivarais* (Ardèche) dans le bassin du Rhône; celle du *Gévaudan*, qui correspond au département de la Lozère, possède les sources du Gard, de l'Allier, du Lot et du Tarn ; celles de l'*Albigeois* (département du Tarn) et du *Toulousain* (Haute-Garonne) sont les seules qui soient entièrement renfermées dans le bassin de la Garonne.

Le Gévaudan est un pays de montagnes, dominé par les crêtes des Cévennes, des monts de la Lozère et des monts de la Margeride, creusé d'étroites vallées, couvert de forêts de sapins où abondent encore les loups, de pâturages arides, de causses où broutent des troupeaux de bœufs et de moutons, seule richesse agricole d'une contrée ensevelie sous la neige pendant cinq mois de l'année. L'Albigeois est plus fertile, bien que sillonné par les rameaux des Cévennes méridionales : le froment, le maïs, la pomme de terre, la vigne, le mûrier, les arbres fruitiers y réussissent, le porc et le mouton y prospèrent et la production de la laine y a développé la fabrication des draps et des flanelles (*Castres*), tandis que l'exploitation de la houille y favorisait en même temps l'industrie du fer. Quant au Toulousain, qui comprend la vallée supérieure de la Garonne, c'est le pays des contrastes ; au sud, les cimes neigeuses des Pyrénées, les pâturages, les forêts d'ifs et de sapins, les torrents, les précipices, domaine de l'ours et du chamois ; au nord, de belles plaines couvertes de vignobles, de prairies, de champs de blé et de lin. Les carrières de marbre et les sources minérales (*Bagnères de Luchon*) sont nombreuses dans les Pyrénées.

Le **comté de Foix**, sillonné par les rameaux des Pyrénées et des Corbières, et arrosé par l'*Ariège*, est un pays sauvage et boisé dans la région de la montagne, mais fertile et bien cultivé dans la vallée inférieure de l'Ariège. D'abondantes mines de fer y ont développé l'industrie métallurgique.

Fig. 56. — Maïs (la long. de la tige est de 0ᵐ,60 à 2 mèt. ; celle de l'épi de 0ᵐ,10 à 0ᵐ,20).

Le haut Languedoc, réuni au domaine royal sous Philippe III par héritage, a formé, dans le bassin de la Garonne, trois départements :

1° La **Lozère** (*Gévaudan*), chef-lieu *Mende*, sur le Lot.

2° Le **Tarn** (*Albigeois*), chef-lieu *Albi* (21 000 hab.), sur le Tarn, siège d'un archevêché. Ville principale : *Castres* (27 000 hab.), sur l'Agout.

3° La **Haute-Garonne** (*Toulousain*), chef-lieu *Toulouse* (147 600 hab.), sur la Garonne, ancienne capitale du Languedoc, siège d'un archevêché, d'une cour d'appel, d'une académie et quartier général du 17° corps d'armée. Ville principale : *Saint-Gaudens*.

Le comté de Foix, réuni au domaine royal à l'avènement de Henri IV, a formé un département : l'**Ariège,**

Fig. 57. — Le Capitole à Toulouse.

chef-lieu *Foix*, sur l'Ariège. Ville principale : *Pamiers*, siège d'un évêché.

GUIENNE ET GASCOGNE

Sous le nom de **Guienne** (1) et de **Gascogne** (2), on désigne une vaste contrée composée de plusieurs régions aussi différentes d'aspect que de productions et même de traditions historiques.

Située presque tout entière sur la rive droite de la Garonne, arrosée par la *Dordogne*, le *Lot*, le *Tarn* et l'*Aveyron*, la **Guienne** renfermait le *Bordelais*, avec ses prairies, ses dunes couronnées de pins et baignées par l'Atlantique, et ses admirables vignobles du Médoc et des pays de Graves ; l'*Agénois*, sur les deux rives de la Garonne, belle vallée couverte de vignes, de moissons, de plantations de tabac et d'arbres fruitiers, et dominée au nord et au sud par des plateaux stériles ; le *Périgord*, pays accidenté, arrosé par la *Dordogne*, l'*Isle* et la *Vézère*, l'une des régions où croissent avec le plus d'abondance le noyer et le châtaignier, où l'on élève le plus de

1. Le nom de Guienne est probablement une corruption de celui d'Aquitaine.
2. Le nom de Gascogne dérive de celui des *Vascons* ou *Basques* que portaient autrefois les habitants de ce pays.

porcs et où l'on récolte les meilleures truffes ; le *Quercy*, avec ses plateaux arides où paissent de nombreux moutons, ses vallées fertiles et ses mines de houille et de fer ; le *Rouergue*, plateau rocailleux, avec ses riches houillères, ses bruyères stériles, ses troupeaux de moutons et ses champs de pommes de terre. Plutôt agricole qu'industrielle, cette région doit à ses troupeaux les fameux fromages de *Roquefort* (Aveyron), quelques tanneries et quelques mégisseries ; à ses mines, des établissements métallurgiques ; mais le seul grand centre manufacturier est Bordeaux, dont presque toutes les industries, raffineries de sucre, cordonnerie, produits chimiques, constructions navales, ont été créées par le commerce maritime.

La **Gascogne**, arrosée par l'*Adour*, par le *Gers*, par la *Baïse*, comprend trois régions distinctes : le littoral (*Landes*), marécageux, sablonneux, couvert aujourd'hui de vastes forêts de pins, dont le bois et la résine constituent avec l'éducation du cheval et du mouton la principale richesse d'une contrée jadis presque déserte et désolée par les fièvres ; les vallées de la Baïse et du Gers, riches en maïs, en froment, en vignobles dont les produits servent à fabriquer les eaux-de-vie de l'Armagnac, en prairies naturelles qui nourrissent un grand nombre de bœufs, de chevaux et de moutons ; et le pays de la montagne (*Bigorre*), sillonné par les rameaux des Pyrénées occidentales, raviné par les torrents, hérissé de rochers au milieu desquels se cache l'ours des Pyrénées ; mais l'exploitation du marbre et de l'ardoise, celle des sources minérales (*Bagnères-de-Bigorre, Cauterets, Barèges*), l'éducation du mouton, du cheval, du mulet, compensent l'infériorité des ressources agricoles.

La Guienne, conquise par Charles VII sur les rois d'Angleterre en 1453, a formé six départements :

1° Le **Tarn-et-Garonne**, chef-lieu *Montauban*, (30 000 hab.), sur le Tarn, siège d'un évêché.

2° Le **Lot-et-Garonne** (*Agénois*), chef-lieu *Agen* (22 000 hab.), sur la Garonne, siège d'un évêché et d'une cour d'appel. Villes principales : *Marmande*, sur la Garonne, *Nérac*, sur la Baïse.

3° La **Gironde,** chef-lieu *Bordeaux*, sur la Garonne (240 000 hab.), siège d'un archevêché, d'une cour d'ap-

Fig. 58. — Bordeaux (les Quinconces).

pel, d'une académie et du 18° corps d'armée, une des plus belles villes de France, notre troisième port de commerce et le grand marché des vins. Villes principales : *Blaye*, sur la Gironde, *la Réole*, sur la Garonne, et *Libourne*, sur la Dordogne.

4° La **Dordogne** (*Périgord*), chef-lieu *Périgueux* (30 000 hab.), sur l'Isle, siège d'un évêché. Ville principale : *Bergerac*, sur la Dordogne.

5° Le **Lot** (*Quercy*), chef-lieu *Cahors* (patrie de Gambetta), sur le Lot, siège d'un évêché.

6° L'**Aveyron** (*Rouergue*), chef-lieu *Rodez*, sur l'Aveyron, évêché. Ville principale, *Millau*, sur le Tarn.

La Gascogne a formé trois départements :

1° Le **Gers,** chef-lieu *Auch*, sur le Gers, siège d'un archevêché. Villes principales : *Condom*, sur la Baïse, et *Lectoure*, patrie du maréchal Lannes.

2° Les **Hautes-Pyrénées,** chef-lieu *Tarbes* (25 000 h.), sur l'Adour. V. pr. : *Bagnères-de-Bigorre*, sur l'Adour.

3° Les **Landes**, chef-lieu *Mont-de-Marsan*, sur la Midouze. Villes principales : *Dax*, sur l'Adour, et *Aire*, siège d'un évêché.

BÉARN (1)

L'ancien gouvernement de **Béarn**, réuni au domaine royal à l'avènement de Henri IV, a formé un département, celui des **Basses-Pyrénées**, baigné à l'ouest par le golfe de Gascogne, limité au nord par l'*Adour*, arrosé par le *gave de Pau* et ses affluents, et séparé de l'Espagne par les Pyrénées occidentales et par le torrent de la *Bidassoa*. C'est un pays de montagnes, de forêts, de pâturages et de prairies, riche en moutons, en bestiaux, en chevaux, en porcs et en volailles, bien cultivé dans les parties basses, où réussissent le maïs, les légumes, la vigne et le lin. On y exploite le sel gemme, le fer, le marbre et de nombreuses sources minérales (Eaux-Bonnes, Eaux-Chaudes, etc.).

Le chef-lieu est *Pau* (30 600 hab.), sur une hauteur que baigne le gave, patrie du roi Henri IV, siège d'une cour d'appel.

Les villes principales sont : *Bayonne* (27 000 hab.), évêché, place forte et port sur l'Adour, et *Orthez*, sur le gave de Pau.

RÉSUMÉ GÉNÉRAL

Division en gouvernements de provinces et en départements.

Ancienne division de la France en gouvernements de provinces. — Avant 1790, la France se divisait administrativement en 40 gouvernements militaires et 33 généralités en y comprenant la Corse ; cette ancienne circonscription fut remplacée, en 1790, par la division en 83 départements ; en 1815, les départements étaient au nombre de 86 ; en 1860, ils furent portés à 89 ; en 1871, la perte de l'Alsace et d'une partie de la Lorraine les a réduits à 87, en y comprenant l'arrondissement de Belfort.

1. Ce nom dérive de celui des *Beneharni*, que portaient les anciens habitants.

TABLEAU DES DÉPARTEMENTS SUIVANT L'ORDRE DES BASSINS

ET CONCORDANT AVEC LES ANCIENNES PROVINCES.

DÉPARTEMENTS	CHEFS-LIEUX (1) DE DÉPARTEMENTS ET D'ARRONDISSEMENTS.

RÉGION DU NORD-EST (6 gouvernements de provinces).

BASSINS DU RHIN ET DE LA MEUSE.

ALSACE (Province conquise par Louis XIII, enlevée à la France par la Prusse en 1871, sauf *Belfort*). Capitale STRASBOURG.

HAUT-RHIN	COLMAR, *Belfort, Mulhouse* sur l'*Ill.*
BAS-RHIN	STRASBOURG sur l'*Ill*, Saverne, Schelestadt et Wissembourg.

TROIS ÉVÊCHÉS réunis par Henri II et LORRAINE réunie sous Louis XV, en partie perdus en 1871 (4 départements dont un supprimé en 1871). Capitale NANCY.

VOSGES	EPINAL sur la *Moselle*, Mirecourt, Neufchâteau sur la *Meuse*, Remiremont, Saint-Dié sur la *Meurthe.*
MEURTHE-ET-MOSELLE (avant 1871 département de la MEURTHE).	NANCY sur la *Meurthe*, Briey, Lunéville, *Toul* sur la *Moselle*. (Arrondissements avant 1871 : *Nancy*, Château-Salins, Lunéville, Sarrebourg et Toul.)
MOSELLE (annexée à l'Allemagne en 1871 (sauf Briey).	METZ sur la *Moselle*, Briey, Sarreguemines sur la *Sarre*, et Thionville sur la *Moselle.*
MEUSE	BAR-LE-DUC, Commercy sur la *Meuse*, Montmédy, *Verdun* sur la *Meuse.*

BASSINS DE LA MEUSE ET DE LA SEINE.

CHAMPAGNE réunie au domaine royal par Philippe IV (mariage), et *Sedan* (4 départements), cap. TROYES.

ARDENNES	MÉZIÈRES sur la *Meuse*, Rethel sur l'*Aisne, Rocroi, Sedan* sur la *Meuse*, et Vouziers.
MARNE	CHALONS-SUR-MARNE, Epernay sur la *Marne, Reims*, Sainte-Menehould sur l'*Aisne*, et Vitry-le-François sur la *Marne.*
HAUTE-MARNE	CHAUMONT sur la *Marne, Langres* et Vassy.
AUBE	TROYES sur la *Seine*, Arcis-sur-Aube, Bar-sur-Aube, Bar-sur-Seine et Nogent-sur-Seine.

RÉGION DU NORD (4 gouvernements de provinces).

BASSIN DE L'ESCAUT.

FLANDRE enlevée à l'Espagne par Louis XIV (1 département), cap. LILLE.

NORD	LILLE, *Avesnes, Cambrai* sur l'*Escaut, Douai* sur la *Scarpe*, affluent de l'*Escaut*, Hazebrouck, *Dunkerque, Valenciennes* sur l'*Escaut;* v. pr. *Roubaix, Tourcoing, Armentières.*

(1) Les noms des chefs-lieux de département qui doivent être appris par les élèves sont écrits en PETITES MAJUSCULES; ceux des chefs-lieux d'arrondissement importants ou des grandes villes en *italiques*, ainsi que les noms des cours d'eau.

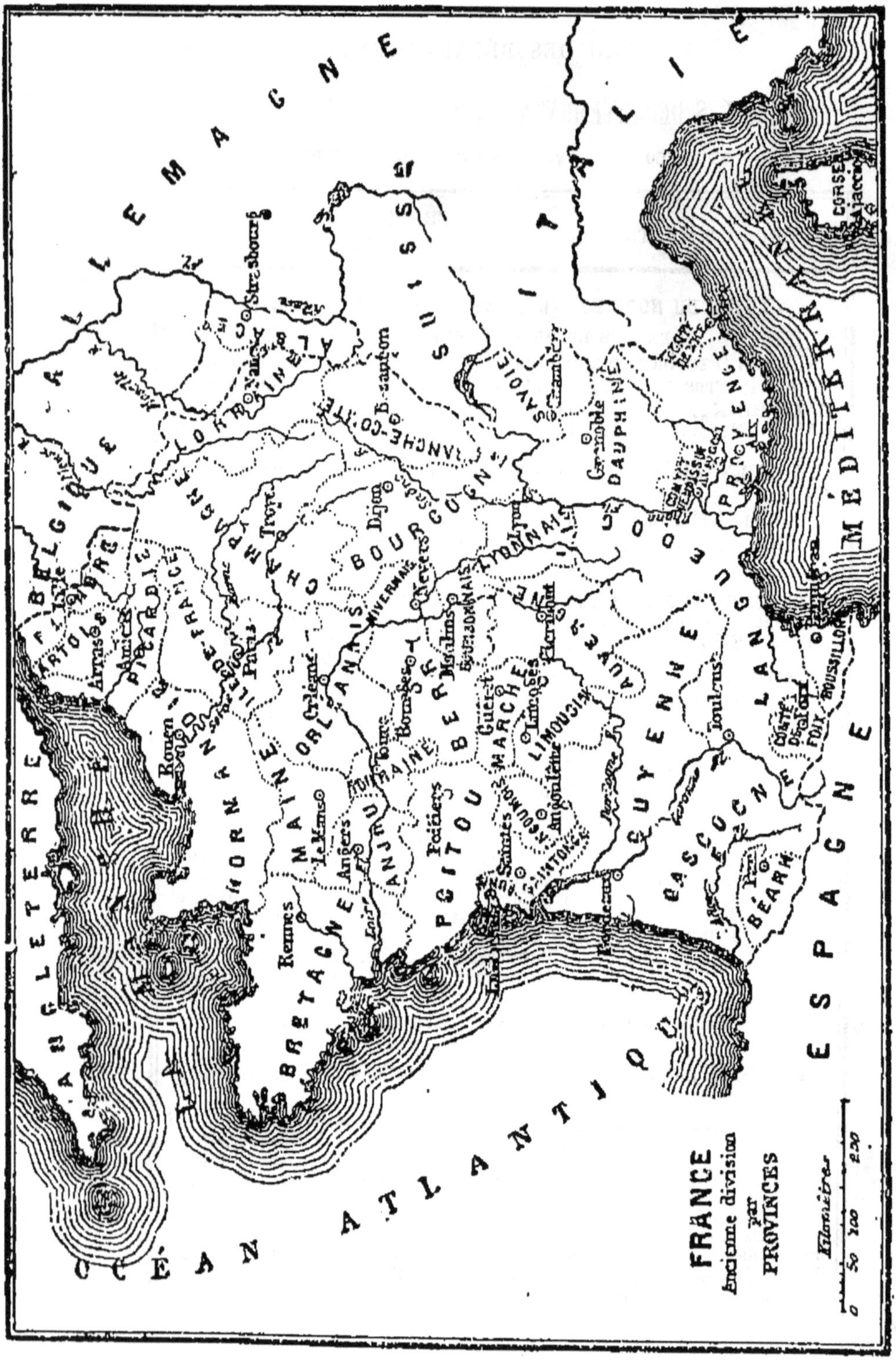
FRANCE
Ancienne division
par
PROVINCES
Kilomètres
0 50 100 250
OCÉAN ATLANTIQUE
ANGLETERRE
ALLEMAGNE
BELGIQUE
SUISSE
ITALIE
ESPAGNE
MÉDITERRANÉE
CORSE

Carte XII.

DÉPARTEMENTS (ANCIENS NOMS DE PAYS).	CHEFS-LIEUX DE DÉPARTEMENTS ET D'ARRONDISSEMENTS.

ARTOIS, enlevé à l'Espagne par Louis XIII, et BOULONNAIS (1 département), cap. ARRAS.

PAS-DE-CALAIS.........	ARRAS, sur la *Scarpe*, Béthune, *Boulogne*, Montreuil, Saint-Omer et Saint-Pol; v. pr. : *Calais*.

BASSIN DE LA SOMME.

PICARDIE, réunie définitivement par Louis XI (1 département), cap. AMIENS.

SOMME................	AMIENS, sur la *Somme*. *Abbeville*, sur la *Somme*, Doullens, Montdidier, *Péronne*, sur la *Somme*.

RÉGION DU NORD-OUEST (4 gouvernements de provinces).

BASSIN DE LA SEINE.

ILE-DE-FRANCE, domaine des Capétiens (5 départements), cap. PARIS.

AISNE (*Vermandois*)......	LAON, Château-Thierry sur la *Marne*, Saint-Quentin, sur la *Somme*, Soissons, sur l'*Aisne*, et Vervins.
OISE (*Valois, Beauvaisis*)..	BEAUVAIS, Clermont, *Compiègne*, sur l'*Oise*, et Senlis.
SEINE-ET-OISE..........	VERSAILLES, Corbeil sur la *Seine*, Etampes, Mantes, sur la *Seine*, Pontoise, sur l'*Oise*, et Rambouillet.
SEINE-ET-MARNE (*Brie*).	MELUN, sur la *Seine*, Coulommiers, *Fontainebleau*, *Meaux*, sur la *Marne*, et Provins.
SEINE (*Gouv. de Paris*)...	PARIS, sur la *Seine*, *Saint-Denis* et Sceaux.

BASSIN DE LA SEINE ET BASSINS CÔTIERS.

NORMANDIE, conquise par Philippe II sur les rois d'Angleterre, et *le Havre* (5 départements), cap. ROUEN.

EURE..................	EVREUX, Les Andelys, Bernay, *Louviers* sur l'*Eure*, et Pont-Audemer.
SEINE-INFÉRIEURE.....	ROUEN, sur la *Seine*, *Dieppe*, *le Havre*, Neufchâtel et Yvetot.
CALVADOS	CAEN, sur l'*Orne*, Bayeux, Falaise, *Lisieux*, Pont-l'Evêque et Vire.
ORNE (*Perche*)...........	ALENÇON, sur la *Sarthe*, Argentan, sur l'*Orne*, Domfront et Mortagne.
MANCHE (*Cotentin*)......	SAINT-LÔ, Avranches, *Cherbourg*, Coutances, Mortain et Valognes.

RÉGION DE L'OUEST (7 gouvernements de provinces).

BASSINS DE LA RANCE, DE LA VILAINE ET DE LA LOIRE.

BRETAGNE réunie au domaine royal par François Ier (mariage et héritage) (5 départements), cap. RENNES.

COTES-DU-NORD........	SAINT-BRIEUC, Dinan sur la *Rance*, Guingamp, Lannion et Loudéac.

8.

DÉPARTEMENTS (ANCIENS NOMS DE PAYS).	CHEFS-LIEUX DE DÉPARTEMENTS ET D'ARRONDISSEMENTS

BRETAGNE (Suite).

ILLE-ET-VILAINE........	RENNES, sur la *Vilaine*, Fougères, Montfort, Redon sur la *Vilaine*, *Saint-Malo* sur la *Rance*, et Vitré.
FINISTÈRE............	QUIMPER, *Brest*, Châteaulin, *Morlaix* et Quimperlé.
MORBIHAN..........	VANNES, *Lorient*, Pontivy et Ploërmel.
LOIRE-INFÉRIEURE.....	NANTES, sur la *Loire*, Ancenis, sur la *Loire*, Châteaubriant, Paimbœuf et *Saint-Nazaire* sur la *Loire*.

MAINE, conquis par Philippe II, réuni définitivement par Louis XI (héritage) (2 départements), cap. LE MANS.

SARTHE...............	LE MANS, sur la *Sarthe*, la Flèche sur le *Loir*, Mamers et Saint-Calais.
MAYENNE.............	LAVAL. Château-Gontier et Mayenne, sur la *Mayenne*.

ANJOU, conquis par Philippe II, réuni définitivement par Louis XI (héritage), et SAUMUROIS (1 département), cap. ANGERS.

MAINE-ET-LOIRE........	ANGERS, sur la *Maine*, Baugé, *Cholet*, Saumur sur la *Loire*, et Segré.

BASSINS DE LA LOIRE ET DE LA CHARENTE.

POITOU, conquis par Philippe II sur les rois d'Angleterre (3 départements), cap. POITIERS.

VIENNE..............	POITIERS, *Châtellerault*, sur la *Vienne*, Civray, sur la *Charente*, Loudun et Montmorillon.
DEUX-SÈVRES..........	NIORT, sur la *Sèvre*, Bressuire, Melle et Parthenay.
VENDÉE (*Le Marais, Le Bocage*)...............	LA ROCHE-SUR-YON, Fontenay-le-Comte, sur la *Vendée*, les Sables-d'Olonne.

BASSIN DE LA CHARENTE.

ANGOUMOIS (1), conquis par Charles V sur les Anglais (1 département), cap. ANGOULÈME.

CHARENTE.............	ANGOULÈME, sur la *Charente*, Barbezieux, *Cognac*, sur la *Charente*, Confolens, sur la *Vienne*, et Ruffec.

AUNIS ET SAINTONGE, conquis par Charles V sur les Anglais (1 département), cap. LA ROCHELLE et SAINTES.

CHARENTE-INFÉRIEURE	LA ROCHELLE, Jonzac, Marennes, *Rochefort* et *Saintes* sur la *Charente*, Saint-Jean-d'Angély.

(1) L'Angoumois et la Saintonge ne formaient qu'un gouvernement.

DÉPARTEMENTS (ANCIENS NOMS DE PAYS).	CHEFS-LIEUX DE DÉPARTEMENTS ET D'ARRONDISSEMENTS.

RÉGION DU SUD-OUEST (2 gouvernements de provinces).

BASSINS DE LA GARONNE ET DE L'ADOUR.

GUIENNE ET GASCOGNE, conquises par Charles VII sur les Anglais (9 départements), cap. BORDEAUX.

GIRONDE (*Bordelais*).......	BORDEAUX, sur la *Garonne;* Bazas, Blaye sur la *Gironde*, Lesparre, *Libourne* sur la *Dordogne*, et *la Réole*, sur la *Garonne*.
DORDOGNE (*Périgord*)...	PÉRIGUEUX, sur l'*Isle*, Bergerac, sur la *Dordogne*, Nontron, Ribérac et Sarlat.
LOT (*Quercy*).............	CAHORS, sur le *Lot*, Figeac et Gourdon.
AVEYRON (*Rouergue*)....	RODEZ, sur l'*Aveyron*, Espalion, sur le *Lot*, Millau, sur le *Tarn*, Saint-Affrique, Villefranche sur l'*Aveyron*.
TARN-ET-GARONNE.....	MONTAUBAN, sur le *Tarn*, Castel-Sarrasin, Moissac, sur le *Tarn*.
LOT-ET-GARONNE (*Agénois*)..................	AGEN, sur la *Garonne*, Marmande, Nérac sur la *Baïse*, et Villeneuve-sur-Lot.
LANDES...............	MONT-DE-MARSAN, *Dax* et Saint-Sever sur l'*Adour;* v. pr. Aire.
GERS (*Armagnac*)........	AUCH, sur le *Gers*, Condom, sur la *Baïse*, Lectoure, Lombez et Mirande.
HAUTES-PYRÉNÉES (*Bigorre*).................	TARBES, sur l'*Adour*, Argelès et Bagnères.

BÉARN, domaine personnel du roi Henri IV (1 département), cap. PAU.

BASSES-PYRÉNÉES (*Navarre et Béarn*).........	PAU, *Bayonne* sur l'*Adour*, Mauléon, Oloron et Orthez.

RÉGION DU MIDI (3 gouvernements de provinces).

BASSINS DE LA GARONNE, DU RHÔNE ET DE LA LOIRE.

COMTÉ DE FOIX, domaine personnel de Henri IV (1 département), cap. FOIX.

ARIEGE.................	FOIX, sur l'*Ariège*, *Pamiers* et Saint-Girons.

ROUSSILLON, conquis par Louis XIII sur les Espagnols (1 département), cap. PERPIGNAN.

PYRÉNÉES-ORIENTALES	PERPIGNAN, Céret et Prades; v. pr. : *Port-Vendres*.

LANGUEDOC, en partie conquis sous Louis VIII, en partie réuni par héritage sous Philippe III (8 départements), cap. TOULOUSE.

HAUTE-GARONNE.......	TOULOUSE, Muret et Saint-Gaudens sur la *Garonne*, Villefranche.
AUDE.............	CARCASSONNE, sur l'*Aude*, Castelnaudary, Limoux sur l'*Aude*, et *Narbonne*.

DÉPARTEMENTS (ANCIENS NOMS DE PAYS).	CHEFS-LIEUX DE DÉPARTEMENTS ET D'ARRONDISSEMENTS.
	LANGUEDOC (*Suite*).
TARN (*Albigeois*).........	ALBI, sur le *Tarn*, *Castres*, Gaillac et Lavaur.
HÉRAULT	MONTPELLIER, *Béziers*, Lodève et Saint-Pons; v. pr. : *Cette*.
GARD.................	NÎMES, *Alais* sur le *Gard*, Uzès et le Vigan; v. pr. : *Beaucaire*.
LOZÈRE (*Gévaudan*)......	MENDE, sur le *Lot*, Florac et Marvejols.
ARDÈCHE (*Vivarais*).....	PRIVAS, Largentière et Tournon, sur le *Rhône*; v. pr. : *Annonay* et *Aubenas*.
HAUTE-LOIRE (*Vélay*)...	LE PUY, Brioude sur l'*Allier*, et Yssingeaux.

RÉGION DU SUD-EST (3 gouvernements de provinces) : 2 provinces annexées après 1790

BASSIN DU RHÔNE.

CORSE, conquise sous Louis XV (1 département), cap. BASTIA.

| CORSE................. | AJACCIO, *Bastia*, Calvi, Corté et Sartène. |

COMTÉ DE NICE, réuni en 1860 (1 département), cap. NICE.

| ALPES-MARITIMES...... | NICE, *Grasse* et Puget-Théniers. |

PROVENCE, réunie par Louis XI (héritage) (3 départements), cap. AIX.

BASSES-ALPES..........	DIGNE, Barcelonnette, Castellane, Forcalquier, Sisteron sur la *Durance*.
VAR	DRAGUIGNAN, Brignoles et *Toulon*.
BOUCHES-DU-RHÔNE....	MARSEILLE, *Aix*, *Arles* sur le *Rhône*.

COMTAT D'AVIGNON, enlevé aux Papes en 1791 (1 département), cap. AVIGNON.

| VAUCLUSE .... | AVIGNON, sur le *Rhône*, Apt, Carpentras et Orange. |

DAUPHINÉ, acheté par Philippe VI (3 départements), cap. GRENOBLE.

ISÈRE	GRENOBLE, sur l'*Isère*, La Tour-du-Pin, Saint-Marcellin, *Vienne*, sur le *Rhône*.
HAUTES-ALPES.........	GAP, Briançon et Embrun sur la *Durance*.
DROME................	VALENCE, sur le *Rhône*, Die, sur la *Drôme*, Montélimar et Nyons.

RÉGION DE L'EST (3 gouvernements de provinces) : 1 province annexée après 1790.

BASSINS DU RHÔNE, DE LA LOIRE ET DE LA SEINE.

SAVOIE, réunie en 1860 (2 départements), cap. CHAMBÉRY.

| HAUTE-SAVOIE......... | ANNECY, Bonneville, Saint-Julien et Thonon. |
| SAVOIE............... | CHAMBÉRY, Albertville, Moutiers, sur l'*Isère*, et *Saint-Jean-de-Maurienne*; v. pr. : *Aix-les-Bains*. |

DÉPARTEMENTS (ANCIENS NOMS DE PAYS).	CHEFS-LIEUX DE DÉPARTEMENTS ET D'ARRONDISSEMENTS.

LYONNAIS, réuni au domaine royal sous Philippe IV et sous François Ier (2 départements), cap. LYON.

LOIRE (*Forez*)............	SAINT-ETIENNE, Montbrison, *Roanne* sur la *Loire;* v. pr. : *Rive-de-Gier*.
RHONE (*Lyonnais, Beaujolais*)...................	LYON, sur le *Rhône*, Villefranche.

BOURGOGNE, conquise en partie par Louis XI, en partie par Henri IV (4 départements), cap. DIJON.

YONNE (*Basse-Bourgogne*).	AUXERRE, sur l'*Yonne*, Avallon, Joigny et *Sens* sur l'*Yonne*, Tonnerre.
COTE-D'OR (*Haute-Bourgogne*)..................	DIJON, *Beaune*, Châtillon-sur-Seine et Semur.
SAONE-ET-LOIRE (*Mâconnais, Charolais*).........	MACON, sur la *Saône*, *Autun*, Chalon-sur-Saône, Charolles et Louhans ; v. pr. : *Le Creusot*.
AIN (*Bresse, Bugey, Dombes*)...................	BOURG, Belley, Gex, Nantua, Trévoux sur la *Saône*.

FRANCHE-COMTÉ, conquise sur les Espagnols par Louis XIV (3 départements), cap. BESANÇON.

HAUTE-SAONE,..........	VESOUL, Gray, sur la *Saône*, et Lure.
DOUBS................	BESANÇON, sur le *Doubs*, Baume-les-Dames (*id.*), Montbéliard, Pontarlier sur le *Doubs*.
JURA...................	LONS-LE-SAULNIER, *Dôle* sur le *Doubs*, Poligny et Saint-Claude.

RÉGION DU CENTRE (8 gouvernements de provinces).

BASSINS DE LA LOIRE ET DE LA SEINE.

NIVERNAIS, réuni en 1789 (1 département), cap. NEVERS.

NIÈVRE (*Morvan*)........	NEVERS, sur la *Loire*, Château-Chinon, Clamecy sur l'*Yonne*, Cosne, sur la *Loire*.

BOURBONNAIS, confisqué par François Ier (1 département), cap. MOULINS.

ALLIER.................	MOULINS, sur l'*Allier*, Gannat, La Palisse, *Montluçon* sur le *Cher;* v. pr. : *Vichy*.

BERRY, acheté par Philippe Ier (2 départements), cap. BOURGES.

INDRE (*Brenne*)....... ..	CHATEAUROUX, sur l'*Indre*, Le Blanc, sur la *Creuse*, La Châtre, sur l'*Indre;* et Issoudun.
CHER....................	BOURGES, Sancerre, Saint-Amand sur le *Cher*.

ORLÉANAIS, domaine de Hugues Capet (3 départements), cap. ORLÉANS.

LOIR-ET-CHER (*Sologne, Blaisois, Vendômois*)....	BLOIS, sur la *Loire*, Romorantin, *Vendôme* sur le *Loir*.

DÉPARTEMENTS (ANCIENS NOMS DE PAYS).	CHEFS-LIEUX DE DÉPARTEMENTS ET D'ARRONDISSEMENTS.
ORLÉANAIS (*Suite*).	
LOIRET (*Orléanais, Sologne, Gâtinais*)........	ORLÉANS, sur la *Loire*, Gien, sur la *Loire*, Montargis et Pithiviers.
EURE-ET-LOIR (*Beauce et Perche*)................	CHARTRES, sur l'*Eure*, *Châteaudun*, sur le *Loir*, Dreux et Nogent-le-Rotrou.
TOURAINE, enlevée par Philippe-Auguste aux rois d'Angleterre (1 département), cap. TOURS.	
INDRE-ET-LOIRE (*Touraine et Brenne*)........	TOURS, sur la *Loire*, Chinon, sur la *Vienne*, Loches, sur l'*Indre ;* v. pr. : Amboise.
MARCHE, confisquée par François Ier (1 département).	
CREUSE................	GUÉRET, *Aubusson*, Bourganeuf et Boussac.
BASSINS DE LA CHARENTE, DE LA LOIRE ET DE LA GARONNE.	
LIMOUSIN, réuni à l'avènement de Henri IV (2 départements), cap. LIMOGES.	
CORRÈZE................	TULLE, sur la *Corrèze*, Brive, sur la *Corrèze*, et Ussel.
HAUTE-VIENNE........	LIMOGES, sur la *Vienne*, Bellac, Rochechouart et Saint-Yrieix.
AUVERGNE, confisquée par François Ier (2 départements), cap. CLERMONT.	
CANTAL................	AURILLAC, Mauriac, Murat et Saint-Flour.
PUY-DE-DÔME (*Limagne*).	CLERMONT, Ambert, Issoire, *Riom* et *Thiers*.

Questionnaire.

Quelle était, avant 1790, la division administrative de la France ? — Un gouvernement est-il la même chose qu'une province ? — A quelle époque et pourquoi a été établie la division en départements ? — Quel était le nombre des départements en 1791, et en 1870 ? — Quelles provinces comprenait le gouvernement de..... ? — Indiquer le chef-lieu du gouvernement, — les départements qui y correspondent. — Donner une idée de la géographie physique de l'ancienne province de....., — de ses productions naturelles ou industrielles. — Quel est le chef-lieu du département de....., — quelles en sont les villes importantes ? — Où est né Corneille ? — Bossuet..... ? etc.

Exercices.

Carte de la France divisée en gouvernements de provinces.
Carte de la France divisée en départements.
Tracer sur une carte politique de la France divisée en départements les limites de l'ancien gouvernement de Normandie, de Champagne, etc.

Lectures.

E. RECLUS. *La France.*
MALTE-BRUN ET LAVALLÉE. *Géographie de la France.*
JOANNE. *Géographie des 89 départements.*
GUILBERT. *L'Histoire des villes de France.*
A. DE LAVERGNE. *Les Châteaux et les ruines historiques de France.*

CHAPITRE VIII

La population. Notions de géographie administrative.

I

Population de la France. — La population de la France, qui dépassait en 1870, 38 millions d'habitants, a été réduite, par les traités de 1871, à 36 100 000; elle est aujourd'hui de 38 219 000, ce qui suppose une moyenne de 72 habitants par kilomètre carré; mais, tandis que dans la région du nord et du nord-ouest et dans une partie de celle du nord-est, Flandre, Artois, Picardie, nord de l'Ile-de-France, Normandie, Bretagne, Maine et Anjou, Lorraine, la population dépasse la moyenne, elle est au-dessous dans le reste de la France, sauf quelques départements qui, comme les Bouches-du-Rhône, le département de Vaucluse, l'Isère, la Loire, le Rhône, le Gard, la Haute-Garonne, doivent à leurs grandes villes une moyenne plus élevée. Les régions les moins peuplées sont les départements des Hautes et Basses-Alpes et de la Lozère.

La France ne possède que onze villes où la population dépasse 100 000 âmes : Paris (2 344 500); Lyon (402 000); Marseille (376 000); Bordeaux (240 600); Lille (188 000); Toulouse (147 600); Nantes (127 500); Saint-Étienne (118 000); le Havre (112 000); Rouen (107 000); et Roubaix (100 000).

Langues. — Sauf la basse Bretagne, où subsistent les vestiges de l'ancienne langue celtique, la Navarre française où les Basques ont conservé leur dialecte na-

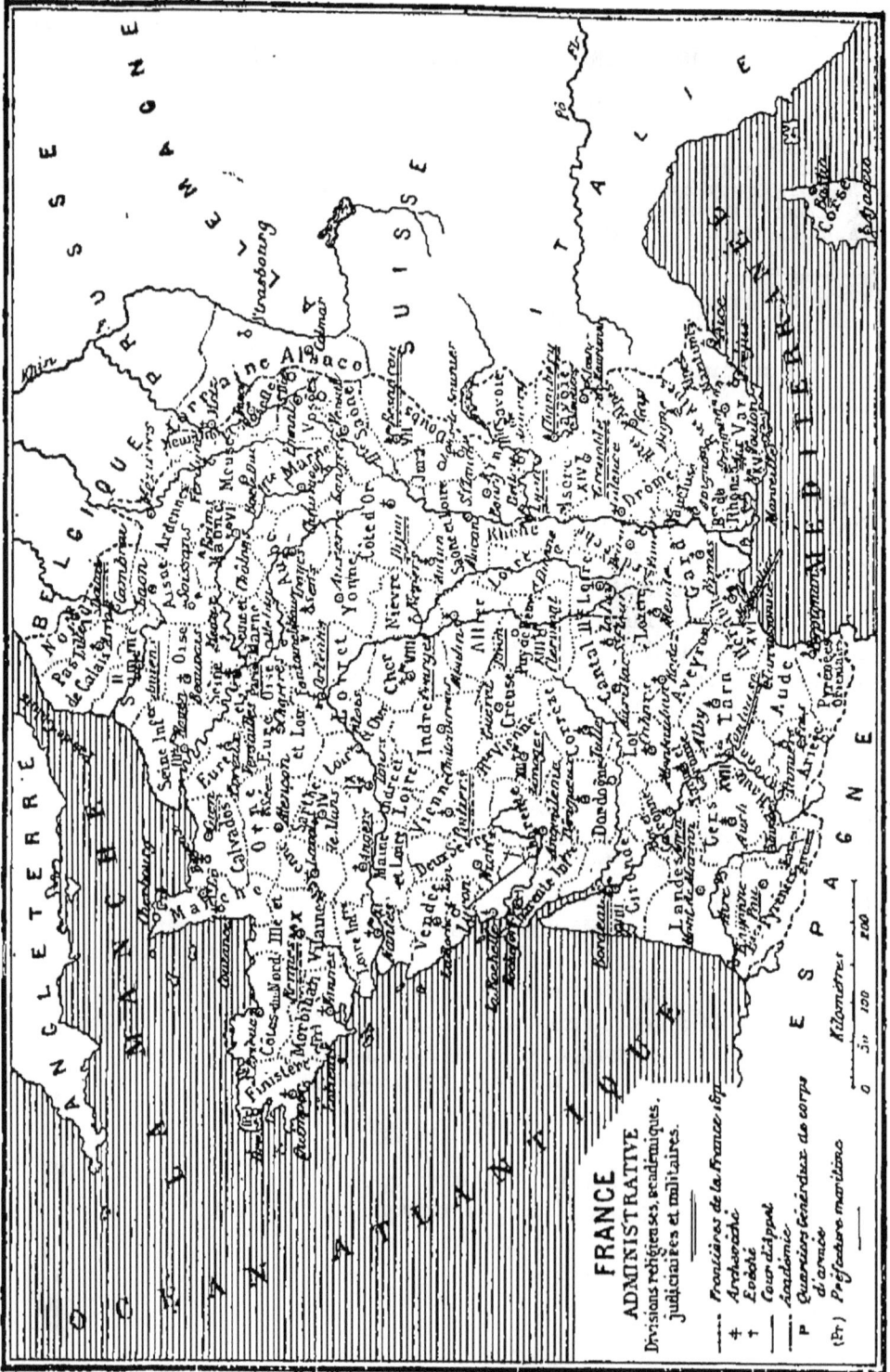

FRANCE
ADMINISTRATIVE
Divisions religieuses, académiques,
judiciaires et militaires.

Frontières de la France 1871
Archevêché
Évêché
Cour d'appel
Académie
Quartiers généraux de corps
d'armée
Préfecture maritime

Carte XIII.

tional, la Corse et le pays de Nice où se maintient l'italien, et quelques cantons du département du Nord où on parle encore le flamand, la seule langue parlée aujourd'hui en France est le français ; mais dans un grand nombre de provinces existent des *patois*, qui sont les débris des dialectes parlés au moyen âge et les témoignages des transformations que la langue a subies pour arriver à sa forme moderne : dans le midi, en Provence, en Languedoc, en Gascogne, dans le Roussillon, l'ancien idiome national, la langue d'*oc* a survécu, non seulement comme langage populaire, mais comme langue littéraire et poétique.

II

Gouvernement. — Le gouvernement de la France est une république où le pouvoir exécutif appartient à un *président* nommé pour sept ans par les deux *assemblées*, et à des *ministres* choisis par le président et responsables de leurs actes devant les Chambres (1), le pouvoir législatif à un *Sénat* et à une *Chambre des députés* élue par le suffrage universel. Un *Conseil d'État* est chargé de préparer les projets de loi présentés par les ministres, et juge en même temps en dernier ressort les affaires contentieuses en matière administrative.

Intérieur. Organisation départementale. — Sous l'ancien régime, existaient parallèlement deux ordres de divisions territoriales distinctes et dont les circonscriptions ne coïncidaient pas : les *gouvernements militaires*, au nombre de 40, et les *généralités* au nombre de 33.

Quand l'Assemblée constituante décréta (22 déc. 1789) la division de la France en 83 départements subdivisés en *districts, cantons* et *communes*, elle établit dans chaque département une assemblée de 36 membres élue par les citoyens et nommée *Administration départementale*, qui choisissait dans son sein quatre *directeurs* du départe-

---

1. Les ministères actuels sont ceux des Affaires étrangères, de la Justice, de l'Intérieur, des Finances, Postes et Télégraphes, de la Marine, de la Guerre, de l'Instruction publique et des Beaux-Arts, des Travaux publics, du Commerce et des Colonies, de l'Agriculture.

ment : c'était une sorte de ministère départemental. L'organisation actuelle date du Consulat.

Divisions administratives. — La France est divisée aujourd'hui en 87 *départements* (1) administrés par autant de préfets nommés par le Président, sur la proposition du ministre de l'intérieur, et par des *conseils généraux* élus par le suffrage universel des électeurs du département. Les départements sont subdivisés en *arrondissements* administrés par des sous-préfets et par des *conseils d'arrondissement*, les arrondissements en *cantons*, et les cantons en *communes* administrées par des maires et par des *conseils municipaux*, choisis par les électeurs de la commune. Il y a, en France, 362 arrondissements, 2871 cantons, et 36124 communes.

Divisions financières. — Les impôts sont destinés à acquitter les dépenses publiques, qui s'élèvent à environ 3 600 000 000 par an et comprennent l'entretien de toutes les grandes administrations, de l'armée, de la marine, les travaux d'utilité publique, et le service des intérêts de la dette de l'État, c'est-à-dire des emprunts faits aux particuliers pour couvrir certaines dépenses extraordinaires. Le capital de la dette consolidée, c'est-à-dire de celle dont le remboursement n'est pas exigible, dépasse 24 milliards, et l'intérêt total de la dette publique s'élève à près de 1 300 millions.

Les *impôts* ou *contributions directes*, l'impôt foncier, qui a pour base le revenu des propriétés bâties ou non bâties, l'impôt mobilier, qui a pour base la valeur des loyers, l'impôt des portes et fenêtres, celui des patentes, qui pèse sur les diverses catégories d'industries ou de commerces, sont perçus par un *trésorier-payeur général*, résidant au chef-lieu de chaque département, et par des *receveurs particuliers* (un par arrondissement), et des *percepteurs* (un au moins par canton).

Les *impôts indirects*, droits sur les boissons, les tabacs, le sel, la poudre, le papier, les allumettes, les transports

1. L'arrondissement de Belfort est considéré comme formant une division indépendante.

en grande vitesse, l'enregistrement des actes de vente, de succession, le papier timbré, les factures, les marchandises à leur entrée en France, etc..., sont perçus par des administrations spéciales qui dépendent du service des *contributions indirectes*.

Divisions judiciaires. — Il existe dans chaque canton une *justice de paix*, dans chaque arrondissement un tribunal de *première instance*, qui juge les affaires civiles ou les délits correctionnels. Les *cours d'assises*, chargées de juger les affaires criminelles, et où le droit de prononcer sur la culpabilité de l'accusé est réservé au *jury*, composé de citoyens tirés au sort sur des listes dressées à cet effet, ne sont pas permanentes et se réunissent ordinairement au chef-lieu du département. Vingt-six *cours d'appel* sont chargées de juger les appels des tribunaux de première instance, et la *cour de cassation*, résidant à Paris, veille à ce que les arrêts ne contiennent rien de contraire aux lois. Dans beaucoup de villes, les affaires commerciales sont jugées par les *tribunaux de commerce*, composés de négociants élus.

Les sièges des vingt-six cours d'appel sont : Agen, Aix, Amiens, Angers, Bastia, Besançon, Bordeaux, Bourges, Caen, Chambéry, Dijon, Douai, Grenoble, Limoges, Lyon, Montpellier, Nancy, Nîmes, Orléans, Paris, Pau, Poitiers, Rennes, Riom, Rouen et Toulouse.

Instruction publique. — La France est divisée, au point de vue de l'instruction publique, en seize *académies* administrées par des recteurs qu'assistent des inspecteurs d'académie résidant au chef-lieu de chaque département.

L'instruction primaire est donnée dans les écoles publiques ou libres, qui comptent plus de 5 millions 1/2 d'élèves.

L'instruction secondaire est donnée dans les lycées et dans les collèges de jeunes gens et de jeunes filles entretenus par l'Etat ou par les villes, et dans de nombreux établissements libres (210000 élèves en tout).

L'enseignement supérieur est donné dans les Facultés

des lettres et des sciences, de droit, de médecine, et dans
des écoles spéciales, comme l'Ecole normale supérieure,
l'Ecole polytechnique, l'Ecole centrale, l'Ecole des hautes
études, l'Ecole des chartes, etc.

Les chefs-lieux des seize académies sont : Aix, Besançon, Bordeaux, Caen, Chambéry, Clermont-Ferrand, Dijon, Douai, Grenoble, Lyon, Montpellier, Nancy, Paris,
Poitiers, Rennes et Toulouse.

Divisions religieuses. — La France catholique
est divisée en dix-sept archevêchés et soixante-sept évêchés. Les sièges des archevêchés sont : Aix, Albi, Auch,
Avignon, Besançon, Bordeaux, Bourges, Cambrai, Chambéry, Lyon, Paris, Reims, Rennes, Rouen, Sens, Tours
et Toulouse. Le nombre des catholiques est de plus de
37 millions; celui des protestants, de 580000; celui des
israélites, de 50000.

Divisions militaires. — La France est divisée en
18 régions correspondant aux 18 corps d'armée. Les
chefs-lieux sont : Lille, Amiens, Rouen, le Mans, Orléans, Châlons, Besançon, Bourges, Tours, Rennes,
Nantes, Limoges, Clermont, Lyon, Marseille, Montpellier, Toulouse et Bordeaux. Alger est le quartier général
du 19ᵉ corps.

Tout citoyen doit à son pays le service militaire. La
durée du service dans l'*armée active* est de dix ans, dont
sept ans dans la réserve, qui n'est appelée qu'en temps
de guerre; en temps de paix, les trois ans de présence
sous les drapeaux peuvent être réduits à un an pour certaines catégories de jeunes gens désignées par la loi.
L'armée active, qui compterait, en temps de guerre,
environ 1800000 hommes, se compose de 19 *corps*, comprenant chacun au moins deux divisions et formés d'in-
fanterie, de cavalerie, d'artillerie, de génie et de corps
spéciaux.

Tout soldat libéré du service appartient jusqu'à 45 ans
à l'*armée territoriale* (6 ans de service) et à la *réserve* de
cette armée (9 ans), qui ne peut être appelée qu'à la défense du territoire.

Divisions maritimes. — Le littoral de la France est divisé en cinq préfectures maritimes dont les chefs-lieux sont : *Cherbourg, Brest, Lorient, Rochefort* et *Toulon*, nos cinq grands ports militaires.

Le personnel de la flotte se recrute par les enrôlements volontaires et l'inscription maritime, qui astreint à un certain temps de service sur les navires de l'Etat tout pêcheur ou matelot du littoral.

La flotte, sans compter les navires à voiles et les bateaux torpilleurs (140), se compose de 214 navires à vapeur, dont 30 cuirassés d'escadre ou de croisière, 10 garde-côtes cuirassés, 55 croiseurs, 10 avisos-torpilleurs, 35 avisos, 34 canonnières et 40 transports.

RÉSUMÉ

La *population* est de plus de 38 millions d'habitants ; 72 par kilomètre carré.

Gouvernement — La forme du gouvernement est une république ; le pouvoir exécutif appartient à un *président* et à des *ministres* responsables, et le pouvoir législatif à un *Sénat* et à une *Chambre des députés* nommée par le suffrage universel.

Divisions administratives. — La France est divisée en *départements* administrés par des *préfets* et par des *conseils généraux* élus : le département se subdivise en *arrondissements* administrés par des *sous-préfets* et des *conseils d'arrondissement*, l'arrondissement en *cantons*, le canton en *communes* administrées par des *maires* et des *conseils municipaux*.

Divisions financières. — Les impôts directs sont perçus par des *trésoriers-payeurs généraux* (1 par département), des *receveurs particuliers* (1 par arrondissement), et des *percepteurs* : les impôts indirects, par des administrations spéciales (douanes, enregistrement, etc...), qui forment le service des contributions indirectes.

Divisions judiciaires. — Il existe une *justice de paix* par canton, un *tribunal de première instance* par arrondissement, 26 *cours d'appel* et une *cour de cassation* qui siège à Paris.

Divisions religieuses. — La France catholique est divisée en 17 archevêchés et 67 évêchés.

Instruction publique. — La France est divisée, au point de vue de l'instruction publique, en 16 académies : on distingue l'*instruction primaire*, donnée dans les écoles ; l'*instruction secondaire*, donnée dans les lycées, collèges, etc. ; et l'*instruction supérieure*, donnée dans les facultés ou les écoles spéciales.

Divisions militaires. — La France est divisée en 18 grands commandements de corps d'armée.

Le service militaire est personnel et obligatoire; l'armée se compose de l'armée active, de la réserve et de l'armée territoriale. L'armée active avec sa réserve est au moins de 1 800 000 hommes sur le pied de guerre.

Divisions maritimes. — Le littoral est divisé en 5 préfectures maritimes : Cherbourg, Brest, Lorient, Rochefort et Toulon. La flotte se recrute en partie par l'*inscription maritime.*

Questionnaire.

Quelle est la population de la France? — Ne parle-t-on en France que le français? — Quelle est la forme du gouvernement? — Quelles sont les divisions administratives? — Quelles sont les divisions financières? — A quoi servent les impôts? — Quels sont les impôts les plus importants? — Quelles sont les divisions judiciaires? — Indiquer les cours d'appel. — Quels sont les divers degrés de l'enseignement? — Comment la France est-elle divisée au point de vue de l'instruction publique? — Indiquer les chefs-lieux d'académie. — Quels sont les cultes qui comptent en France le plus de sectateurs? — Quelles sont les divisions religieuses de la France catholique? — Enumérer les archevêchés. — Quelles sont les divisions militaires? — Comment se recrute l'armée et quel en est l'effectif en temps de guerre? — Quelles sont les préfectures maritimes? — Comment se recrute la marine?

Exercices.

Indiquer, sur une carte de la France par départements, les chefs-lieux d'académie, les commandements de corps d'armée, les sièges de cours d'appel, les archevêchés, etc...

LIVRE III

NOTIONS DE GÉOGRAPHIE ÉCONOMIQUE

CHAPITRE PREMIER

Notions de géographie agricole et industrielle.

I

Agriculture. — La France, située tout entière dans la zone tempérée, ne connaît ni les froids excessifs qui engourdissent la végétation, ni les chaleurs brûlantes qui

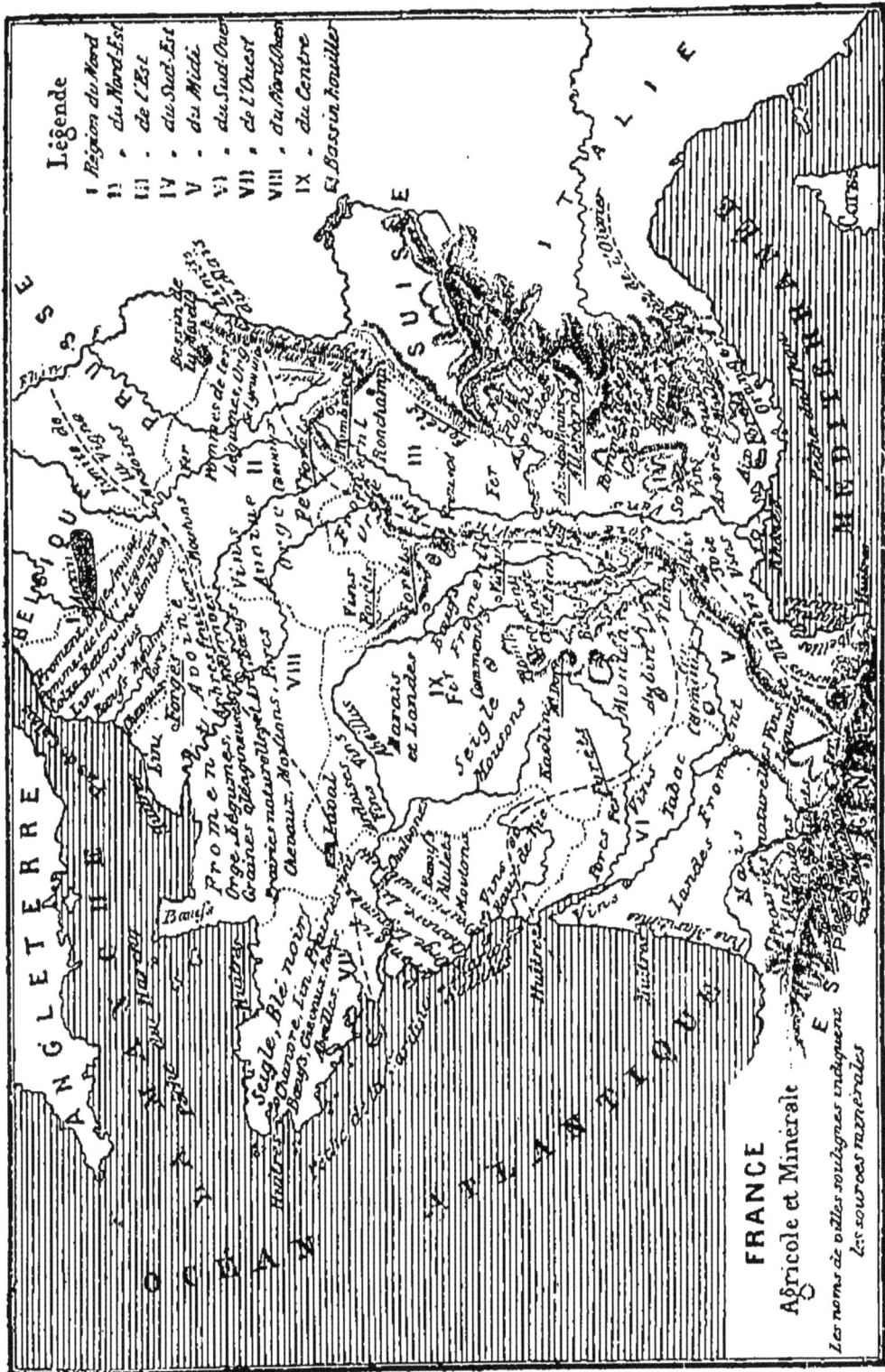

Carte XIV.

la dessèchent; cependant, grâce à l'étendue du territoire et aux expositions diverses, rien n'est moins uniforme que le climat de notre pays, qui résume, pour ainsi dire, tous les climats européens et qui se prête aux cultures les plus variées. On divise ordinairement la France en cinq grandes zones de culture :

1° La zone des céréales, qui embrasse tout le territoire français ;

2° La zone de la vigne, dont la limite septentrionale part de l'embouchure de la Loire, passe au nord de Paris et finit à l'endroit où la Meuse coupe la frontière française ;

3° La zone du maïs, dont la limite extrême remonte obliquement de l'embouchure de la Gironde au confluent de la Lauter et du Rhin ;

4° La zone du mûrier, limitée par une ligne qui part des Pyrénées en suivant le cours de la Garonne jusqu'à Toulouse, longe la base méridionale du plateau central et s'arrête à Mâcon, dans le bassin du Rhône ;

5° La zone de l'olivier, qui s'étend du littoral de la Méditerranée aux Cévennes méridionales et remonte dans la vallée du Rhône jusqu'à la hauteur de Valence.

L'orange mûrit sur les bords de la Méditerranée, en Corse et dans quelques cantons de la Provence et du comté de Nice, abrités contre les vents du nord.

Sur cinquante-deux millions d'hectares, les landes, les bruyères, les marécages, en un mot les terres incultes, en occupent à peine quatre millions (Landes, Corse, Basses-Alpes, Basses-Pyrénées, Gironde, Morbihan, Finistère, etc.).

Les cultures les plus importantes sont : 1° les **cultures** dites **alimentaires,** parce qu'elles fournissent les substances qui sont la base de l'alimentation des hommes et en partie même des animaux : *froment* (6 800 000) hectares : Nord, Pas-de-Calais, Maine-et-Loire, Aisne, Eure-et-Loir, Eure, Seine-et-Marne, Seine-et-Oise, Seine-Inférieure, Oise, Somme, Saône-et-Loire, Gers, Vendée, etc.) et autres *céréales*, telles que le *seigle*, l'*orge*, le *sarrasin*, le *maïs*, l'*avoine* cultivée surtout dans l'Ile-de-France, la

Picardie, l'Artois, la Champagne, l'Orléanais; *pommes de terre* (1 200 000 hectares : Vosges, Meurthe-et-Moselle, Seine-et-Oise, Pas-de-Calais, Saône-et-Loire); *légumes secs* (350 000 hectares).

2° Les **cultures** dites **industrielles,** parce qu'elles fournissent à l'industrie les matières premières qu'elle met en œuvre, *betterave* (260 000 hectares, régions du nord et du nord-ouest), employée pour la fabrication du sucre; *houblon* (Flandre, Bourgogne), employé pour la fabrica-

Fig. 59. — Le chanvre.

Fig. 60. — Le lin.

tion de la bière; *lin* et *chanvre* (200 000 hectares, Maine, Anjou, Touraine, Normandie, Bretagne, Artois, Picardie, Flandre), destinés à la fabrication des tissus ; *tabac*, dont la culture n'est autorisée que dans dix-huit départements; *plantes oléagineuses*, telles que le colza, la cameline, la navette, l'œillette (230 000 hectares, Normandie et région du nord), d'où l'on extrait des huiles destinées surtout aux usages industriels.

3° Les **cultures arborescentes :** la vigne (2000000 d'hectares, 30 à 40 millions d'hectolitres de vin, depuis l'invasion du phylloxera), cultivée dans presque toute la

Fig. 61. — Récolte du liège.

France, à l'exception de la région du nord et du nord-ouest, mais dont les grands centres de production sont la Bourgogne, le Bordelais, le Languedoc, la vallée du

Rhône, la Champagne et les deux Charentes ; *arbres fruitiers, oliviers* de la région du sud-est, *châtaigniers* de celle du centre, *pommiers* et *poiriers* à cidre en Normandie et en Bretagne, *mûrier* dans le bassin du Rhône ; les *forêts* (8 600 000 hectares : Landes, Gironde, Corse, Var, Côte-d'Or, Vosges, Nièvre, Dordogne, Drôme, Haute-Marne, Isère, Meuse, Meurthe-et-Moselle, Yonne, Jura, Haute-Saône, Saône-et-Loire), qui fournissent les bois de chauffage et de construction, le liège (Provence et Gascogne), les écorces employées dans la tannerie, et les résines (Landes).

4° Les **prairies artificielles** (sainfoin, trèfle, luzerne, 3 000 000 d'hectares) et **naturelles** (foins, 4 000 000 d'hectares), et les *pâturages* nourrissent 12 000 000 de *bêtes bovines* (Bretagne, Normandie, Anjou, Flandre, Bourgogne, Auvergne), 22 à 23 millions de *moutons* qui fournissent à la fois la laine et la viande de boucherie (Manche, Berry, Normandie, Limousin, Ile-de-France, Champagne, Picardie, Guienne, Bourgogne, Auvergne), 1 500 000 *chèvres* (Corse, Ardèche, Loire, Isère), 2 830 000 *chevaux* (Normandie, Bretagne, Flandre, Lorraine, Artois, Picardie, Anjou et Maine), et 300 000 *mulets* (Poitou et Gascogne). L'élevage du *porc* (6 300 000 têtes : Bretagne, Périgord, Limousin, Anjou, Artois, Mâconnais), de la *volaille* (Maine, Bresse, Normandie), des *abeilles* (Narbonnais, Orléanais, Bretagne, Landes), des *vers à soie* (Bas-Languedoc, Dauphiné et Provence), concourt aussi dans une large mesure à la production agricole. L'agriculture, qui traverse depuis quelques années de rudes épreuves, occupe encore près des deux tiers de la population de la France.

II

Industries extractives. — Nos industries extractives, c'est-à-dire l'exploitation de nos mines et de nos carrières, sont moins favorisées. Nos mines de *houille* (départements du Nord, du Pas-de-Calais, de la Loire, de

Saône-et-Loire, de l'Allier, de la Creuse, du Gard, de
l'Aveyron, du Tarn, de Maine-et-Loire, du Var), bien
qu'elles fournissent plus de 30 millions de tonnes mé-
triques, ne suffisent pas à la consommation : il en est de
même de nos mines de *fer* (3 millions de tonnes de minerais), de *plomb* (15 000 tonnes), de *cuivre* et de *zinc* :
les autres métaux ne produisent que des quantités insignifiantes.

Nos carrières de pierres, de marbres, d'ardoises (Ardennes, Maine-et-Loire, Finistère), nos gisements de
terres à briques, à poterie et à porcelaine (kaolin), nos
sources d'eaux minérales, nos marais salants des côtes de
l'ouest et du midi, d'où l'on tire le sel marin, nos salines
(sel gemme) de la région de l'est et de celle du midi, sont
au contraire d'une grande richesse et suffisent en général
aux besoins.

III

Industries manufacturières. — On appelle industries manufacturières celles qui mettent en œuvre les
matières brutes fournies par l'agriculture et par les industries extractives. Elles ont fait en France d'immenses progrès qui sont dus surtout à l'emploi des machines à vapeur, dont le travail représente aujourd'hui celui que
pourraient accomplir les bras de 15 millions d'hommes.
Les principales classes d'industries sont :

1° Celles qui répondent aux besoins de l'intelligence,
telles que la *librairie* et l'*imprimerie* (Paris), la *papeterie*
(Angoulême, Essonne près de Corbeil, Annonay), la fabrication des instruments de musique et de précision (Paris),
la gravure, la lithographie (Paris, Épinal).

2° Celles qui s'appliquent à la fabrication du mobilier
et aux besoins de l'habitation, telles que la *briqueterie*
(Montchanin, dans la Saône-et-Loire, et Paris), l'*ébénisterie* parisienne, la *verrerie* (St-Étienne, Anzin, Épinac),
la *cristallerie* (Baccarat, dans la Meurthe-et-Moselle,
Sèvres dans le département de Seine-et-Oise), les manu-

factures de *glaces* (Saint-Gobain dans l'Aisne), celles de *porcelaines* et de *faïences* (Limoges, Creil dans l'Oise,

Fig. 62. — Machine à fabriquer le papier.

Manufacture nationale de Sèvres près Paris), les *tapisseries*

Fig. 63. — Un des marteaux à vapeur du Creusot.

des Gobelins, de Beauvais, d'Aubusson (Creuse), les

bronzes et les *papiers peints* de Paris, l'*horlogerie* de Besançon, l'*orfèvrerie* de Paris, la *coutellerie* de Thiers (Puy-de-Dôme), de Châtellerault (Vienne) et de Nogent (Haute-Marne).

3° Celles qui fabriquent des étoffes et autres objets d'habillement ou de toilette, telles que les manufactures de Rouen, de Saint-Quentin, d'Amiens, de Troyes, de Roubaix (Nord), de Tarare (Rhône), qui filent ou tissent le *coton;* celles de Reims, de Roubaix, de Tourcoing, d'Amiens, de Sedan (Ardennes), de Louviers (Eure), d'Elbeuf (Seine-Inférieure), de Vienne (Isère), de Limoges, de Mazamet (Tarn) et de Paris, qui filent, cardent et tissent la *laine;* les fabriques de *soieries* de Lyon, les *ru-*

Fig. 61. — La ville du Creusot.

baneries de Saint-Étienne; les filatures de *lin* et de *chanvre* de Lille, d'Armentières (Nord), d'Angers, et les fabriques de *toiles* de la Normandie, de la Flandre, de la Bretagne et de la Picardie; la fabrication des *dentelles* à Alençon, à Caen, au Puy, à Chantilly (Oise), des *broderies* à Nancy; la *ganterie*, les *modes* et la *bijouterie* de Paris, de Lyon, de Marseille, de Bordeaux.

4° Celles qui ont pour objet le travail des métaux et la fabrication des machines, des outils et des appareils de toute sorte employés par l'industrie ou les transports :

usines métallurgiques du Creusot (Saône-et-Loire), de
Rive-de-Gier (Loire), de Denain, d'Anzin, de Maubeuge
(Nord), de Fourchambault (Nièvre), d'Alais ; fabriques
de *machines à vapeur* du Creusot, de Paris, de Lyon, de
Lille ; fabriques d'*outils* et de *quincaillerie* de Paris et de
Saint-Étienne ; *clouterie* de Charleville (Ardennes) ; *fabriques d'armes* de Saint-Étienne et de Châtellerault ;
carrosserie de Paris ; *constructions maritimes* dans les
grands ports.

5° Celles qui transforment les objets par des opérations
chimiques, telles que les fabriques de *produits chimiques*
de Paris, de Lille, de Lyon, de Montpellier, de Chauny
(Aisne) ; les *teintureries* de Lyon, de Rouen, de Lille et
de Paris ; les fabriques de *bougies* de Lyon, de Paris, de
Lille, de Marseille ; les *savonneries* de Marseille, de Rouen
et de Nantes ; les *distilleries d'alcool* de betteraves et de
fécules, et les *huileries* de nos départements du nord ; les
tanneries de Paris, de Château-Renault (Indre-et-Loire),
de Bordeaux ; les *mégisseries* d'Annonay et de Millau.

6° Les industries alimentaires, telles que les *minoteries*
(moulins à eau et à va-
peur pour la préparation
des farines) de Marseille,
de Lille, de Toulouse, de
Paris, de Corbeil, de
Meaux ; la fabrication
des *fromages* à Roquefort
(Aveyron), en Norman-
die, en Auvergne et en
Franche-Comté ; la pré-
paration des *beurres salés*
en Normandie et en Bre-

Fig. 65. — Une raffinerie à Nantes.

tagne ; les *raffineries de sucre de cannes* de Nantes et de
Bordeaux, les *raffineries de sucre de betteraves* des départements du Nord, du Pas-de-Calais, de la Somme, de
l'Oise et de l'Aisne ; la *confiserie* de Paris, de Rouen, de
Verdun, de Clermont-Ferrand, de Dijon ; les *brasseries* de
la Flandre, de la Lorraine, de Châlons, de Paris, de Lyon,

de Beaucaire; les *vinaigreries* de Dijon et d'Orléans; la fabrication des *eaux-de-vie*, dans le Bordelais, le Languedoc (Béziers), l'Armagnac (département du Gers, et les Charentes (Cognac).

RÉSUMÉ

I

AGRICULTURE. — La France est située tout entière dans la zone tempérée : elle peut se diviser en neuf régions agricoles : 1° et 2° celles du nord et du nord-ouest (*climat séquanien*); 3° celle du nord-est (*climat vosgien*); 4° celle de l'est (*climat rhodanien*); 5° et 6° celles du sud-est et du midi (*climat méditerranéen*); 7° et 8° celles de l'ouest et du sud-ouest (*climat girondin*); 9° celle du centre.

Les principales cultures sont :

1° CULTURES ALIMENTAIRES : le *froment* (régions du nord et du nord-ouest); le *maïs* (régions du midi et du sud-ouest) ; l'*avoine* (régions du nord et du nord-est) ; les *pommes de terre* (régions du nord-est, de l'est, du nord-ouest et du nord); les *légumes secs.*

2° CULTURES INDUSTRIELLES : la *betterave* (région du nord); le *houblon* (régions du nord-est et de l'est); les graines oléagineuses (régions du nord, Normandie) ; le *chanvre* (régions du centre et de l'ouest); le *lin* (régions du nord et du nord-ouest); le *tabac*, culture réglementée par l'Etat.

3° CULTURES ARBORESCENTES (arbres et arbustes): *vigne* (Bordelais, Languedoc, vallée du Rhône, Bourgogne, Champagne, Charentes); *arbres fruitiers : olivier* (Provence, Languedoc, Corse); *mûrier* (régions du sud-est et du midi) ; *forêts* (régions des Vosges, du Jura, des Cévennes, des Alpes, Landes et Corse).

4° PRAIRIES ARTIFICIELLES (régions du nord, du nord-ouest et du nord-est) et NATURELLES (Normandie, Vosges, Jura, Alpes, région du centre).

LES PRINCIPALES RACES DOMESTIQUES sont : 1° les races *bovines* (Normandie, Nivernais et Charolais, Flandre, Anjou, Bretagne, Auvergne); 2° les *moutons* (régions du nord-ouest et du nord-est, massif central, Provence); 3° les *chèvres* (régions montagneuses); 4° les *chevaux* (Normandie, Anjou, Bretagne, Gascogne, Franche-Comté, Lorraine) ; 5° les *mulets* (Poitou); 6° les *porcs* (Bretagne, Périgord, Artois, Mâconnais); 7° la *volaille* (Bresse, Maine, Normandie, région du nord); 8° les *vers à soie* (régions du midi et du sud-est) ; 9° les *abeilles* (Languedoc, Bordelais, Orléanais).

II

INDUSTRIE. — Les INDUSTRIES EXTRACTIVES ont pour but l'exploitation des mines, carrières et sources minérales. La France possède des mines de *houille* qui produisent 30 millions de tonnes (Nord, Pas-de-Calais, Loire, Saône-et-Loire, Gard, Aveyron) ; des mines de *fer*, de *cuivre*, de *zinc*, de *plomb*.

Les marbres, la pierre, l'ardoise, la terre à briques et à porcelaine, les sources minérales, les salines se rencontrent en abondance.

III

Les INDUSTRIES MANUFACTURIÈRES ont leurs principaux centres dans les régions du nord, du nord-ouest, du nord-est et de l'est.

Nos grandes villes industrielles sont, pour les *tissus de coton*, Rouen et Saint-Quentin; pour les *lainages*, Roubaix, Tourcoing, Reims, Amiens, Sedan, Louviers, Elbeuf; pour les *toiles* et la *filature du lin* et *du chanvre*, le Mans, Lille, Armentières; pour les *soieries*, Lyon et Saint-Etienne; pour les *dentelles*, Caen et le Puy; pour la préparation des *cuirs* et des *peaux*, Annonay dans l'Ardèche, Bordeaux et Paris; pour le *travail des métaux*, le Creusot dans la Saône-et-Loire, Fourchambault dans la Nièvre, Rive-de-Gier dans la Loire, Anzin dans le Nord avec leurs hauts fourneaux et leurs forges; Lille, Paris, Lyon avec leurs fabriques de machines; Saint-Etienne et Châtellerault avec leurs manufactures d'armes; Thiers avec sa coutellerie; pour les *glaces* et les *cristaux*, Saint-Gobain (Aisne), Baccarat (Meurthe-et-Moselle); pour les *porcelaines*, Limoges; pour les *tapisseries*, Beauvais et Aubusson; pour les *produits chimiques*, Chauny et Lille; pour les *savonneries*, Marseille; pour la *minoterie*, Marseille, Lille, Corbeil; pour la *brasserie*, Châlons, Paris, Lyon, Lille; pour la *raffinerie* des sucres, toute la région du nord, Paris, Nantes et Bordeaux, enfin, pour les objets de luxe et pour les industries qui répondent aux besoins de l'intelligence, Paris.

Questionnaire.

Quel est le climat de la France ? — Quelles sont les grandes zones de culture ? — Quelles sont les cultures les plus importantes ? — Indiquer pour chacune d'elles les principaux centres de production. — Quelles sont en France les principales races d'animaux domestiques ? — Indiquer pour chacune d'elles les pays d'élevage. — Qu'entend-on par industries extractives ? — Quels sont les principaux départements qui exploitent la houille ? — Quels sont les métaux les plus exploités en France ? — Quels sont les lieux de production du sel ? — Qu'entend-on par industries manufacturières ? — En combien de groupes peut-on les diviser ? — L'industrie est-elle également développée dans toutes les

régions de la France? — Quelles sont les régions les plus industrieuses?
— Quels sont les plus grands centres d'industries métallurgiques, — chimiques, — textiles? — Quelles sont les industries alimentaires les plus
importantes? — Indiquer les principales industries du groupe de l'habitation et du mobilier. — Qu'appelle-t-on industries de luxe? — Donner
des exemples.

Exercices

Indiquer sur une carte de France par des teintes différentes les pays
de production du vin, — du blé, — de la soie, — de la houille.

Lectures.

Bainier. *La France.* 1 vol. in-8°.

CHAPITRE II

Notions de géographie commerciale.

I

CANAUX

Voies de communication. — Les fleuves ont été
les premières routes du commerce, et, malgré la concurrence des moyens de communication plus rapides, la navigation conservera toujours son importance par l'économie qu'elle présente et les facilités qu'elle offre pour le
transport des marchandises encombrantes, telles que les
charbons de terre, les matériaux de construction, les engrais, les vins, les bois pour l'exploitation desquels le
flottage à bûches perdues permet d'utiliser même les cours
d'eau non navigables : le développement des canaux et
l'amélioration de la navigabilité des fleuves et des rivières
est donc une des conditions de la prospérité publique.

Utilité des canaux. — Les fleuves tels que la
nature les a créés sont des impasses : le travail de
l'homme a complété son œuvre en creusant les canaux qui réunissent les versants ou les bassins différents et qui sont comme les liens de ces faisceaux épars
formés par les grands fleuves et par leurs affluents. Ces
canaux, destinés à réunir deux cours d'eau ou à créer des

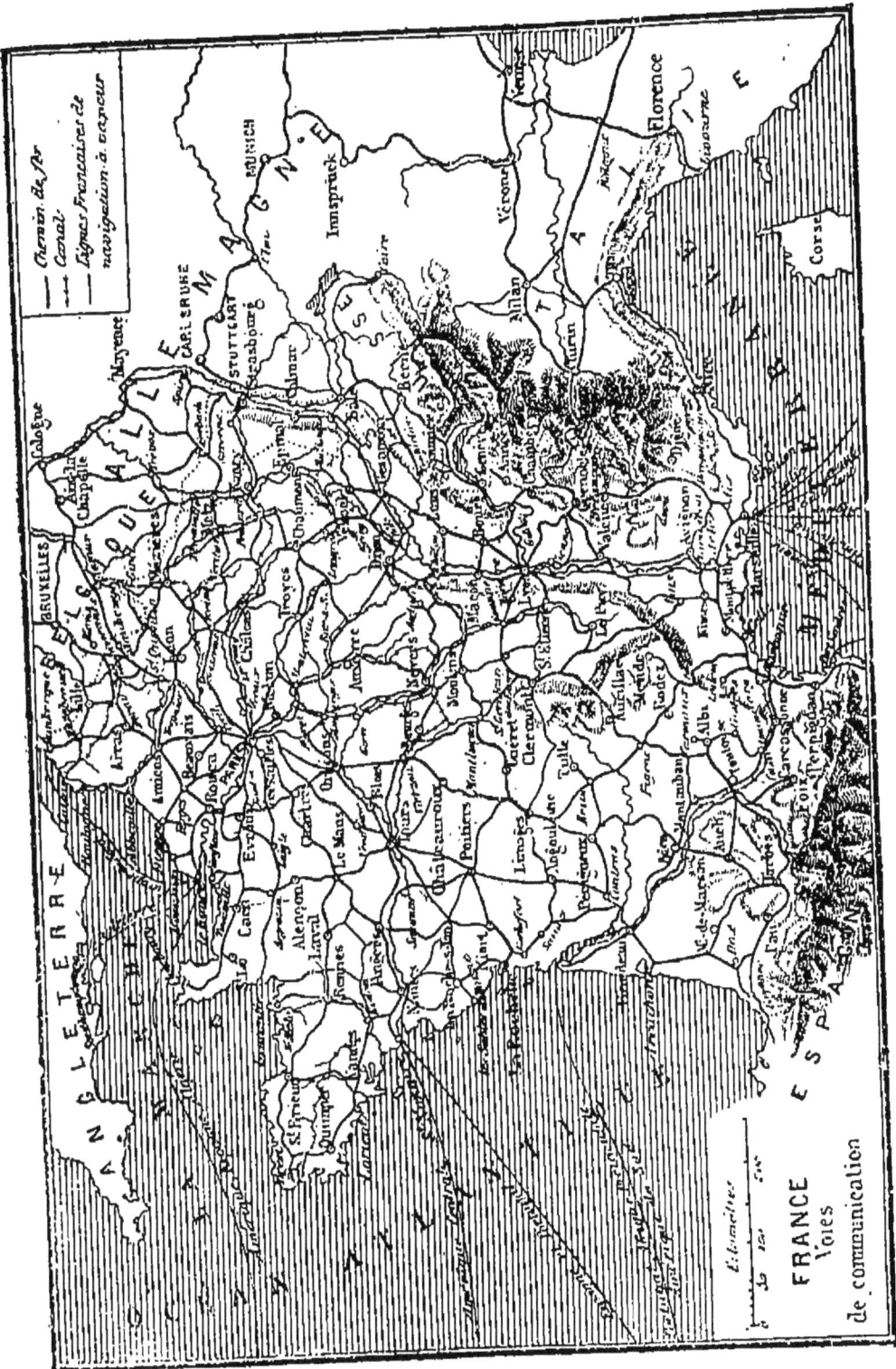

FRANCE
Voies
de communication

Carte XV.

voies navigables là où il n'en existe pas naturellement, se nomment *canaux de navigation*. L'existence de la navigation artificielle remonte à une haute antiquité, mais les canaux des anciens n'étaient que des tranchées plus ou moins larges, de véritables rivières faites de main d'homme, dont l'eau s'écoulait comme celle des rivières naturelles, et qui ne pouvaient franchir que des obstacles insignifiants. L'invention des écluses au seizième siècle a permis aux canaux de s'élever et de redescendre sur des pentes trop élevées pour être franchies à ciel ouvert et trop longues pour être percées par un tunnel, en même temps qu'elles emmagasinent l'eau et n'en laissent écouler qu'une faible partie. Au lieu de présenter, comme le lit des rivières, un plan incliné qui détermine le courant, le canal à écluses offre une succession de *biefs* ou d'étages horizontaux qui se terminent brusquement, comme les marches d'un escalier. L'écluse sert à mettre en communication deux biefs, l'un supérieur, l'autre inférieur.

Il est facile de se rendre compte de l'économie que procure au commerce la navigation artificielle. Tandis que la moyenne des frais de transport est de 0 fr. 16 à 0 fr. 20 par tonne de 1000 kilogrammes et par kilomètre parcouru sur les routes de terre, de 0 fr. 06 sur les chemins de fer, elle ne dépasse pas 0 fr. 03 c. sur les canaux où l'absence de courant force cependant la batellerie à recourir au halage par machines à vapeur, par chevaux ou même à bras d'hommes.

Les canaux non navigables et destinés soit au desséchement des marais, soit à l'irrigation des terres portent le nom de *canaux de dérivation*.

Canaux de jonction entre les deux versants. — Le développement des canaux navigables est en France d'environ 5000 kilomètres. On les divise en *canaux de jonction* qui réunissent deux versants ou deux bassins différents, ou deux cours d'eau appartenant au même bassin, et *canaux latéraux* qui suivent le cours d'un fleuve ou d'une rivière et suppléent à l'insuffisance de la navigation naturelle. Cinq canaux franchissent la ligne de partage des eaux et mettent en communication le versant de l'Atlantique et celui de la Méditerrannée.

1° Le **canal du Midi** ou **du Languedoc** (240 kilomètres), construit par Riquet, et ouvert sous Louis XIV en 1681, part de *Toulouse*, franchit le col de Naurouse à 189 mètres d'altitude, redescend dans le bassin de

Fig. 66. — Le canal du Midi à Cette.

l'Aude, passe à Carcassonne et à Béziers et vient déboucher à *Cette* après avoir traversé l'Hérault. Il se prolonge jusqu'à Castets (Gironde) par le *canal latéral à la Garonne* et jusqu'à Beaucaire sur le Rhône (Gard) par le *canal des Étangs* et le *canal de Beaucaire*. Le principal réservoir est situé dans la montagne Noire dont les eaux retenues par un barrage gigantesque alimentent le bassin de Naurouse. Ce canal avec ses cent écluses, ses immenses réservoirs, sa profondeur constante de 2 mètres est un des plus beaux ouvrages du génie moderne.

2° Le **canal du Centre** part de *Digoin* sur la Loire (Saône-et-Loire), longe le cours de la *Bourbince*, petite rivière qui descend des Cévennes, franchit les Cévennes près de Montchanin-les-Mines, à 301 mètres d'altitude, et débouche dans la Saône à *Châlon* après un parcours de 121 kilomètres. Projeté sous François Ier, il ne fut achevé qu'en 1793.

3° Le **canal de Bourgogne** part de *la Roche-sur-Yonne* (département de l'Yonne), longe le cours de l'Armançon, franchit la Côte d'Or par un souterrain de plus de 3 kilomètres, passe à Dijon et débouche dans la Saône, à *Saint-Jean-de-Losne,* après un parcours de 242 kilomètres. Commencé en 1775, il ne fut achevé qu'en 1832.

4° Le **canal du Rhône au Rhin** part du confluent de la Saône et de la Tille près de Saint-Jean-de-Losne, longe la vallée du Doubs, franchit la ligne de partage des eaux au col de Valdieu à 360 mètres d'altitude, redescend dans la vallée de l'Ill, passe à Mulhouse d'où se détache un embranchement vers Huningue et se confond avec l'Ill, affluent du Rhin, à Strasbourg. Son parcours est de 350 kilomètres ; il n'a été terminé qu'en 1834. Il n'appartient plus qu'en partie à la France.

5° Le **canal de l'Est** part de Port-sur-Saône, traverse les monts Faucilles, redescend dans la vallée de la Moselle par 15 écluses, puis rejoint le canal de la Marne au Rhin, le cours de la Meuse, et le suit jusqu'à la frontière de Belgique (487 kilomètres).

Canaux de jonction entre les bassins. — Il n'existe pas de canal de jonction entre le bassin de la Garonne et celui de la Loire.

Le bassin de la **Manche** et celui de l'**Atlantique** communiquent par trois canaux : 1° celui d'**Ille et Rance**, qui part de Rennes et se prolonge par le cours de l'Ille et celui de la Rance jusqu'à Saint-Malo ; 2° le **canal du Loing**, qui part du confluent du Loing avec la Seine, remonte cette petite rivière jusqu'à Montargis et se divise en deux branches dont l'une aboutit à **Orléans**, l'autre à **Briare** sur la Loire. Le canal de Briare est le premier qui ait été ouvert en France. Il fut commencé sous Henri IV, par les soins du grand ministre Sully et achevé sous Louis XIII ; 3° le **canal du Nivernais**, qui part d'Auxerre, remonte la vallée de l'Yonne, et débouche dans la Loire près de Decize (Nièvre).

Le bassin de la Loire et celui de la Vilaine communiquent par le **canal de Nantes à Brest,** qui remonte la vallée de l'Erdre, franchit la Vilaine à Redon (Ille-et-Vilaine), suit le cours de l'Oust, un de ses affluents, puis celui du Blavet et débouche dans l'Aulne près de Châteaulin après un parcours de 360 kilomètres.

Le bassin de la Loire n'a qu'un canal intérieur de jonction, celui du **Berry,** qui part de la Loire au-dessous de Nevers, détache un embranchement jusqu'à Saint-Amand sur le Cher (département du Cher), suit le cours de l'Auron jusqu'à Bourges, puis celui du Cher à partir de Vierzon et se confond avec cette rivière à Saint-Aignan (Loir-et-Cher.)

Le bassin de la **Seine** communique avec celui du Rhin, par le **canal de la Marne au Rhin.** Ce canal commence à Vitry-le-François sur la Marne, arrose Bar-le-Duc, franchit l'Argonne par un souterrain de 4 kilomètres, passe par un second tunnel du bassin de la Meuse dans celui de la Moselle qu'il traverse à Liverdun, au sortir d'un troisième souterrain long de 550 mètres. De *Nancy* à *Sarrebourg,* le canal qui cesse d'appartenir à la France est creusé sur des plateaux marécageux, il franchit les Vosges à Hommarting par un souterrain creusé au-dessous du tunnel du chemin de fer et redescend dans la vallée de la Zorn pour venir se terminer dans l'Ill à Strasbourg.

La communication entre le bassin de la **Seine** et celui de la **Meuse** est établie par le *canal de la Marne à l'Aisne* qui passe à Reims, le *canal latéral à l'Aisne* et le **canal des Ardennes;** et par une seconde ligne plus occidentale, le **canal de la Sambre à l'Oise** qui va de *Landrecies* sur la Sambre à *la Fère* sur l'Oise.

Le bassin de la **Seine** communique avec ceux de la **Somme** et de l'**Escaut** par le *canal de Crozat* qui part de l'Oise à la Fère, rejoint la Somme près de Ham (Somme), et se prolonge jusqu'à Saint-Quentin. Le **canal de Saint-Quentin,** qui continue le canal de Crozat, franchit la ligne de partage entre la Somme et l'Escaut par deux souterrains dont un de 5600 mètres, et vient finir à Cambrai sur l'Escaut. Commencé en 1769, il ne fut ouvert à la navigation qu'en 1810.

Le bassin de l'**Escaut** est sillonné par un grand nombre de canaux; les plus importants sont : 1° ceux *de la Sensée* entre l'Escaut et la Scarpe, *de la Haute-Deule, de la Bassée à Aire, de Neuffossé* (d'Aire à Saint-Omer sur l'Aa) qui forment une ligne de navigation de près de 120 kilomètres prolongée jusqu'à la mer par le cours canalisé de l'Aa et par les canaux de Calais, de Dunkerque, etc.; 2° ceux qui communiquent avec les voies navigables de la Belgique (*canal de Dunkerque à Furnes; canal de la Basse-Deule*, de Bouvin à Armentières sur la Lys par *Lille, canal de Condé à Mons*, etc.).

Canaux latéraux.—Beaucoup de rivières sont canalisées dans une partie de leur cours, ou longées par des canaux latéraux, parmi lesquels on doit citer, dans le **bassin du Rhône**, le *canal d'Arles à Bouc*, latéral au Grand-Rhône, le *canal de Givors*, latéral au *Gier*, de Rive-de-Gier à Givors. — Dans le **bassin de la Garonne**, le *canal latéral à la Garonne* (240 kilomètres), de Toulouse à Castets. — Le Tarn, le Lot, la Dordogne, l'Isle, la Baïse sont en partie canalisés. — Dans le **bassin de la Loire**, le *canal de Roanne à Digoin* et le *canal latéral à la Loire* (206 kilomètres), qui longent le cours de la Loire jusqu'à Briare ; la Sarthe et la Mayenne en partie canalisées. — Dans le **bassin de la Seine,** le *canal de la haute Seine*, les *canaux latéraux à la Marne, à l'Oise, à l'Aisne*, et plusieurs branches destinées à éviter les détours de la Seine et de la Marne, enfin le *canal de l'Ourcq*, qui emprunte ses eaux à un petit affluent de la Marne, l'Ourcq, passe à Meaux et aboutit à la Seine, sous le nom de *canal Saint-Denis* et de *canal Saint-Martin*.

La *Somme*, l'*Aa*, l'*Escaut*, la *Scarpe*, la *Lys* sont canalisés dans presque tout leur cours, sur le territoire français.

Canaux de dérivation. — Les pays marécageux, tels que les Dombes, la Sologne, la Brenne, les Landes, le littoral de la Flandre, sont sillonnés de canaux qui servent à dessécher les marais et les étangs : les canaux d'irrigation, nécessaires surtout dans le midi, fertilisent les parties stériles du bassin du Rhône (*canal de Craponne* entre le Rhône et la Durance, *canal des Alpines* (*id.*), *ca-*

Fig. 67. — Aqueduc de Roquefavour.

nal de Marseille, de la Durance à Marseille, qui passe sur le fameux aqueduc de *Roquefavour*, etc.), de la Garonne (*canal de Saint-Martory* dans le département de la Haute-Garonne, etc.), de l'Hérault, de la Têt, etc.

II

ROUTES ET CHEMINS DE FER

Routes de terre. — Les routes de terre se divisent en *routes nationales* (40000 kilom.), *routes départementales* (46000 kilom.) et *chemins vicinaux* (600000 kilom. entretenus et classés).

L'importance de nos grandes routes a diminué depuis que la vapeur a été appliquée aux transports : la circulation s'est déplacée et s'est reportée des routes parallèles à la direction des voies ferrées aux routes transversales qui rattachent nos principaux réseaux de chemins de fer.

Chemins de fer. — Les chemins de fer à locomotives, inconnus en France avant 1833, ne comptaient en 1839 que 572 kilomètres, en 1856 que 6000 ; le développement des lignes exploitées est aujourd'hui de 37 000 kilomètres. En 1886, les chemins de fer français avaient transporté, sur un réseau de 31 000 kilomètres, 260 millions de voyageurs et 100 millions de tonnes de marchandises.

Les transports ont gagné non seulement en vitesse, mais en sûreté et en économie. Le trajet de Paris à Marseille exigeait par le roulage deux ou trois mois, par la poste six jours ; aujourd'hui les marchandises franchissent la même distance en moins de dix jours (petite vitesse), les voyageurs en treize heures (trains rapides), et les frais sont trois fois moindres qu'avant la construction de la voie ferrée.

On peut diviser les chemins de fer français en huit grands réseaux exploités par les six principales compagnies à qui le gouvernement a concédé l'exploitation, ou par l'État, qui exploite lui-même un certain nombre de lignes (2500 kilom.). Les six premiers ont leur point de départ à Paris, le septième, celui du Midi, à Bordeaux : celui de l'État a plusieurs têtes de lignes, mais aucune qui lui appartienne en propre, à Paris.

I. Le réseau du **Nord**, construit presque entièrement en plaine, communique avec la mer du Nord, le pas de Calais et la Manche, par Amiens, Boulogne, Calais et Dunkerque ; avec la Belgique et le nord de l'Europe : 1° par Creil, Amiens, Arras (embranchement sur Dunkerque), Douai, Lille et Valenciennes ; 2° par Creil, Compiègne, Saint-Quentin et Maubeuge ; 3° par Soissons, Laon et Vervins.

II. Le réseau de l'**Est** se prolonge de Paris à la frontière d'Allemagne et de Suisse : 1° par Épernay, Châlons-sur-Marne, Frouard, Nancy, Saverne et Strasbourg (embranchements de Châlons et d'Épernay à la frontière belge [Givet], par Reims et Mézières, et de Frouard à Metz) ; 2° par Troyes, Chaumont, Langres, Belfort et Mulhouse. Les lignes de l'Est ont eu à vaincre des obstacles que n'ont pas rencontrés celles du Nord ; aussi les

ouvrages d'art y sont-ils plus nombreux. L'un des plus
importants est le tunnel de Hommarting qui franchit les
Vosges, mais qui a cessé d'appartenir à la France depuis 1871.

III. Le réseau du **Sud-Est** (compagnie de Paris-Lyon-
Méditerranée) fait communiquer Paris avec la Méditerranée, la frontière de Suisse et d'Italie, par Melun, Sens,
le tunnel de Blaisy (Côte-d'Or), long de 4100 mètres, Dijon, Mâcon, Lyon, Valence, Avignon, Arles, le tunnel de
la Nerthe, long de 4 638 mètres, Marseille, Toulon et

Fig. 68. — Entrée du tunnel de la Nerthe.

Nice. (Embranchements de Dijon à Besançon et à Neuchâ-
tel en Suisse par le col des Verrières; de Pontarlier à
Lausanne en Suisse par la vallée de l'Orbe; de Mâcon à
Genève en Suisse par Bourg; de Lyon à Besançon par
Bourg et Lons-le-Saunier; de Lyon à Grenoble par la
Tour-du-Pin, à Genève par Culoz et la vallée du Rhône
et à la frontière d'Italie (tunnel du mont Cenis) par Cham-
béry et la vallée de l'Arc; de Grenoble à Marseille par
Sisteron et Aix; d'Arles à Montpellier et à Cette.)

IV. Les grandes lignes du **Centre**, qui appartiennent
en partie à la Compagnie d'Orléans, en partie à celle de
Lyon, sont celles : 1° De Paris à Lyon et à Saint-Etienne
par Melun, Nevers, Moulins et Roanne;

2° De Paris à Marseille par Moulins, Clermont-Ferrand, Brioude, Alais, Nîmes et Arles (embranchements de Clermont à Brive par Tulle; de Brioude à Figeac par le massif du Cantal et Aurillac, et de Brioude à Lyon par le Puy et Saint-Etienne);

3° De Paris à Toulouse par Orléans, Vierzon, Châteauroux, Limoges, Brive, Figeac et Gaillac. (Embranchements de Vierzon à Nevers par Bourges; de Moulins à Poitiers par Montluçon et Guéret; de Limoges à Bordeaux et à Agen par Périgueux.)

V. Le réseau du **Sud-Ouest** (Compagnie d'Orléans) a pour ligne principale celle de Paris à Bordeaux par Orléans et Blois, ou par Vendôme, Tours, Poitiers et Angoulême. (Embranchements d'Orléans à Montargis et à Gien; de Tours à Vierzon, de Tours à Saint-Nazaire par Angers et Nantes, de Nantes à Landerneau; de Poitiers à Limoges; d'Angoulême à Limoges.)

VI. Le réseau du **Midi** a deux lignes principales : 1° De Bordeaux à la frontière d'Espagne par les Landes et Bayonne;

2° De Bordeaux à Cette par Agen, Montauban, Toulouse, Carcassonne, Narbonne et Béziers. (Embranchements d'Agen à Auch, de Toulouse à Bayonne, par Tarbes et Pau, de Toulouse à Foix, et de Narbonne à la frontière d'Espagne par Perpignan.)

VII. Le réseau de l'**Ouest** a quatre grandes lignes : 1° De Paris au Havre et à Dieppe par la vallée de la Seine et Rouen;

2° De Paris à Cherbourg par Mantes, Évreux, Caen et Saint-Lô;

3° De Paris à Granville par Versailles, Dreux et Vire;

4° De Paris à Brest par Versailles, Chartres, le Mans, Laval, Rennes, Saint-Brieuc, Morlaix et Landerneau. (Embranchements du Mans à Caen par Alençon; du Mans à Tours.)

VIII. Les principales lignes du réseau de l'**État** sont : 1° Celle de Paris à Bordeaux par Chartres, Château-du-Loir, Saumur, Niort, Saintes et Jonzac;

2° Celles de Tours aux Sables-d'Olonne par Bressuire et

la Roche-sur-Yon, et à la Rochelle et Rochefort par Chinon et Niort;

3° Celles d'Angers à Poitiers par Loudun et à Niort par Cholet;

4° Celle de Nantes à Bordeaux par la Roche-sur-Yon, Saint-Jean d'Angély, Saintes et Jonzac;

5° Celle de Nantes à Angoulême par la Roche-sur-Yon, Saintes, Cognac;

6° Celles de Nantes à Paimbœuf et à Pornic;

7° Celles d'Orléans à Chartres et de Blois à Vendôme et Château-du-Loir.

III

Les **grandes Compagnies de navigation,** les *Messageries maritimes*, la *Compagnie transatlantique*, partagent avec d'autres compagnies moins puissantes le service des transports maritimes à vapeur. Les principales lignes de navigation française ont pour points de départs : *Marseille* pour la Méditerranée et l'extrême Orient par le canal de Suez ; *Bordeaux* pour l'Amérique du Sud (Messageries maritimes), *Saint-Nazaire* pour l'Amérique centrale (mer des Antilles et golfe du Mexique), et *le Havre* pour l'Amérique du Nord (Compagnie transatlantique).

Les autres ports de commerce dont le mouvement présente le plus d'activité sont *Nice* et *Cette* sur la Méditerranée; *Bayonne, la Rochelle, Nantes,* sur l'océan Atlantique ; *Saint-Malo, Granville* (Manche), *Honfleur* (Calvados), *Dieppe,* sur la Manche ; *Boulogne et Calais,* sur le pas de Calais; et *Dunkerque,* sur la mer du Nord. La marine marchande de la France compte 14 000 navires à voiles et 1 000 vapeurs jaugeant plus d'un million de tonneaux.

Les **lignes télégraphiques** mettent la France en communication avec tous les points du globe et comptent plus de 100 000 kilomètres. Des câbles sous-marins rattachent la France à l'Algérie, à l'Angleterre et à l'Amérique du Nord.

Commerce. — Le commerce extérieur de la France, c'est-à-dire la valeur des marchandises que nous vendons ou que nous achetons à l'étranger, s'élève à plus de 8 milliards, dont moins de la moitié représente nos ventes, qui consistent surtout en produits de l'agriculture (vins et spiritueux, fruits, œufs, beurre et fromages, bestiaux) ou en produits manufacturés (soieries, tissus de laine et de coton, objets d'habillement, mercerie, ébénisterie, produits chimiques, ouvrages en cuir, métaux travaillés, livres et gravures, porcelaines, cristaux et verrerie, parfumerie, sucres raffinés), tandis que la plus forte part représente nos achats, qui consistent surtout en matières premières nécessaires à l'industrie, telles que le coton, la laine, la soie, les bois, les métaux, la houille, les graisses; ou en denrées alimentaires, les unes européennes (vins, céréales, bestiaux), les autres provenant des pays d'outre-mer : céréales, sucres de cannes, cafés, épices, cacaos, thés, etc.

RÉSUMÉ

Les voies de communication sont :
1° Les *fleuves* et *rivières navigables* (8 000 kilomètres) ;
2° Les *canaux* (5 000 kilomètres).

On divise les canaux en *canaux de navigation* et *canaux de desséchement* et *d'irrigation*.

Les canaux qui font communiquer les deux versants sont : le *canal du Midi*, construit par Riquet sous Louis XIV, de Toulouse, sur la Garonne, à Cette, sur la Méditerranée ; le *canal du Centre*, qui unit la Saône et la Loire; le *canal de Bourgogne*, qui unit la Saône à la Seine par l'Yonne ; le *canal du Rhône au Rhin*, entre la Saône et le Rhin par le Doubs et l'Ill ; le *canal de l'Est*, entre la Saône, la Moselle et la Meuse.

Les canaux qui font communiquer des bassins différents sont : le *canal de Nantes à Brest*, entre la Loire et l'Aulne; le *canal d'Ille et Rance*; les *canaux de Briare*, *d'Orléans* et *du Loing*, qui unissent la Loire à la Seine; le *canal du Nivernais*, entre la Loire et l'Yonne; les *canaux de Crozat* et *de Saint-Quentin*, qui unissent la Seine aux bassins de la Somme et de l'Escaut; le *canal de la Sambre à l'Oise*; le *canal des Ardennes*, qui unit la Seine à la Meuse par l'Aisne et par la Marne : — le *canal de la Marne au Rhin*.

Outre ces canaux qui établissent la communication entre des versants ou des bassins différents, d'autres suppléent à la navigation insuffisante des fleuves ou des rivières, comme les *canaux latéraux* à la Garonne, à la Loire, à la Marne, à l'Oise, à l'Aisne, à la Somme, au cours inférieur du Rhône (*Arles à Bouc*) ; le *canal du Berry*, qui longe le cours du Cher : — ou servent de débouchés à de grandes exploitations industrielles ou agricoles, comme le système des *canaux de la Flandre*, celui des *canaux de Paris* (canal de l'Ourcq, canal Saint-Denis, canal Saint-Martin).

3° Les *routes de terre* nationales (40 000 kilomètres), départementales (46 000 kilomètres) et vicinales (600 000 kilomètres).

4° Les *chemins de fer* (37 000 kilomètres), qui se divisent en huit grands réseaux, dont Paris est le centre : 1° celui du *Nord*, qui établit les communications avec la Belgique, l'Europe septentrionale et les ports de la mer du Nord et du pas de Calais ; 2° celui de l'*Est*, qui communique avec l'Allemagne, l'Europe centrale et la Suisse ; 3° celui du *Sud-Est* (Paris-Lyon-Méditerranée), qui communique avec la Suisse, l'Italie et les ports de la Méditerranée ; 4° celui du *Midi*, qui communique avec l'Espagne et rattache les ports du golfe de Gascogne à ceux de la Méditerranée ; 5° celui du *Sud-Ouest* (Orléans), qui communique avec les ports du golfe de Gascogne et se rattache au réseau du Midi ; 6° celui de l'*Ouest*, qui communique avec les ports de l'Atlantique et la Manche ; 7° celui du *Centre*, qui relie tous les autres et sillonne la région centrale de la France ; 8° celui de l'*État*, qui rattache par divers embranchements Paris à Saumur, Niort et la Rochelle, Orléans à Chartres, Saumur et Nantes à Bordeaux et à Angoulème, Angers à Poitiers, etc...

5° Les lignes de navigation maritime qui aboutissent à nos principaux ports de commerce, *Dunkerque*, *Calais* et *Boulogne*, sur la mer du Nord et le pas de Calais ; *Dieppe*, *le Havre* et *Saint-Malo*, sur la Manche ; *Saint-Nazaire*, *Nantes*, *Bordeaux*, *Bayonne*, sur l'Atlantique ; *Cette*, *Marseille* et *Nice*, sur la Méditerranée.

6° Les *lignes télégraphiques*.

Commerce. — Le commerce de la France, qui s'élève à plus de 8 milliards, consiste surtout, à l'importation, en matières premières nécessaires à l'industrie, et en denrées alimentaires ; à l'exportation, en produits de l'agriculture et en objets manufacturés.

Questionnaire.

Quelles sont les voies de communication ? — Quelle est l'importance des canaux ? — Nommer les canaux qui font communiquer le versant de l'Atlantique avec celui de la Méditerranée. — Nommer ceux qui font communiquer le bassin de la Loire avec celui de la Seine ; — du Rhône...., — le bassin de la Seine avec ceux du Rhin, — de la Meuse, — de l'Escaut, etc. — Quelle route prendrait-on pour aller par eau de Nantes à Lyon, — du Havre à Nancy, — de Lille à Paris ? — Quelles sont les principales catégories de routes de terre ? — A quelle époque ont été construits en France les premiers chemins de fer ? — Quels sont les principaux réseaux de chemins de fer ? — Quelles sont les grandes lignes de chacun des réseaux ? — Avec quels pays étrangers nous mettent-elles en relations ? — Quels sont les fleuves que l'on traverse pour se rendre en chemin de fer de Paris à Bayonne ? — Quelles sont les chaînes de montagnes que l'on franchit pour aller de Paris à Turin en Italie ? — Quels sont nos principaux ports de commerce ? — Quelle est la valeur de nos échanges avec l'étranger ? — Que veulent dire les mots *importation* et *exportation* ?

Exercices.

Indiquer sur une carte physique muette le tracé des canaux.
Tracer la carte des chemins de fer (grandes lignes).

Lectures.

E. Reclus. *La France.*
Bainier. — *La France.* 1 vol. gr. in-8°.

LIVRE IV

COLONIES FRANÇAISES ET PAYS PROTÉGÉS

CHAPITRE PREMIER
Colonies et protectorats d'Afrique.

I

INTRODUCTION

Pour compléter le tableau de la France, il nous reste à parler des colonies qui, sans faire partie intégrante du territoire, sont cependant des terres françaises et l'un des éléments de notre puissance politique et de notre prospérité commerciale.

Les colonies sont à la fois pour la métropole un centre d'influence, un débouché où se placent, dans des conditions plus favorables que sur une terre étrangère, les produits de son sol et de son industrie, un marché où elle

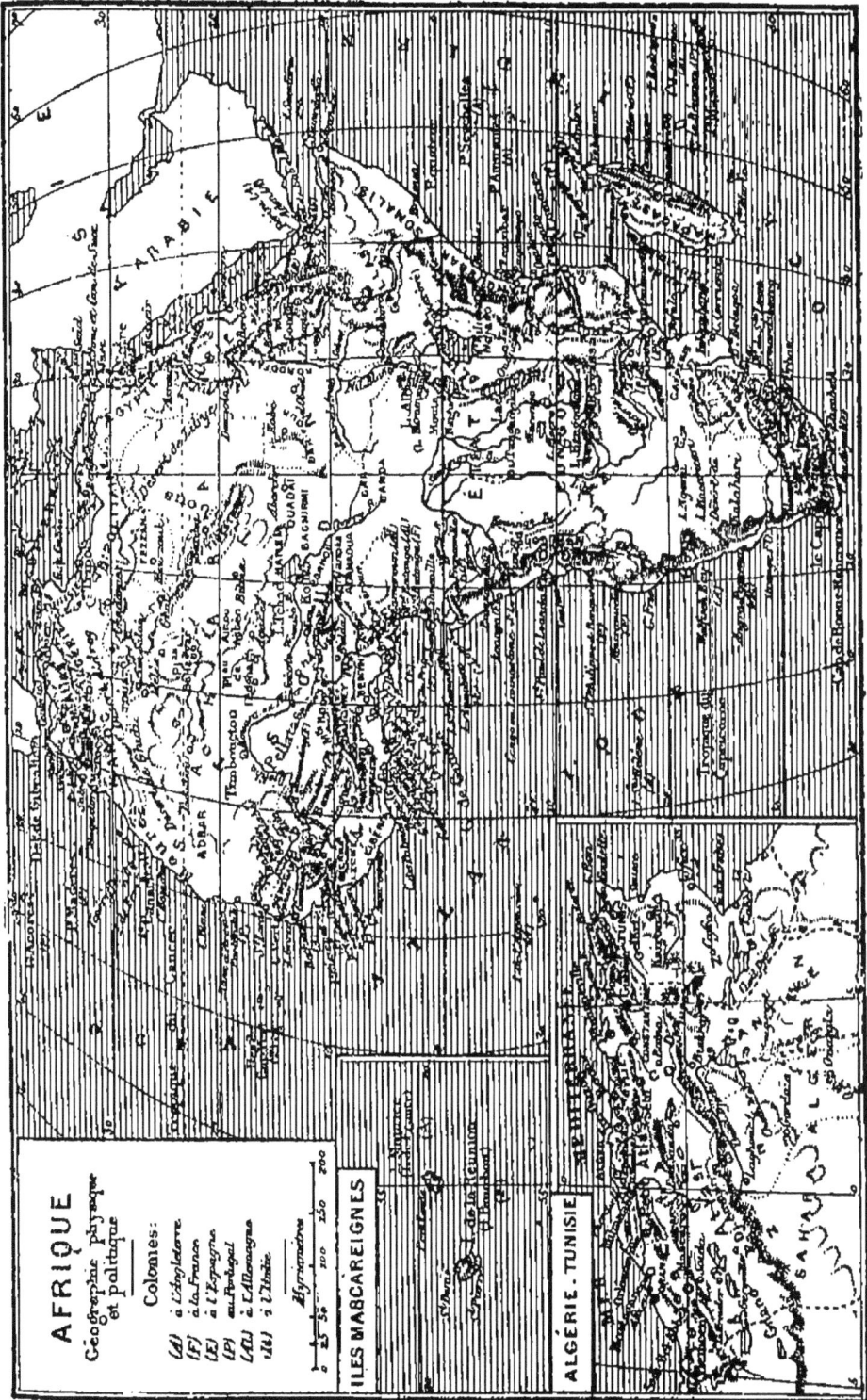

AFRIQUE
Géographie physique et politique

Colonies:

(A) à l'Angleterre
(F) à la France
(E) à l'Espagne
(P) au Portugal
(A) à l'Allemagne
(It) à l'Italie

ILES MASCAREIGNES

ALGÉRIE. TUNISIE

Carte XVI.

rouve à acheter les matières premières, et une issue pour l'excédent de la population.

Notre empire colonial est loin de la merveilleuse prospérité des colonies anglaises; la population de toutes nos colonies, y compris l'Algérie et les pays placés sous notre protectorat, ne dépasse pas 40 millions d'âmes pour une superficie de 3 millions de kilomètres carrés environ.

Cependant nous dominons l'Afrique, au nord par l'Algérie et la Tunisie, à l'ouest par le Sénégal et par nos comptoirs de Guinée et du Congo, à l'est par nos possessions de l'océan Indien, la Réunion, Sainte-Marie de Madagascar, Mayotte, les Comores. Le comptoir d'Obok et la baie de Tadjoura nous assurent une relâche à l'entrée de la mer Rouge, sur la route de Suez.

En Asie, si nos colonies des Indes, Pondichéry, Karikal, Yanaon, Chandernagor, Mahé, sont perdues au milieu des possessions anglaises, notre récente conquête, le Tonkin, et nos possessions de Cochinchine nous donnent un centre d'influence et des stations navales de premier ordre dans les mers de l'extrême Orient.

En Amérique, la Guadeloupe, la Martinique, la Désirade, Marie-Galante, les Saintes, débris de notre empire des Antilles, la Guyane française, les pêcheries de Saint-Pierre et Miquelon; en Océanie, les îles Marquises et Taïti, et la Nouvelle-Calédonie sont importantes à divers titres comme colonies pénitentiaires, stations navales, ou pays de production.

II

ALGÉRIE

Nos colonies africaines étaient, avant les récents événements d'Indo-Chine, les plus importantes par leur étendue et par leur population; la plus voisine de la métropole, la plus vaste et la plus peuplée est l'**Algérie**.

Géographie physique.— L'Algérie est située entre 30° et 37° de lat. N.; 6° 30′ de long. E.; et 4° 40′ de

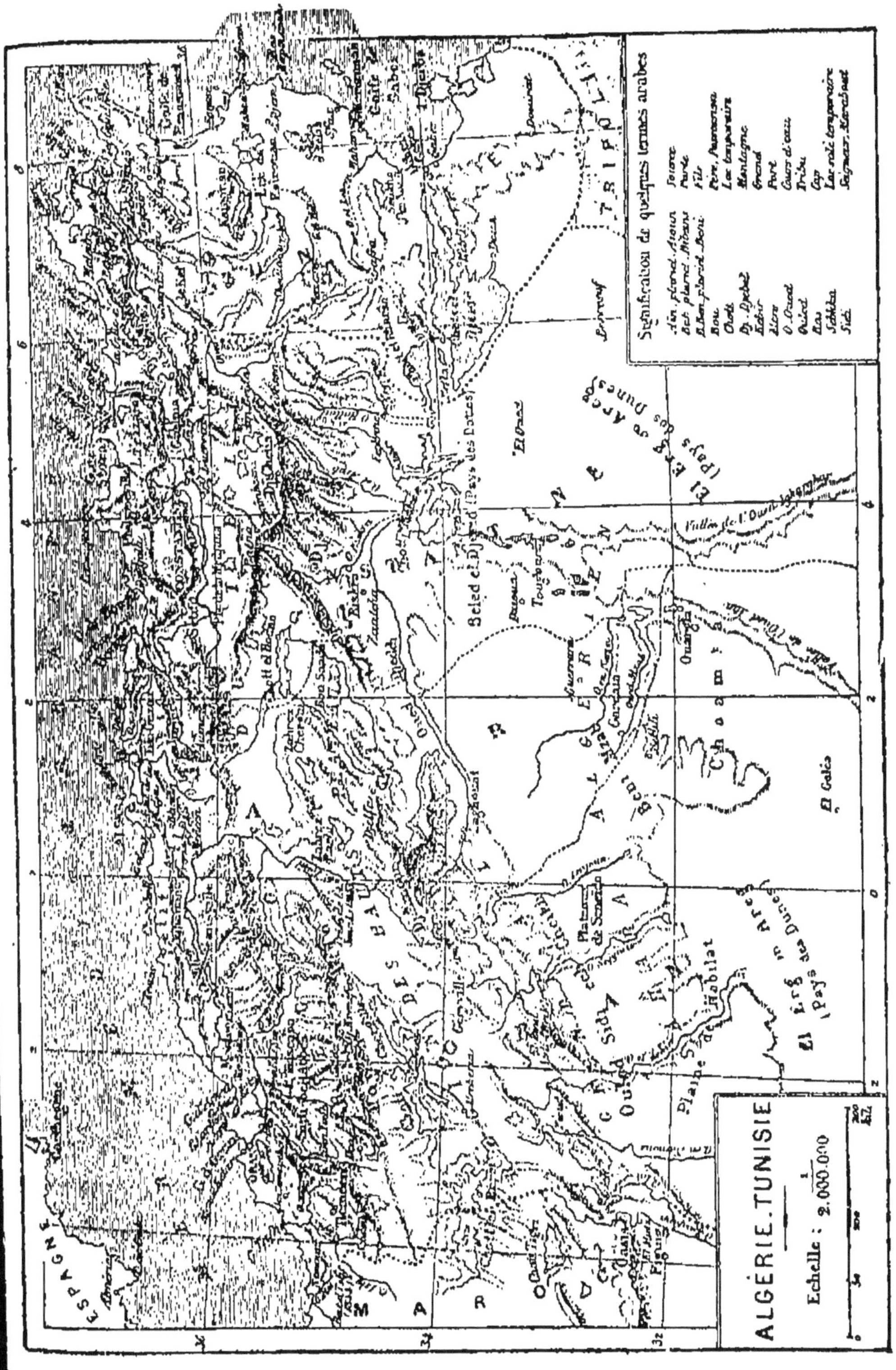

Carte XVII.

long. O. Elle est bornée : au nord par la Méditerranée, sur un développement de 1 000 kilomètres de côtes; à l'est par la Tunisie; au sud par le Sahara; à l'ouest par le Maroc.

La superficie est d'environ 600 000 kilomètres carrés (430 000 d'après la statistique officielle).

Les côtes sont hérissées de caps nombreux, caps *Rosa*, de *Garde*, de *Fer*, *Boujarone*, *Carbon*, *Matifou*, *Ténès*, *Falcon*, et ne présentent que des rades ou des golfes ouverts, tels que ceux de *Bône*, de *Stora*, de *Bougie*, d'*Alger*, d'*Arzeu* et de *Mers-el-Kébir*.

L'Algérie est un plateau qui domine par des pentes plus ou moins escarpées la Méditerranée et le Sahara. La limite septentrionale et la limite méridionale du plateau sont marquées par des massifs montagneux qui ne forment pas une chaîne continue et qu'on peut ramener à deux systèmes principaux : le massif méditerranéen (*Petit-Atlas* ou *Atlas septentrional*), et le massif saharien (*Grand-Atlas* ou *Atlas méridional*). Au premier appartiennent (de l'est à l'ouest), l'*Edough*, le *Babor*, le *Djurjura* (2 300 mètres), le *Mouzaïa*, le *Zakkar*, le *Dahra*, l'*Ouarensenis ;* au second les chaînes tourmentées de l'*Aurès* et de l'*Amour*. Tantôt les montagnes plongent jusque dans la mer, comme dans la *Kabylie* (Babor et Djurjura), ou dans le *Dahra ;* tantôt elles laissent à leur pied une lisière de plaines fertiles dont les plus connues sont celles de la *Mitidja* au sud d'Alger, et du *Sig* au sud d'*Arzeu*.

La plupart des cours d'eau du versant méditerranéen, la *Seybouse*, le *Roummel*, le *Sahel*, l'*Isser*, l'*Harrach*, le *Chélif*, le plus grand de nos fleuves algériens, l'*Habra* et le *Sig* qui se perdent dans les marécages de la *Macta*, la *Tafna*, dont un affluent reçoit l'*Isly*, ne sont que des torrents desséchés en été; ceux du versant intérieur, l'*Oued-Djedi* (1), l'*Oued-Igharghar*, se perdent dans les sables, et n'ont pas d'écoulement vers la mer.

1. *Oued* signifie rivière.

Régions naturelles. — L'Algérie se divise en trois régions physiques :

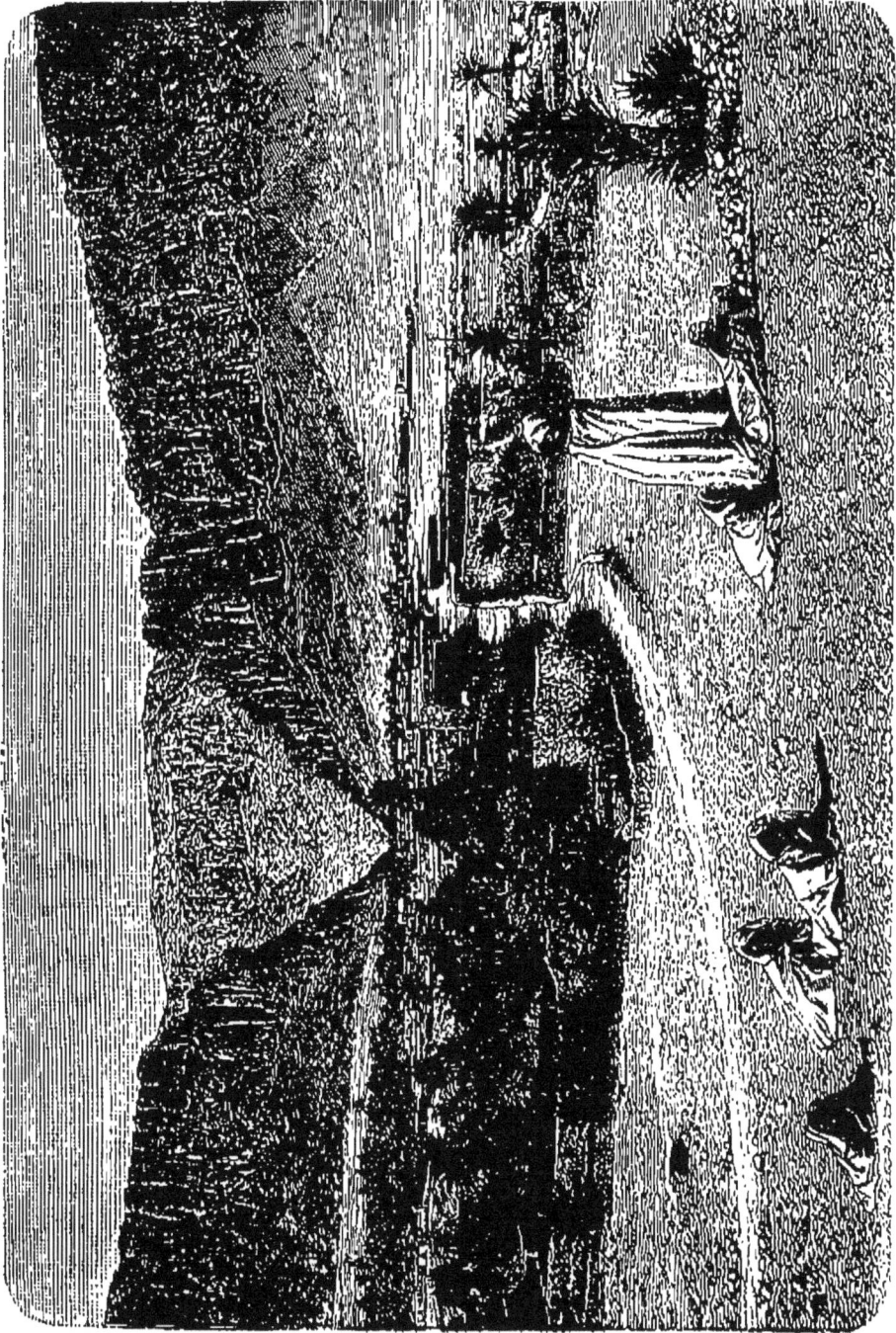

Fig. 69 — La gorge d'El-Kantara à la sortie de l'Aurès.

1° De la Méditerranée aux sommets de l'Atlas septentrional, le **Tell,** la région des forêts et de la culture ;

2° Entre le petit et le grand Atlas, la région des **Plateaux** ou des steppes, couverte de prairies d'alfa, de pâturages et de *Chotts* ou lacs salés (*Chott-el-Rharbi, Chott-el-Chergui*, lacs de *Zarès*, de *Hodna*, etc.);

3° Dans le versant méridional de l'Atlas, le **Sahara**, la région des dunes de sable et des oasis, dont les limites indécises se confondent avec le pays des Touaregs et des Chambas. La région saharienne renferme aussi des lacs salins; le plus connu est le Chott ou lac *Melrir*, qui fait partie d'une série de dépressions situées au-dessous du niveau de la Méditerranée (Chotts *Rharsa, Fedjidj* et *Djerid* en Tunisie), et qu'il serait possible d'inonder en perçant un canal à travers l'isthme de Gabès (Tunisie). Cette mer intérieure n'aurait toutefois qu'une superficie d'à peu près 20 000 kilomètres carrés et une profondeur moyenne de 7 à 8 mètres, et n'exercerait qu'une médiocre influence sur le climat du Sahara algérien.

Notions historiques. — L'Algérie correspondait à l'ancienne *Numidie* et à une partie de la *Mauritanie* si intimement mêlées à l'histoire de Carthage et de Rome. Comme le reste de l'Afrique septentrionale, elle subit tour à tour la domination des Romains, des Vandales et des Arabes, devint au moyen âge une dépendance de la sultanie du Maroc et se divisa en petits États indépendants qui finirent par se réunir sous l'autorité d'un *dey* (tuteur), vassal de la Porte Ottomane.

Alger devint, à partir du seizième siècle, un repaire de pirates redoutables pour le commerce de la Méditerranée. Charles-Quint essaya vainement de s'en emparer, et les deys continuèrent à régner sous la suzeraineté nominale du Sultan de Constantinople, jusqu'à ce qu'une querelle avec la France entraînât, en 1830, la prise d'Alger et la chute de ses souverains.

La conquête de l'Algérie se poursuivit lentement sous le règne de Louis-Philippe Ier, sous la seconde république et sous le second empire. Dès 1843, la France était maîtresse du Tell; la soumission de la région des plateaux, celle des oasis de la région septentrionale du Sahara al-

gérien (1852-54), enfin, celle de la Grande Kabylie (1858),
peuvent être regardées comme les diverses étapes de la
conquête.

Malgré les insurrections qui témoignent des haines et
des espérances persistantes d'une partie des populations
indigènes, l'Algérie est entrée définitivement dans la pé-
riode d'organisation; le travail du colon et de l'adminis-
trateur doit compléter l'œuvre militaire.

Géographie politique. — La colonie est administrée par un gouverneur général civil, ayant sous ses
ordres les autorités civiles et militaires et assisté d'un
conseil de gouvernement composé des chefs de service et
des délégués des conseils généraux. L'Algérie est représentée dans nos Assemblées par des députés et des séna-
teurs, et les Français ou les étrangers naturalisés y jouis-
sent des mêmes droits civils et politiques qu'en France.
Elle se divise en trois provinces partagées en territoire
civil et territoire militaire. Ce dernier, dont la population
est presque entièrement arabe ou berbère, est divisé en
circonscriptions ou cercles, administrés par des chefs indigènes, sous la surveillance et la direction de l'autorité
militaire française.

Le territoire civil, qui comprend à peu près toute la
région du Tell et commence à s'étendre sur celle des
plateaux, forme trois départements, soumis au régime
administratif des départements français. Les communes
de plein exercice sont administrées par des maires et
des conseils municipaux, où les indigènes sont repré-
sentés; les communes *mixtes*, où les Européens ne sont
pas assez nombreux pour pouvoir y constituer une administration régulière, sont régies par des commissaires
civils.

1° Le département d'**Alger** a pour chef-lieu **Alger**
(95000 hab., avec le faubourg de Mustapha), la ville la
plus peuplée et le premier port d'Algérie, résidence du
gouverneur général; sous-préfectures : *Miliana*, au pied
des premiers contreforts de l'Atlas, *Médéa*, au sud du
col de Mouzaïa, *Orléansville*, sur le Chélif, et *Tizi-Ouzou*,

en Kabylie : villes principales, *Blida*, dans la fertile plaine de la Mitidja, *Aumale*, au pied du Djebel Dira, *Ténès* et *Cherchel* (ports);

Fig. 70. — Vue panoramique d'Alger.

2° Le département d'**Oran** a pour chef-lieu **Oran** (68 000 hab.), sur la Méditerranée; sous-préfectures :

Mascara, Tlemcen, dans l'intérieur, *Mostaganem,* sur la côte, *Sidi-bel-Abbès,* au sud d'Oran ; villes principales, *Arzeu, Relizane, Saïda* et *Saint-Denis-du-Sig ;*

3° Le département de **Constantine** a pour chef-lieu **Constantine** (45 000 hab.), sur le *Roummel ;* sous-pré-

Fig. 71. — Constantine.

fectures : *Bougie, Bône* et *Philippeville* (ports), *Batna, Sétif* et *Guelma,* sur les plateaux.

Les principales villes de la région des Plateaux et du Sahara (territoire militaire) sont :

1° Dans la province d'Alger : *Bou-Saada, Laghouat, Guerrara, Gardaïa,* dans le *Mzab, Ouargla,* et *El Golea* dans le pays Chamba ;

2° Dans la province d'Oran : *Daïa, Géryville,* le *Kreider, Méchéria ; Lalla-Maghrnia* sur la frontière du Maroc ;

3° Dans la province de Constantine : *Tébessa, Biskra, Lichana* qui a remplacé *Zaatcha,* détruite pendant l'insurrection de 1849 ; *Tougourt,* capitale de l'*Oued-Rir,* au sud du lac *Melrir ; El-Oued,* chef-lieu du *Souf.*

Population. — La population totale (recensement de 1886) est de 3 910 000 habitants, dont 3 325 000 en territoire civil.

10.

Les Kabyles ou plutôt les Berbères, de race pure ou mélangée avec les Arabes, comptent pour plus de deux

Fig. 72. — Philippeville.

millions, les Arabes pour plus d'un million. Les uns et les autres sont musulmans ; mais le Kabyle est sédentaire, cultivateur habile et ouvrier intelligent, tandis que l'Arabe a conservé les habitudes d'oisiveté et les instincts nomades des tribus de pasteurs et de guerriers auxquelles remonte son origine. Les israélites, considérés aujourd'hui comme citoyens français, sont au nombre d'à peu près 38000. Les Européens, concentrés dans le Tell, comptent 460000 âmes contre 95231 en 1845; dont 250000 Français et 210000 étrangers, parmi lesquels dominent les Espagnols, les Italiens, les Maltais et les Allemands. — La moyenne est de 23 habitants par kilom. carré, pour les 140000 kilom. carrés du Tell.

Notions de géographie administrative. Chemins de fer. — L'Algérie forme une région de corps d'armée (19° corps), dont l'état-major réside à Alger. — Alger est également le siège d'un archevêché, dont dépendent les évêchés d'Oran et de Constantine, d'une cour d'appel et d'une académie. — Son budget, qui s'élève à 40 millions environ, sans compter les dépenses militaires à la charge de la France, est alimenté par des impôts spéciaux perçus sur les indigènes et par les contributions qui pèsent sur les Européens.

Les communications sont encore imparfaites, et dans le sud les routes ne sont guère que des sentiers de caravanes; mais le Tell est sillonné par des routes nombreuses et par un réseau de chemins de fer qui dépasse 2600 kilomètres. Malgré les soulèvements des indigènes qui ont retardé les progrès de la colonisation, et les hésitations ou les erreurs des divers gouvernements qui se sont succédé en France depuis 1830, l'Algérie est aujourd'hui la plus riche, la plus utile et la plus solide de nos possessions extérieures. Située à 40 heures de Marseille, elle n'est en quelque sorte qu'un prolongement de la France sur la côte septentrionale de l'Afrique.

III

PROTECTORAT DE TUNISIE

La **Tunisie** est bornée : au nord et à l'est par la Méditerranée, au sud par le Sahara et la Tripolitaine, à l'ouest par l'Algérie ; elle est sillonnée par les chaînes de l'Atlas, arrosée par quelques rivières dont la plus importante est la *Medjerda*, et la nature du climat et du sol est à peu près la même qu'en Algérie (120 000 kilom. car., 1 500 000 habitants, presque tous musulmans).

La capitale est **Tunis** (135 000 habitants), avec le port de *la Goulette*, sur la Méditerranée, non loin des ruines de *Carthage ;* les ports de *Bizerte*, sur la côte septentrionale, de *Souse*, de *Sfax* et de *Gabès*, sur le golfe de Gabès, ont une navigation assez active ; la ville de *Kairouan*, au sud de Tunis, a été longtemps la capitale.

Notions historiques. — La Tunisie correspond à l'ancien territoire de Carthage. Ce fut là que se fonda une des premières puissances maritimes et commerçantes de l'antiquité.

Après avoir détruit Carthage et fait de son territoire la province d'Afrique, les Romains ne tardèrent pas à la relever, et la Carthage impériale retrouva une partie de sa prospérité. Conquise par les Vandales, puis reprise par Justinien, elle ne fut enlevée à l'empire romain que par les Arabes, qui la renversèrent pour toujours. *Kairouan*, qui lui succéda, devint la capitale de dynasties indépendantes qui eurent plus d'une fois à lutter contre les chrétiens. Saint Louis vint mourir sous les murs de Tunis. Charles-Quint s'en empara, mais ne garda pas cette conquête, et, à la fin du seizième siècle, la Tunisie devint vassale de l'empire ottoman. Depuis le dix-huitième siècle, elle se gouverne d'une manière à peu près indépendante. Le voisinage de l'Algérie et la nécessité de réprimer les brigandages des tribus tunisiennes ont forcé la France, en 1881, à imposer son protectorat au bey de Tunis.

Fig. 73. — Vue de Kairouan.

Productions. — La situation de la Tunisie sur la côte septentrionale de l'Afrique, au centre de la Méditerranée, à quelques heures de Malte et de la Sicile, à deux jours de Marseille, la douceur de son climat, ses richesses minérales, la fécondité de son territoire qui produit, presque sans culture, les céréales, la vigne, le dattier, l'olivier, les arbres fruitiers; ses vastes pâturages, ses prairies d'alfa (1) et ses pêcheries de corail ont assuré de tout temps une haute importance commerciale à ce pays, qui, par sa proximité de l'Algérie, devait attirer d'une manière toute spéciale l'attention de la France.

La Tunisie compte environ 400 kilomètres de chemins de fer et 3800 kilomètres de lignes télégraphiques.

IV

AUTRES POSSESSIONS FRANÇAISES EN AFRIQUE

1° Sénégal. — La colonie du Sénégal est située sur la côte occidentale de l'Afrique et occupe la vallée d'un grand fleuve qui se jette dans l'Atlantique, le *Sénégal*.

C'est un pays marécageux sur le littoral, accidenté dans l'intérieur, dévoré par un soleil ardent et inondé par les pluies qui, sous les tropiques, tombent périodiquement pendant plusieurs mois de l'année. Il produit surtout du coton, des fruits oléagineux appelés arachides et des gommes. La population indigène est noire et en grande partie musulmane. La capitale est *Saint-Louis*, à l'embouchure du Sénégal; le principal port est *Dakar*, sur l'Atlantique. Nous possédons également l'île de *Gorée*, située un peu plus au sud, et un certain nombre de comptoirs à l'embouchure des principaux cours d'eau, la *Casamance*, le *Rio-Nunez*, le *Rio-Pongo*, qui arrosent la Sénégambie. Des postes échelonnés sur le Sénégal (*Bakel, Médine, Bafoulabé*) assurent à la France la domina-

---

1. L'alfa est une plante qui croît en abondance sur les plateaux de l'Atlas et qu'on utilise pour la fabrication des nattes et surtout celle du papier.

Fig. 74. — Une mosquée à Kairouan.

tion du haut fleuve; elle compte dans ses possessions directes 230000 habitants; elle gouverne, par son influence armée ou pacifique, les États indigènes du Oualo, du Cayor, du Fouta-Toro, du Bambouk, peuplés par les nègres Yolofs, et le Bondou, habité par la race intelli-

Fig. 75. — Riz (hauteur de la tige, 1 mètre).

Fig. 76. — Café. Branche et fruits du caféier. (Le fruit est de la grosseur d'une merise, l'arbre a 4 à 5 mètres de hauteur.)

gente des Peuls, ou Fellatas. Les explorations hardies de nos voyageurs et l'énergie de nos soldats ont ouvert à notre commerce la route du Soudan occidental. Le poste de *Kita* sur le plateau qui sépare le bassin du Sénégal de celui du Niger, et celui de *Bamakou*, sur le Niger même, établissent entre le grand fleuve soudanien et l'Atlantique une ligne continue de positions françaises, et tracent peu à peu cette grande voie commerciale qui réunira un jour le Sénégal à l'Algérie, à travers le Sahara et le Soudan.

2° **Guinée septentrionale.** — On donne le nom

de **Guinée septentrionale** aux pays qui s'étendent entre
les monts *Kong* et l'Atlantique, depuis le Rio *Pongo* jusqu'au cap *Lopez*.

Fig. 77. — Vue de Saint-Louis.

La France possède sur les côtes de Guinée quelques
territoires, qui formaient autrefois une dépendance du
gouvernement du Sénégal; *Dabou* et *Grand-Bassam*, sur

Fig. 78. — Vue de Médine.

la côte d'Ivoire; *Assinie*, sur la côte d'Or, marchés du commerce de l'ivoire et de l'huile de palme avec les **Achantis**; les comptoirs de *Kotonou* et de *Porto-Novo* sur le littoral du **Dahomey**; *Batonga* et plusieurs villages sur le golfe de Biafra.

Quelques milliers de nègres reconnaissent le protectorat ou la domination française; les colonies de Guinée offriraient des ressources pour la culture des épices, du café, du tabac, du coton, de l'indigo, si la paresse des indigènes n'opposait au progrès une difficulté aggravée par l'insalubrité du climat. L'ivoire, le caoutchouc, les huiles de palme sont les principaux objets d'exportation.

3° **Congo**. — Au nord du pays qu'on désigne d'ordinaire sous le nom de **Congo** ou **Guinée méridionale**, la France a fait reconnaître ses droits sur un territoire qui a pour limites : à l'ouest, l'Atlantique, depuis la baie de Corisco, au nord de l'estuaire du **Gabon**, jusqu'à Punta-Negra; au sud, une ligne tirée du littoral de l'Atlantique au fleuve du Congo; au sud-est, le cours du Congo jusqu'à l'équateur; au nord-est et à l'est, une ligne encore indéterminée et à peu près parallèle à l'équateur. Ce territoire, presque aussi grand que celui de la France, comprend trois régions distinctes: la zone maritime, plate, marécageuse, en partie boisée ; une zone de terrasses large d'environ 150 kilomètres, accidentée, creusée de vallées profondes, où coulent l'*Ogooué*, le *Niari*, mais moins chaude et plus salubre; enfin la zone des plateaux intérieurs, moins élevée que la précédente, arrosée par de nombreux cours d'eau, affluents du Congo, l'*Alima*, l'*Oubanghi*, etc., habitée par des populations de race noire assez clairsemées, et couverte d'une belle végétation. Les postes français sont au nombre de plus de 40, occupés par quelques centaines de blancs; les principaux sont ceux de *Libreville*, sur l'estuaire du Gabon, du *cap Lopez*, de *Loango* et de *Punta-Negra*, sur l'Atlantique, de *Franceville*, sur l'Ogooué, et de *Brazzaville*, sur le Congo, à laquelle la reconnaissance nationale a donné le nom de l'explorateur de cette région et du fondateur du Congo français, M. Savorgnan de Brazza.

La conférence de Berlin (novembre 1885) a décidé que

Fig. 79. — Comptoir du Gabon.

la navigation du Congo serait libre pour tous les pavillons et placée sous la surveillance d'une commission internationale.

4° **Obok.** — La France a occupé (traité du 11 mars 1862)

sur la côte orientale de l'Afrique, à l'entrée du détroit de
Bab-el-Mandeb et presque en face de la ville anglaise
d'Aden, le territoire d'*Obok*, qui peut avoir une grande
importance comme point de relâche ; elle possède également
ment depuis 1884 la baie de *Tadjoura,* au sud de celle
d'Obok, débouché du commerce du *Choa* (Abyssinie
méridionale) : mais c'est jusqu'à présent à la Réunion et
à Madagascar que se concentrent nos principaux intérêts
coloniaux dans l'Afrique orientale.

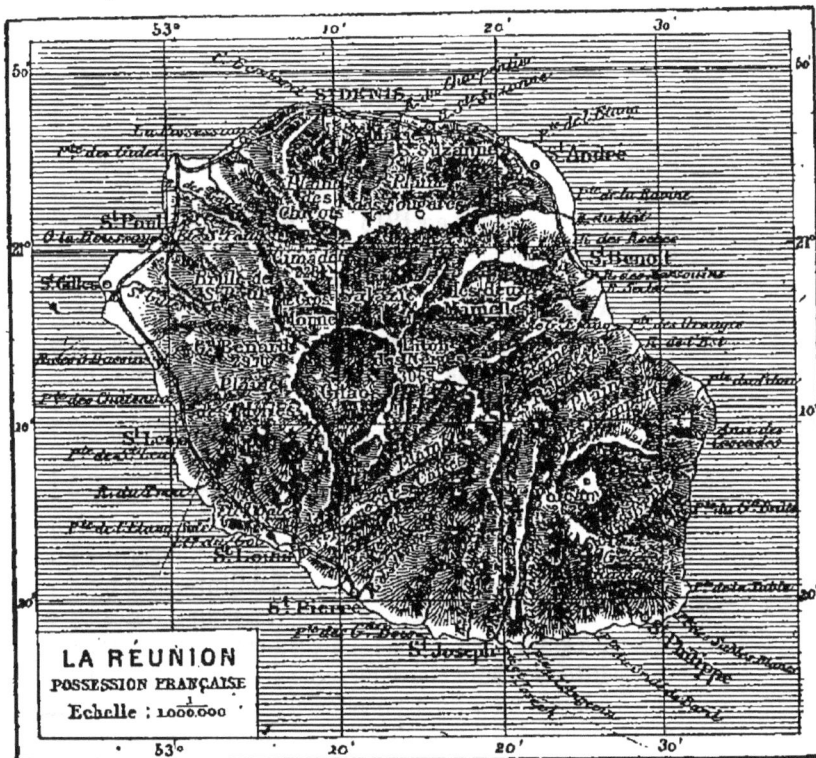

Carte XVIII.

5° **La Réunion.** — L'île de **la Réunion** ou de **Bourbon** fait partie du groupe des *Mascareignes :* elle est
occupée par les Français depuis 1648. Volcanique, hérissée de montagnes, dont le point culminant, le *Piton-
des-Neiges,* atteint 3070 mètres, mais fertile dans les

vallées et sur la côte, elle possède une superficie de
251 000 hectares et une population de 170000 âmes,
dont 50000 blancs et 50000 immigrants chinois, indous
ou africains. Les trois ports : *Saint-Pierre*, *Saint-Paul* et
Saint-Denis, chef-lieu de la colonie (50000 hab.), ne sont
que des rades ouvertes et dangereuses, que d'immenses
travaux ont enfin réussi à améliorer. Saint-Denis est la
résidence du gouverneur, le siège d'une cour d'appel,
d'un vice-rectorat et d'un évêché. Le budget local atteint
5 millions.

La grande industrie et la grande culture de la Réunion
est la canne à sucre : la production du café a beaucoup
diminué ; le tabac, le cacao, le coton, la vanille, les épices,
le riz, les céréales ne jouent dans la culture qu'un rôle
secondaire.

Nous avons perdu en 1815 l'**île de France (Maurice)**,
aujourd'hui possession anglaise, dont la capitale, *Port-
Louis*, est un des meilleurs ports de l'océan Indien.

6° **Madagascar. Les Comores.** — La grande île
de Madagascar, dont la superficie dépasse 590000 kilomètres carrés, ét la population 3 millions 1/2 d'habitants, est située entre 12° (cap *Sainte-Marie*) et 25° 30'
(cap d'*Ambre*) de latitude sud. Malsaine, mais fertile sur la
côte, bien arrosée, quoiqu'elle n'ait pas de cours d'eau
navigables, elle est traversée par une chaîne de montagnes (points culminants 2500 mètres) qui forme dans
l'intérieur de vastes plateaux au climat tempéré, mais
au sol aride, pierreux et rebelle à la culture. Madagascar
possède cependant de grandes richesses naturelles : céréales, légumes, riz, tabac, épices, café, coton, cultivés
sur le littoral et sur le bord des cours d'eau, cire, bestiaux,
bêtes à laine, admirables pêcheries, surtout dans le canal
de Mozambique, entre l'île et le continent ; forêts aux
essences variées dans la région du littoral, mines de fer,
de plomb, de cuivre. Mais ces ressources sont paralysées
par l'apathie des populations malgaches et le gouvernement peu intelligent des Hovas, peuplade d'origine malaise, récemment convertie au presbytérianisme, qui ont

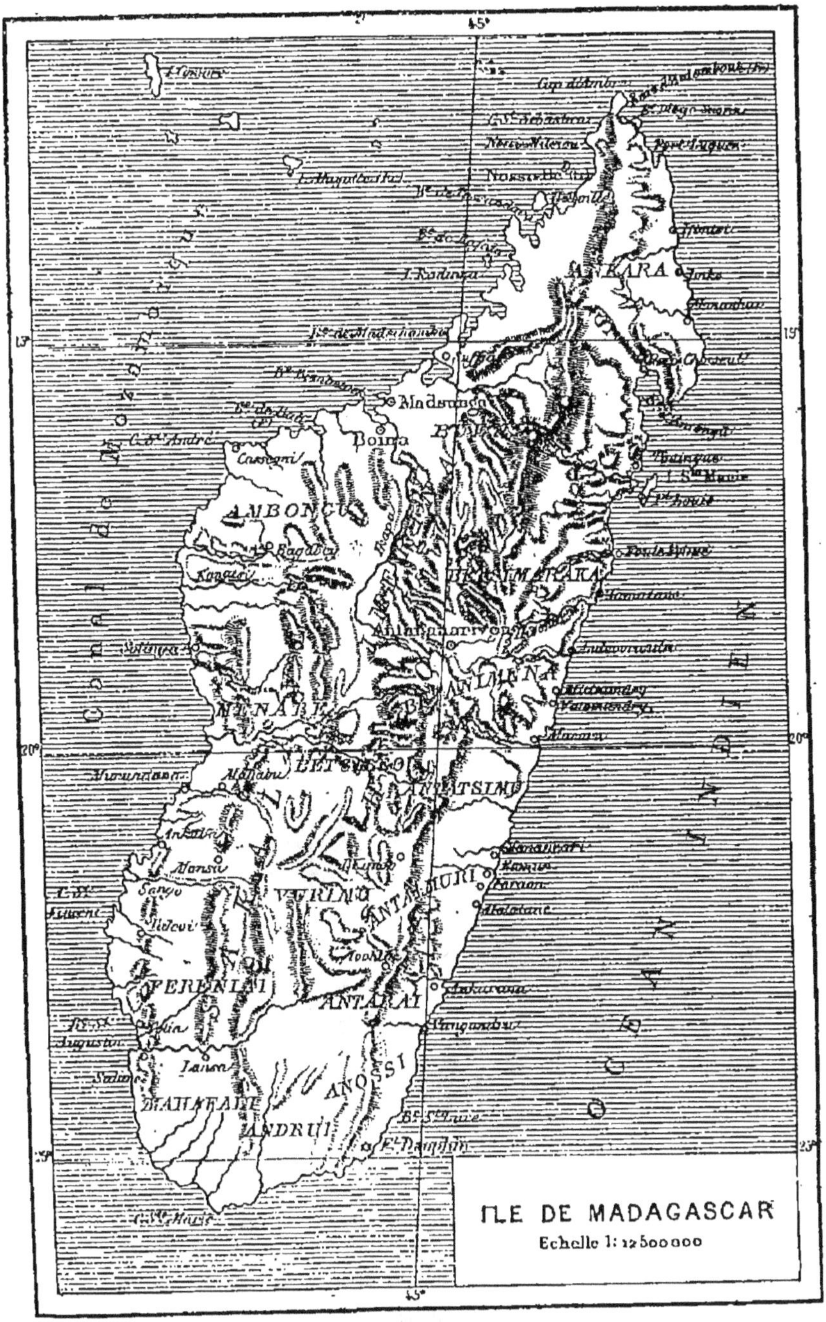

ÎLE DE MADAGASCAR
Echelle 1: 12500000

Carte XIX.

soumis la plupart des populations noires du centre et de l'est. Ils ont fait de *Tananarive* ou *Antananarivou* (80 000 hab.) leur capitale, et du port de *Tamatave*, sur la côte orientale, le principal débouché ouvert au commerce étranger.

Fig. 80. — Vue de Mayotte.

La France avait conservé de ses droits de souveraineté sur Madagascar, qui remontent au dix-septième siècle, le protectorat des tribus malgaches de la côte nord-ouest, quelques postes sur cette côte et une certaine influence à Tananarive, disputée par les Anglais et les Américains. Mais, depuis quelques années, les vexations des Hovas contre nos commerçants et leurs attaques contre les tribus amies de la France ont amené avec le gouvernement de Tananarive des difficultés qui ont fini par aboutir à une guerre ouverte et à l'occupation de *Tamatave* par les forces françaises. Les Hovas ont signé en 1885 un traité qui nous cède la baie de *Diégo-Suarez*, au nord de l'île, et reconnaît la suprématie politique de la France représentée par un résident général.

Nous possédons à peu de distance de Tamatave l'île *Sainte-Marie-de-Madagascar*, et les îles *Nossi-Bé*, *Nossi-Mitsiou*, *Nossi-Comba*, et *Nossi-Fali*, à la pointe nord-ouest de Madagascar. L'influence française est dominante dans le groupe des Comores, dont la plus voisine de Madagascar, **Mayotte** (10000 hab.), est occupée depuis 1841, tandis que nous n'exerçons sur *Mohéli*, *Anjouan* et *Grande-Comore* qu'un droit de protectorat. Le sucre et les peaux brutes sont les principaux produits de ces îles.

RÉSUMÉ

I et II

ALGÉRIE. — L'*Algérie*, possession française (5 à 600000 kilomètres carrés), est bornée, au nord par la Méditerranée, à l'est par la Tunisie, au sud par le Sahara, à l'ouest par le Maroc. Elle correspond à l'ancienne *Numidie* et à une partie de la *Mauritanie* et fut tour à tour soumise par les Romains, les Vandales, les Arabes; les Turcs y exercèrent, à partir du seizième siècle, une souveraineté nominale. La France a achevé, en 1858, la conquête de l'Algérie, commencée en 1830 par la prise d'Alger.

Les chaînes de l'ATLAS traversent toute l'Algérie de l'ouest à l'est, et donnent naissance à un grand nombre de rivières, non navigables (*Seybouse*, *Roummel*, *Harrach*, *Tafna*), dont la plus considérable est le *Chélif*.

L'Algérie se divise en trois régions physiques : 1° de la Méditerranée aux sommets de l'Atlas septentrional, le *Tell*, région des céréales, de la vigne, de l'olivier, du tabac, des forêts de chênes-lièges, des mines de fer et de cuivre, des carrières de marbre ; 2° entre l'Atlas septentrional et l'Atlas méridional, la région des *Plateaux* ou steppes, couverts de lacs salés, de pâturages et de prairies d'alfa ; 3° au sud de l'Atlas, le *Sahara*, région des sables et des oasis.

La population totale est de 3 910 000 habitants, dont près de 500 000 Européens ou israélites et 3 410 000 indigènes, *Arabes* ou *Berbères* (Kabyles), de religion musulmane.

Le territoire civil forme trois départements :

1° ALGER (95 000 hab.) ; sous-préfectures : *Médéa, Miliana, Orléansville* et *Tizi-Ouzou* ; ville principale, *Blida*.

2° ORAN ; sous-préfectures : *Mascara, Tlemcen, Mostaganem* et *Sidi-bel-Abbès* ; villes principales, *Saint-Denis du Sig* et *Saïda*.

3° CONSTANTINE ; sous-préfectures : *Batna, Bône, Bougie, Philippeville, Guelma* et *Sétif*.

Les principales villes des hauts plateaux et du Sahara sont :

1° Dans la province d'Alger : *Laghouat* et *Ouargla* ;

2° Dans la province d'Oran : *Lalla-Maghrnia* et *Géryville* ;

3° Dans la province de Constantine : *Biskra, Tougourt*, au sud du lac *Melrir*.

Les principaux ports de l'Algérie en communication régulière avec la France sont : Alger, Oran, Philippeville et Bône. — La longueur des chemins de fer exploités dépasse 2 600 kilomètres.

III

La TUNISIE est située entre la Méditerranée au nord et à l'est, la Tripolitaine au sud, l'Algérie à l'ouest. La Tunisie formait autrefois le territoire de *Carthage*, la rivale de Rome. Les Romains en firent la province d'Afrique, qui fut conquise par les Vandales, reprise par Justinien, puis définitivement enlevée à l'empire romain par les Arabes. Elle est aujourd'hui gouvernée par un bey, protégé de la France depuis 1881.

La capitale est TUNIS (135 000 habitants), sur la Méditerranée, près des ruines de Carthage ; les principaux ports : *la Goulette*, port de Tunis, *Bizerte, Sousse, Sfax* et *Gabès*. *Kairouan* est la principale ville de l'intérieur. La Tunisie, dont le climat et le sol rappellent l'Algérie, produit surtout des céréales, des laines, des dattes, des huiles d'olive et de l'alfa.

Population. — 1 500 000 habitants, Arabes et Berbères musulmans.

IV

La France possède en outre sur la côte occidentale de l'Afrique, des établissements dans la vallée du SÉNÉGAL (capitale *Saint-Louis*, sur le Sénégal ; villes principales, *Médine* et *Bafou-*

labé, sur le même fleuve), la ville de *Bamakou* sur le Niger, l'île de *Gorée,* des comptoirs sur la côte de Sénégambie et de Guinée (*Dakar, Assinie, Grand-Bassam*), et un vaste territoire dans le bassin de l'Ogooué et du Congo (villes principales, *Libreville,* chef-lieu de la colonie du *Gabon,* et *Brazzaville* sur le Congo). Les principaux produits de la côte occidentale sont les huiles de palmier, le caoutchouc et l'ivoire.

Dans l'océan Indien, les possessions françaises sont les îles de la Réunion ou de *Bourbon* (170 000 habitants, capitale *Saint-Denis*), *Mayotte, Nossi-Bé, Sainte-Marie-de-Madagascar,* et la baie d'*Obok* à l'entrée de la mer Rouge.

Madagascar, la plus grande île de l'Afrique (590 000 kilomètres carrés, 3 500 000 habitants), couverte, dans l'intérieur, de plateaux dénudés, ou plus rarement boisés, sur la côte, de marécages et de rivières, est soumise à un peuple de race malaise, les Hovas; mais la France les a forcés de reconnaître son protectorat et de lui céder le port de *Diégo-Suarez.* La capitale est *Tananarive* ou *Antananarivou,* au centre de l'île; le principal port, *Tamatave,* à l'est.

Les Comores (*Anjouan, Mohéli, Grande-Comore*) sont également soumises au protectorat français.

Questionnaire.

Qu'entend-on par colonies ? — Quelle différence y a-t-il entre une colonie et un pays protégé ? — Quelles sont les colonies françaises en Afrique ? — Quelles sont les bornes et l'étendue de l'Algérie ? — Quelle est la principale chaîne de montagnes ? — Quels sont les principaux cours d'eau ? Sont-ils navigables ? — En combien de régions naturelles divise-t-on l'Algérie ? — Quelles sont les productions de chacune d'elles ? — A quelles races appartient la population indigène ? — Quelle religion professe-t-elle ? — Quelles sont les divisions politiques et les villes les plus importantes de l'Algérie ? — Quelles sont les productions et le climat du Sénégal ? — Quelle est l'importance des nouvelles acquisitions françaises dans la région du haut Sénégal et du Niger ? — Quels sont les comptoirs français du golfe de Guinée ? — Quelle est l'étendue du Congo français ? — Quel est l'aspect général de ce pays ? — Que produit-il ? — Nommez quelques-uns des comptoirs français. — Quelles sont les îles que nous possédons dans l'océan Indien ? — Quels sont les pays placés sous le protectorat français ? — Quelle est la capitale de Madagascar ? — Quelles sont les productions de cette île ? — Avons-nous des possessions continentales dans l'Afrique orientale ?

Exercices.

Carte de l'Algérie et de la Tunisie.
Carte de la Sénégambie française.
Carte du Congo français.
Carte de Madagascar.

Lectures.

Lanier. L'Afrique. 1 vol. in-12, 1884.
Gaffarel. Les Colonies françaises. 1 vol. in-8°, 1883.
L'Afrique occidentale. Sénégal et Niger. 1 vol. in-8° (ministère de la marine), 1884.
Neuville et Bréard. Les Voyages de Savorgnan de Brazza. 1 volume in-8°, 1884.
Leroy. Les Français à Madagascar. 1 vol. in-12, 1884.

CHAPITRE II

Colonies et protectorats d'Asie et d'Océanie.

I

INDES FRANÇAISES

La France possède aux Indes quelques comptoirs, souvenirs d'un empire qui s'étendait, au milieu du siècle dernier, sur 30 millions de sujets. La Compagnie fran-

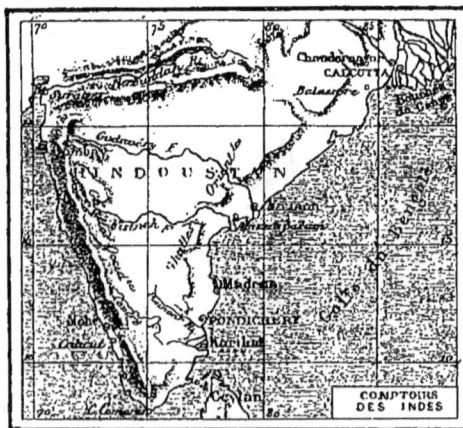

Carte XX.

çaise des Indes orientales fondée par Colbert, ruinée par les guerres de la fin du dix-septième siècle, puis relevée par Law, fut un moment, grâce au génie de Dupleix, maîtresse d'une grande partie du Dékan et du Bengale ; mais l'incurie du gouvernement français assura le triomphe de l'Angleterre. La paix de Paris, en 1763, ne nous laissa aux Indes que les cinq comptoirs qui nous appartiennent encore. L'étendue de ces territoires ne dépasse pas 490 kilomètres carrés, et leur population 280000 habitants.

Le chef-lieu est **Pondichéry,** sur la côte de Coromandel. Les autres comptoirs sont : *Karikal,* à l'embouchure du Cavéry, et *Yanaon,* à l'embouchure du Godavéry, sur la côte de Coromandel ; *Mahé,* sur la côte de Malabar, et *Chandernagor,* dans le delta du Gange, à 25 kilom. de Calcutta.

II

INDO-CHINE

Géographie physique. — L'Indo-Chine est une vaste presqu'île située entre la Chine au nord, les Indes et le golfe du Bengale à l'ouest, le détroit de Malacca et le golfe de Siam au sud, et la mer de Chine à l'est.

L'intérieur du pays est un plateau coupé par des arêtes montagneuses qui se rattachent au gigantesque massif du Thibet. Cinq grands fleuves arrosent l'Indo-Chine. L'*Iraouaddi* et le *Salouen* se jettent dans le golfe du Bengale : leur cours appartient presque entièrement à la **Birmanie** (établissements britanniques). Le *Meïnam* traverse le **Royaume de Siam.** Le *Meï-Kong* ou rivière de *Cambodge,* long de 3500 kilomètres, et reconnu presque jusqu'à sa source par l'expédition française de MM. Doudart de Lagrée et Garnier, descend des montagnes du Thibet, coule dans le **Laos** siamois, dans le **Cambodge** où il reçoit les eaux d'une véritable mer intérieure, le grand lac cambodgien, et forme un vaste delta, la **Cochinchine française,** terre d'alluvion, en grande partie créée par le fleuve. Le delta du *Meï-Kong* se confond avec celui de plusieurs cours d'eau moins considé-

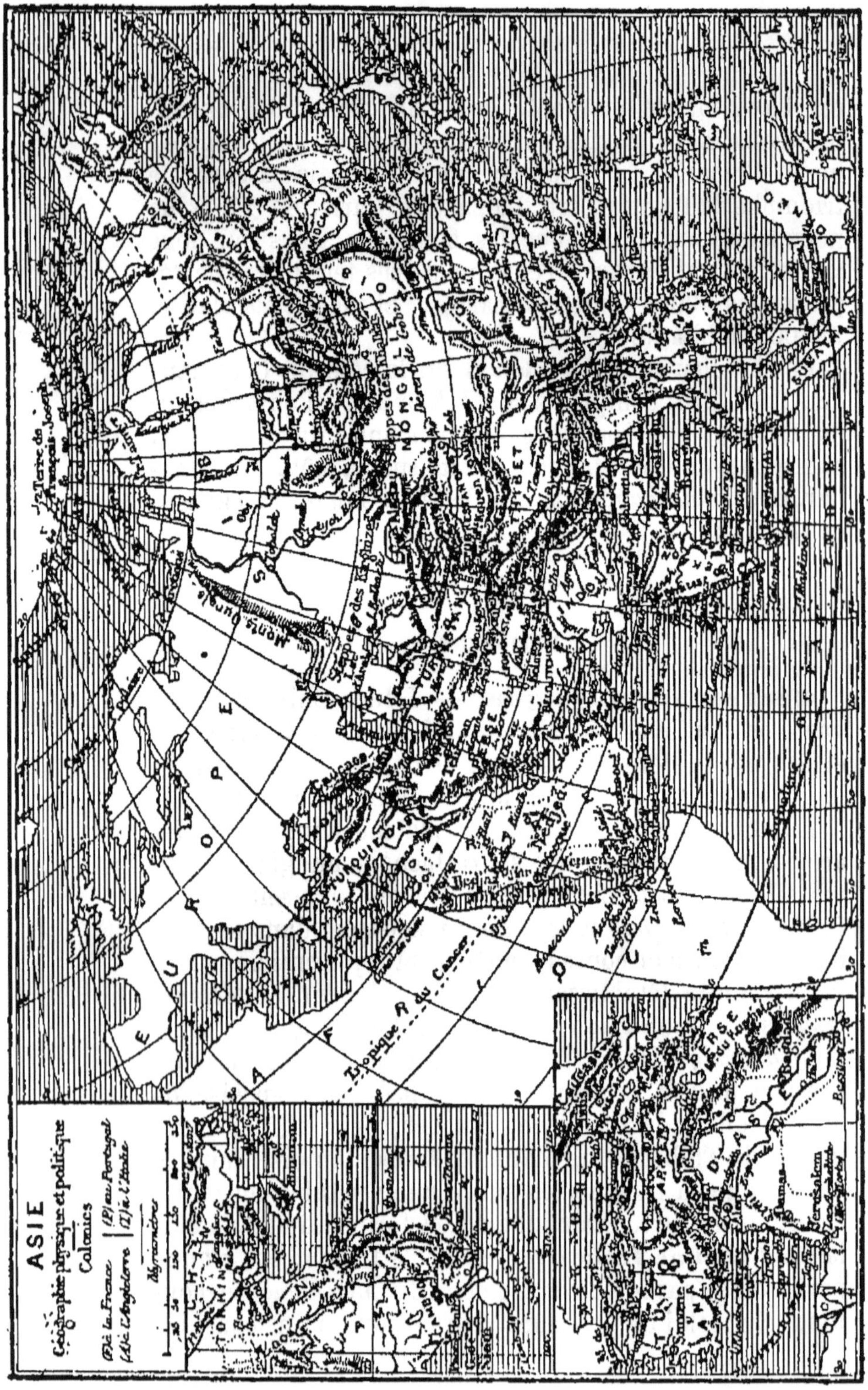

Carte XXI.

rables, dont le plus important, le *Don-Naï*, prend naissance dans les montagnes de l'**Annam**. Le cinquième des fleuves indo-chinois, le *Song-Tao*, *Song-Koï* ou *Fleuve-Rouge*, prend sa source dans les montagnes du **Yun-nan** (Chine méridionale), coule dans la direction du sud-est, et, après avoir reçu ses deux principaux affluents, la *Rivière-Noire* (*Song-Bô*) à droite, et la *Rivière-Claire* (*Bô-dé*) à gauche, se partage en plusieurs bras avant de se jeter dans le golfe du **Tonkin**. Un de ces bras communique avec le fleuve *Song-Kau* ou *Thaï-Binh* qui forme également un delta.

La situation de l'Indo-Chine entre les deux mers, dominant les routes de la Chine et celles de l'Océanie, ses grands fleuves, la merveilleuse fertilité de ses plaines, la variété de ses productions, ont attiré depuis longtemps l'attention de l'Europe. L'Angleterre s'est emparée de la Birmanie et des trois clefs du détroit : Malacca, Poulo-Pinang et Singapour.

Cochinchine française. — La France a songé, à son tour, à se créer dans l'extrême Orient une position qui lui manquait depuis la ruine de sa domination dans les Indes, et, de 1859 à 1867, elle a occupé les six provinces de la basse **Cochinchine**, conquise sur l'empire d'**Annam**, *Saïgon*, *Mytho*, *Bien-Hoa*, *Chaudoc*, *Hâ-Tien* et *Vinh-Long*, avec le groupe des îles *Poulo-Condore*, situé à 180 kilomètres au sud de l'embouchure du Meï-Kong.

Les principaux débouchés du commerce de la basse Cochinchine sont : *Mytho* et *Vinh-Long*, sur le Meï-Kong, *Bien-Hoa*, sur le Donnaï, et surtout *Saïgon* (100000 hab.), chef-lieu de la colonie, sur un affluent du Donnaï, à 100 kilomètres de la mer, accessible aux plus grands navires, centre des voies de communication et des lignes télégraphiques qui le rattachent à l'Annam, au Tonkin et au télégraphe du Pacifique.

La population de la colonie est de 1800000 habitants, Annamites, Malais et Chinois, pour un territoire de 59457 kilomètres carrés. La religion est le bouddhisme, la langue est l'annamite, proche parent du chinois. Les Européens sont au nombre de 2500 dont 2000 Français.

Le climat est chaud et insalubre, surtout pendant la saison des pluies, d'avril à septembre : le sol bas, humide et arrosé par d'innombrables canaux ou arroyos, dont quelques-uns peuvent porter des jonques d'un assez fort tonnage, produit le riz, dans les alluvions du delta, les arachides, le tabac, le bétel dans les parties plus sèches. Les animaux domestiques sont : le buffle, le porc, la volaille, les vers à soie et les abeilles.

Les minéraux sont rares, l'industrie peu avancée, bien que les Annamites excellent dans la fabrication des nattes et le travail du bois. Le commerce indigène est presque tout entier entre les mains des Chinois, qui ont fait de *Cholen*, ville chinoise, située à 5 kilomètres de Saïgon, l'entrepôt des riz et des produits les plus importants de la basse Cochinchine.

La Cochinchine est administrée par un gouverneur général civil, assisté d'un conseil privé et d'un conseil colonial élu. Le territoire de la colonie se divise en districts, arrondissements et cantons ; il renferme environ 2400 communes qui ont leurs maires et leurs conseils de notables indigènes.

Les écoles primaires et secondaires comptent 16000 à 17000 élèves, presque tous indigènes.

Le budget de la colonie s'élève à plus de 27 millions dont trois seulement à la charge de la métropole, pour les dépenses militaires.

Protectorat du Cambodge. — Le protectorat français est reconnu par le royaume de **Cambodge** (83861 kilom. car., 1200000 hab.), situé au nord-ouest de nos possessions, et important par ses rizières, les riches pêcheries du grand lac et les produits de ses forêts. Il a pour capitale *Phnom-Pehn*, sur le *Meï-Kong*, pour ville principale *Oudong*, cité ruinée.

Protectorats d'Annam et Tonkin. — L'empire d'**Annam** (400000 kilom. car. ; 14 à 15 millions d'hab.), se compose d'un long plateau qui s'abaisse brusquement vers l'océan Pacifique, et du bassin du Fleuve-Rouge, qui porte le nom de Tonkin. Nos relations avec ce pays étaient restées défiantes, sinon ouvertement hostiles, depuis le traité de 1867 qui avait confirmé nos conquêtes dans la basse Cochinchine. En 1872, elles semblèrent prendre un caractère plus amical; les tentatives faites par le gouvernement français pour obtenir l'ouverture du Tonkin au commerce européen avaient paru favorablement accueillies et un petit corps expéditionnaire français, sous la conduite de Garnier, l'explorateur du Meï-Kong, avait reçu l'autorisation de pénétrer dans le Fleuve-Rouge pour y réprimer la piraterie et négocier avec le vice-roi les conditions d'un arrangement commercial.

Le refus de celui-ci, probablement encouragé par le gouvernement annamite, et les attaques dirigées contre les Français décidèrent Garnier à occuper la citadelle de Hanoï, que ses 120 hommes enlevèrent aux 7000 soldats du vice-roi. Mais, quelques jours après, il tombait égorgé dans une embuscade. Le gouverneur de la Cochinchine rappela l'expédition et signa, le 14 mars 1874, avec l'Annam, un traité qui plaçait l'indépendance de ce royaume sous la garantie de la France, autorisait l'exercice du culte catholique et stipulait l'ouverture des ports de *Quin-hon*, sur la côte annamite, de *Haï-Phong* et de *Hanoï*, sur le fleuve Rouge, dans le Tonkin, ainsi que le droit, pour le gouvernement français, d'entretenir dans ces ports des consuls avec une force militaire suffisante pour les protéger.

La possibilité d'établir par le cours du fleuve Rouge des relations avec le **Yun-Nan**, révélée par les explorations de M. *Dupuis*, les voyages de MM. *Harmand, de Kergaradec*, etc., et d'autre part les richesses naturelles (riz, sucre, plantes oléagineuses, coton, bois précieux, soie, houille, gisements aurifères) du Tonkin, dont la population dépasse 10 millions d'habitants, avaient attiré sur ce pays l'attention publique; mais la piraterie et le brigandage rendaient le commerce impossible, et les petits détachements étaient insuffisants pour les réprimer. Une nouvelle catastrophe, la mort du commandant Rivière, tué sous les murs de Hanoï (1883), prouva la nécessité d'en finir avec les manœuvres déloyales de l'Annam et les incursions des bandits soudoyés par la Chine et le gouvernement annamite, sur lequel la cour de Pékin prétendait exercer un droit de suzeraineté.

L'empire d'Annam a dû reconnaître (traités du 21 août 1883 et du 6 juin 1884) le protectorat de la France, et sa capitale *Hué* a été occupée par une garnison française. En même temps, les hostilités étaient plus énergiquement conduites au **Tonkin**, où les troupes chinoises avaient profité de nos hésitations pour occuper presque tout le pays, et agissaient de concert avec les Annamites et les pirates. La prise des places fortes qui dominent le delta du fleuve Rouge, *Nam-Dinh, Ninh-Binh, Sontay, Hong-Hoa, Bac-Ninh*, décida le gouvernement chinois à promettre l'évacuation des forteresses qu'il occupait encore, *Lang-Son, Caobang* et *Laokaï*, les deux premières au débouché des défilés qui permettent de pénétrer dans le bassin du Tchou-Kiang, la troisième sur le haut fleuve Rouge : il s'engageait en outre à reconnaître le protectorat français sur l'Annam et le Tonkin, et à ouvrir au commerce de la France ses frontières méridionales. (Traité de Tien-Tsin, du 11 mai 1884.) Les difficultés survenues depuis par suite d'un guet-apens organisé contre une des colonnes du corps expéditionnaire français ont amené de nouvelles hostilités, mais la Chine a traité de nouveau en 1885 et nous a abandonné tout le territoire du Tonkin.

Le principal objet du commerce, qu'il est impossible d'apprécier exactement dans la situation actuelle, est le riz exporté surtout en Chine. Les débouchés maritimes sont les ports d'*Haï-Phong*, dans la province de *Haï-Dzuong* et de *Qouang-Yen*, situés sur deux des bras du *Song-Kau*.

L'Annam et le Tonkin sont sous la haute surveillance du gouverneur général et du Conseil supérieur de l'Indo-Chine française, assistés d'un résident supérieur et de résidents particuliers.

Toutes nos possessions indo-chinoises sont aujourd'hui soumises au même régime douanier et placées sous la direction unique d'un gouverneur général qui a sous sa dépendance les résidents du Tonkin, de l'Annam et du Cambodge.

III

COLONIES D'OCÉANIE

Les établissements français en Océanie forment un gouvernement dont le chef réside à la Nouvelle-Calédonie, et comprennent l'archipel de la Nouvelle-Calédonie (occupé en 1853), ceux des îles Marquises, et des îles de la Société (Taïti), Tuamotou, Gambier et Toubouaï.

Nouvelle-Calédonie. — La **Nouvelle-Calédonie,** longue de 300 kilom. et large de 50 (16000 kilom. car.), est l'île principale d'un groupe situé entre 18° et 23° de latitude sud, 160° 17′ et 165° de longitude est. Traversée par une chaîne de montagnes peu élevées (point culminant, 1600 mètres), assez fertile et bien boisée, la Nouvelle-Calédonie est habitée par une population indigène de race noire (*Kanaques*), qui compte environ 35000 individus, y compris les indigènes des îles Loyalty, et qui, sans être dépourvue d'intelligence, ne s'est pas encore élevée au-dessus des plus humbles débuts de la civilisation. La population européenne ne dépasse pas 18600 individus, marins, soldats, fonctionnaires, colons et transportés libérés astreints à la résidence. La décision qui a transformé la Nouvelle-Calédonie et l'île des Pins en colonie pénitentiaire a augmenté dans une proportion considérable le chiffre de la population non indigène, mais a peut-être retardé d'autre part les progrès de la colonisation libre et honnête.

La Nouvelle-Calédonie, bien qu'elle soit située dans la zone tropicale, jouit d'un climat salubre et très supportable pour les Européens. Elle produit les bois de construction et d'ébénisterie, l'ananas, le maïs, le tabac, la canne à sucre, les arachides et autres plantes oléagineuses.

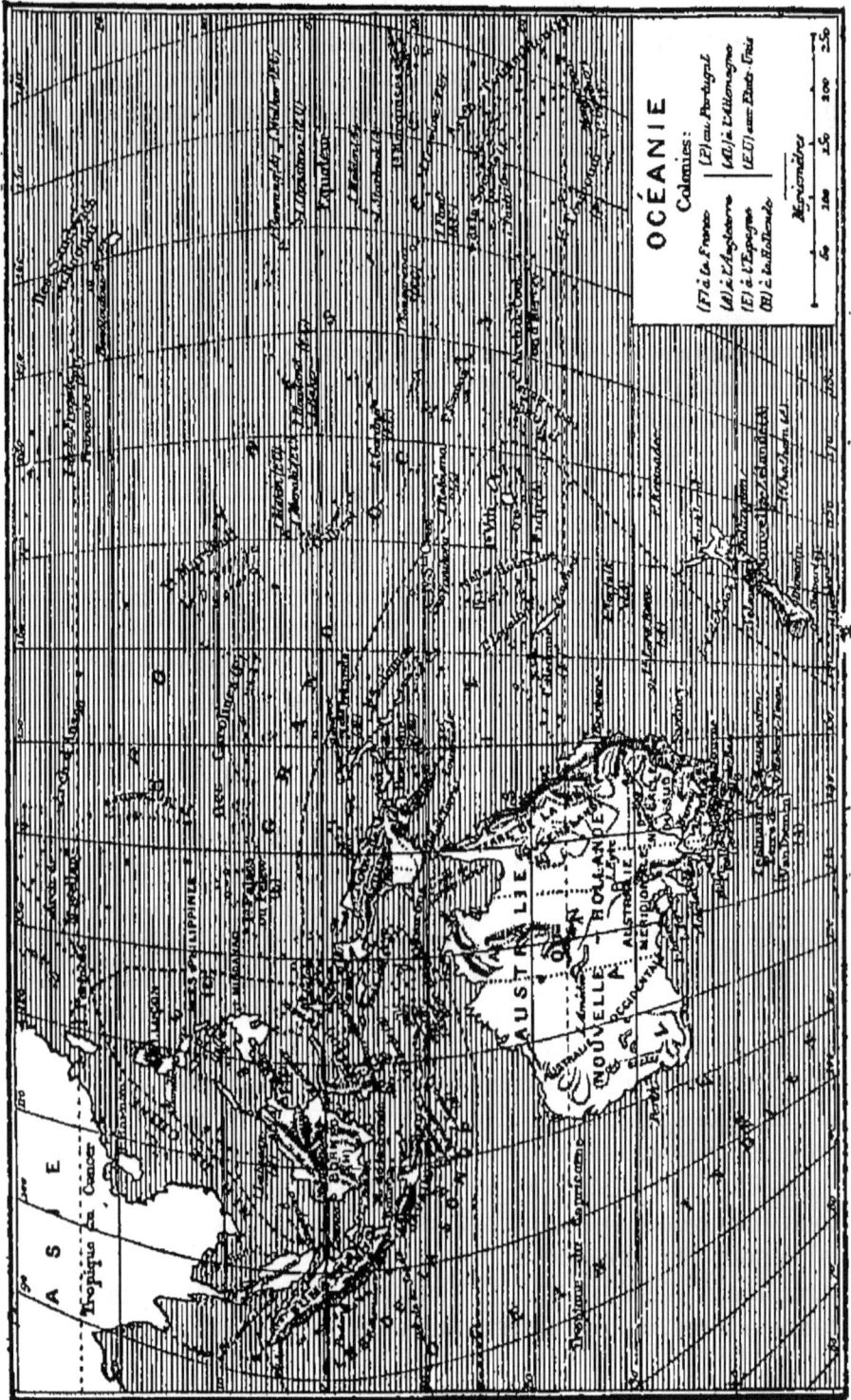

Carte XXII.

Le bétail est assez nombreux. On exploite des gisements de cuivre, de fer et surtout des mines de nickel.

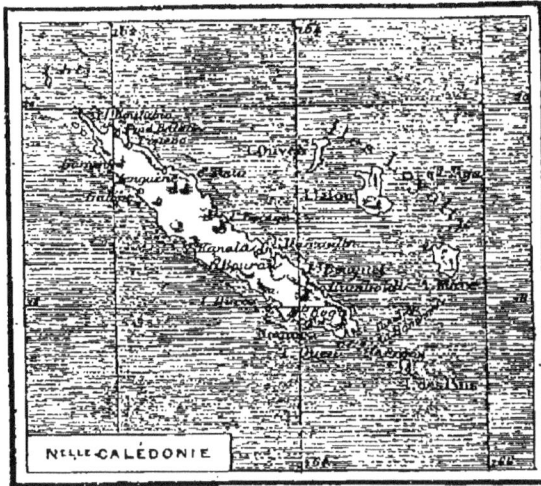

Carte XXIII.

Les deux principaux ports sont *Balade* et *Nouméa*, chef-lieu de la colonie.

L'île des *Pins* et le groupe des îles *Loyalty* dépendent du gouvernement de la Nouvelle-Calédonie.

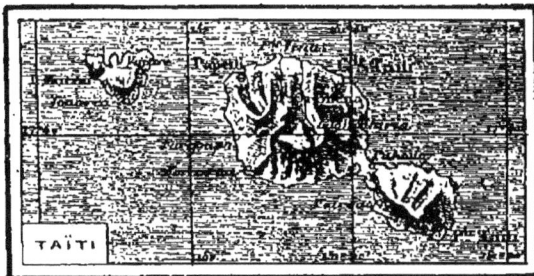

Carte XXIV.

La situation du groupe des **Nouvelles-Hébrides** (*Vaté, Mallicollo, Terre du Saint-Esprit*) et de l'archipel de *Santa-Cruz*, célèbre par le naufrage de La Pérouse, a attiré l'attention des colons de la Nouvelle-Calédonie. Des indigènes de cet archipel voisin de notre colonie ont été employés par nos planteurs pour les travaux de la culture; un certain nombre de Français se sont établis, à leurs risques et périls, dans les îles les plus fertiles, et la France a acquis dans les Nouvelles-Hébrides des titres sérieux qui ne sont contestés que par la jalousie peu justifiée des colonies anglaises d'Australie.

Iles Marquises. — Le groupe des îles *Marquises* composé de onze îles, dont la principale est *Nouka-Hiva*, est habité par cinq ou six mille indigènes, qui cultivent le tabac, le coton, l'indigo, et qui se livrent à la pêche.

Taïti. — Le groupe des îles de la *Société*, doublement important par sa position sur la route de l'Australie à l'Amérique, et sur celle des baleiniers de la mer du Sud, était soumis, depuis 1843, au protectorat de la France; l'annexion définitive a été prononcée en 1882.

L'île principale (104000 hectares) est celle de **Taïti** (10000 hab.), dont le chef-lieu *Papéïti* est en même temps le meilleur port.

Fig. 81. — Le cocotier
(haut. de l'arbre, 20 à 25 mètres).

Les îles *Sous-le-Vent* (*Raiatéa,* etc.), les îles *Tuamotou* (*Pomotou*), *Gambier, Toubouaï* et *Rapa* dépendent du gouvernement de Taïti.

La population totale de ces différents groupes ne dépasse pas 25000 habitants.

Le climat est doux et salubre et le sol fertile ; les oranges, les noix de coco et les coquilles de nacre sont les principaux objets d'exportation.

RÉSUMÉ

I

La France n'a conservé du vaste empire qu'elle possédait aux Indes, dans la première moitié du dix-huitième siècle, que cinq comptoirs; *Pondichéry*, *Yanaon* et *Karikal* sur le golfe du Bengale, *Mahé* sur la mer d'Oman et *Chandernagor* sur un bras du Gange (population totale, 280000 habitants).

II

Dans l'Indo-Chine elle possède les provinces de la *basse Cochinchine*, capitale *Saïgon*, sur un affluent du *Donnaï*; v. pr. *Mytho*, dans le delta du *Meï-Kong*. La population dépasse 1 800 000 habitants de race jaune et de religion bouddhiste.

Le riz est la principale culture : on y élève des vers à soie, des porcs et de la volaille.

La France exerce en outre un protectorat sur le royaume du *Cambodge* (1,200000 habit.), sur le royaume d'*Annam* (capitale *Hué*) et sur une dépendance de l'Annam, la province de *Tonkin* (villes principales : *Hanoï*, *Son-Tay*, sur le *Song-Koï* ou *Fleuve-Rouge*; *Bac-Ninh*, *Haïphong* dans le delta du *Song-Kan*, *Langson*, dans la région montagneuse), riche en mines de houille, d'étain, en forêts, et en produits agricoles, tels que le riz, le coton, etc.

La population totale de l'Annam est évaluée à 14 ou 15 millions d'habitants dont 10 millions pour le Tonkin.

III

En Océanie, la France possède la *Nouvelle-Calédonie*, colonie pénitentiaire (capitale *Nouméa*), riche surtout en mines de nickel, l'île des *Pins* et les îles *Loyalty* (20 000 kilomètres carrés, 53 000 habitants dont 35 000 indigènes Kanaques) ;

Le groupe des îles *Marquises* ou *Nouka-Hiva*;

Le groupe des îles *Taïti* (capitale *Papéïti*), *Tuamotou*, *Gambier* et *Toubouai* (population, 25 000 habitants).

Questionnaire.

La France a-t-elle eu autrefois en Asie des colonies qu'elle ne possède plus aujourd'hui ? — Quels sont ses comptoirs des Indes ? — Quelle en est la population? — Ont-ils quelque importance commerciale ou militaire ?

Quelle est la situation de l'Indo-Chine ? — Quelle en est la configuration générale ? — Quels en sont les principaux cours d'eau ? — A quelles races appartiennent les populations indigènes ? — Quelles sont les productions de l'Indo-Chine ? — Quelle est la partie de cette région qui appartient à la France ? — Quelles sont les possessions françaises et les pays simplement protégés ? — Quelles sont les principales villes de la Cochinchine française ? — Quel en est le climat ? — Quel est le principal produit ? — Quelles sont les voies de communication ? — Quelle est la configuration générale de l'Annam et du Tonkin ? — Quels en sont les grands cours d'eau ? — Quel en est le climat ? — Quelles sont les principales productions du Tonkin ? — A quelle race appartiennent les populations ? — Quelles sont les villes maritimes ? — Quelles sont les principales villes de l'intérieur ? — Quelle est l'étendue et la situation du Cambodge ? — Quelles sont les ressources du pays ? — Quelle en est la capitale ? — De quelle époque datent les établissements français en Indo-Chine ? — A quelle époque le protectorat français a-t-il été établi sur l'Annam et le Tonkin ? — Comment le protectorat français est-il représenté dans ces pays ? — Quelles sont les colonies françaises en Océanie ? — Quelle est la plus importante ? — Quelles sont les productions et quel est le climat de la Nouvelle-Calédonie ? — Qu'entend-on par colonie pénitentiaire ? — Quelle est la population indigène ? — Quels sont les ports ? — Quelles sont les dépendances de la Nouvelle-Calédonie ? — Où est situé l'archipel des Nouvelles-Hébrides ? — Quelles sont les possessions françaises dans la Polynésie ? — Quelle en est la principale ? — A quelle race appartiennent les populations indigènes de Taïti ?

Exercices.

Carte de la Cochinchine française.
Carte de l'Annam et du Tonkin.
Carte comparée des possessions françaises aux Indes en 1754 et en 1884.
Carte de la Nouvelle-Calédonie.

Lectures.

E. RECLUS. *Géographie universelle. L'Asie.*
LEMIRE. *L'Indo-Chine.* 1 vol. in-12, 1884.
BOUINAIS et PAULUS. *La Cochinchine contemporaine.* 1 vol. in-8°, 1884.
DUTREUIL DE RHINS. *Le Royaume d'Annam et les Annamites.* 1 vol. in-18.
H. GAUTIER. *Les Français au Tonkin.* 1 vol. in-18, 1884.
G. MARCEL. *La Nouvelle-Calédonie.* 1 vol. in-8°, 1873.
LEMIRE. *La Colonisation française en Calédonie.* 1 vol. in-12, 1883.

CHAPITRE III

Colonies américaines

I

SAINT-PIERRE ET MIQUELON

Du vaste empire qu'elle possédait au dix-huitième siècle dans l'Amérique du Nord (île de Terre-Neuve, Canada, Louisiane), la France ne conserve plus que le droit de pêche sur le banc de Terre-Neuve, et trois îlots stériles, mais importants comme ports de refuge et d'approvisionnement pendant la saison de la pêche : *Saint-Pierre* et les deux *Miquelon* (210 kilomètres carrés, 5500 habitants). — Terre-Neuve nous avait été enlevée dès 1713 par le traité d'Utrecht; celui de Paris, en 1763, céda le Canada à l'Angleterre, et la Louisiane fut vendue aux Etats-Unis, en 1803; mais notre langue et notre race se sont maintenues dans une partie de nos anciennes colonies; au Canada, 1 400 000 Canadiens descendent de nos colons du dix-huitième siècle, parlent encore le français et professent le catholicisme, la religion de leurs ancêtres.

II

ANTILLES FRANÇAISES

Nos possessions des Antilles sont plus importantes, bien que nous ayons perdu au dix-huitième siècle et par les traités de 1815, Saint-Christophe, Grenade, Sainte-Lucie, Tabago et la grande île de Saint-Domingue. Elles forment deux gouvernements : celui de la Guadeloupe et celui de la Martinique.

1° La **Guadeloupe,** divisée en deux parties, Basse-Terre et Grande-Terre, par un étroit bras de mer, la Rivière-Salée, offre tous les contrastes des terres volcaniques : au nord une plaine aride, au centre des cratères couronnés de forêts, sur les côtes des terrains fertiles et bien arrosés. Sa superficie est de 160000 hectares et sa population de 169 000 habitants, dont un vingtième de race blanche, et les autres noirs, mulâtres ou immigrants chinois.

Le siège du gouvernement est *Basse-Terre* (18000 hab.); mais la principale place de commerce est le port de *Pointe-à-Pitre* (21 000 hab.).

2° La **Désirade, Marie-Galante,** le groupe des **Saintes** et l'île **Saint-Barthélemy** rétrocédée à la France par la Suède, renferment 15 à 16 000 habitants; elles dépendent du gouvernement de la Guadeloupe.

La France possède une partie de l'île **Saint-Martin** (4000 hab.) qu'elle partage avec la Hollande.

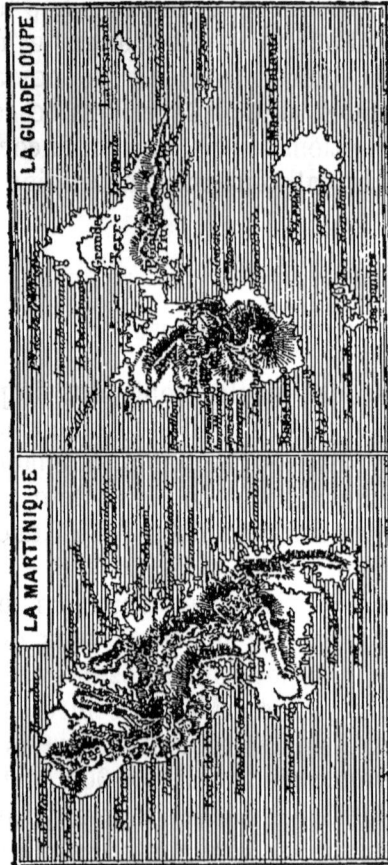

LA GUADELOUPE

LA MARTINIQUE

Carte XXV.

3° La **Martinique**, située à 110 kilom. au sud de la Guadeloupe, forme un gouvernement distinct. Sa superficie est de 99 000 hectares et sa population de 177 000 habitants, dont 14 000 de race blanche et 163 000 de race noire ou métis. Couverte au centre de montagnes, de volcans éteints et de forêts impénétrables, mais bien arrosée et fertile sur les côtes, la Martinique possède deux ports qui figurent parmi les plus sûrs des Antilles, *Saint-Pierre*, chef-lieu d'un des deux arrondissements (26 000 h.), et *Fort-de-France* (15 000 habit.), chef-lieu du gouvernement, siège d'une cour d'appel et d'un évêché.

Les grandes cultures des Antilles françaises sont la canne à sucre et le café. La distillation du tafia et du

Fig. 82. — Vue de Basse-Terre.

Fig. 83. — Vue de Cayenne.

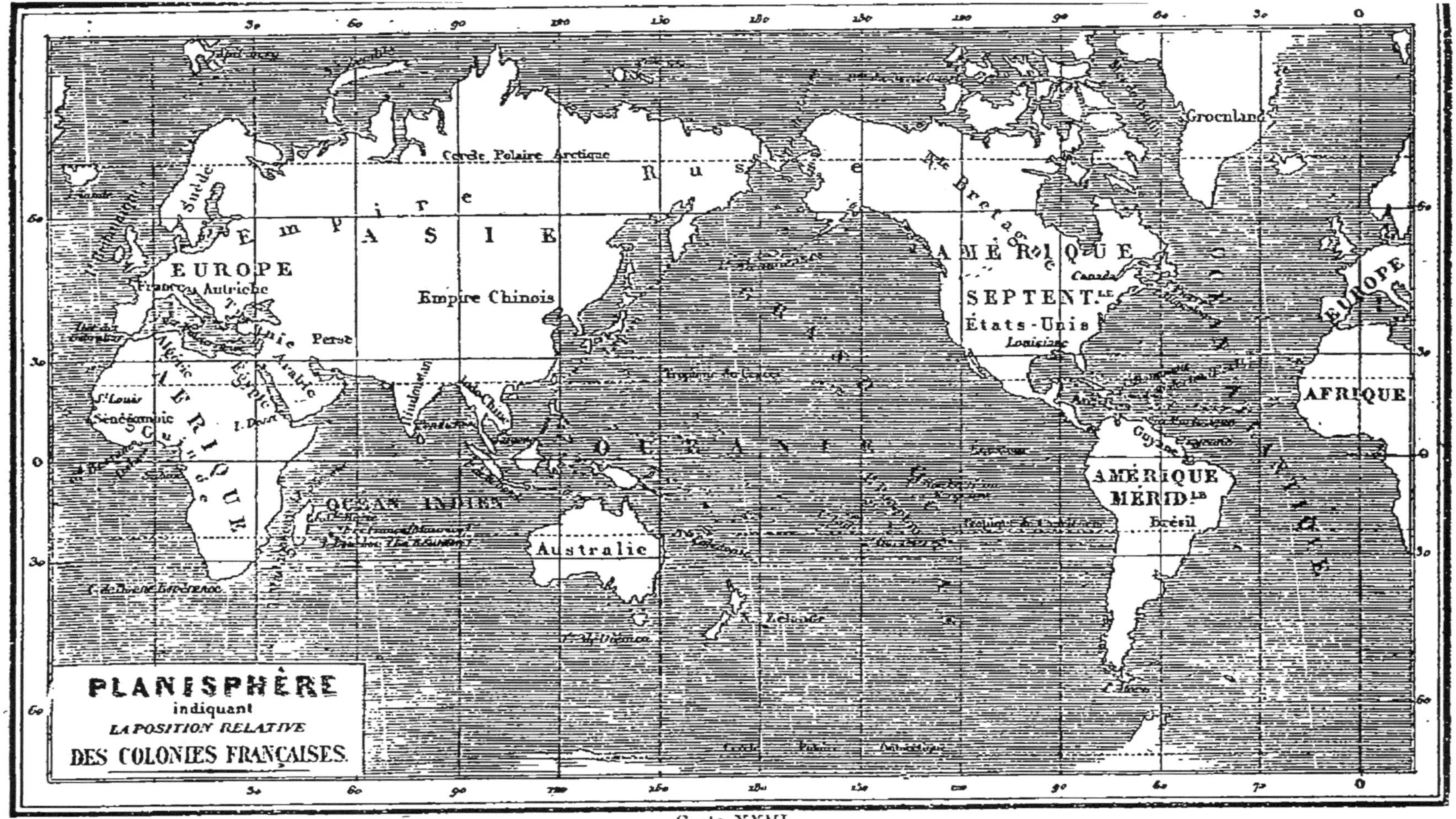
PLANISPHÈRE
indiquant
LA POSITION RELATIVE
DES COLONIES FRANÇAISES
Groenland
Cercle Polaire Arctique
Empire Chinois
ASIE
EUROPE
France
Autriche
Perse
Arabie
Egypte
Algérie
St Louis
Sénégambie
AFRIQUE
Australie
OCÉAN INDIEN
AMÉRIQUE SEPTENT.LE
Canada
États-Unis
Louisiane
AMÉRIQUE MÉRID.LE
Brésil
Guyane
AFRIQUE
EUROPE

Carte XXVI.

rhum (eau-de-vie de canne à sucre) est, avec le raffinage
du sucre, leur principale industrie.

4° La France possède, depuis le milieu du dix-septième
siècle, sur les côtes de l'Amérique du Sud un vaste territoire borné au sud par le Brésil, au nord et à l'ouest par
la Guyane hollandaise, à l'est par l'océan Atlantique :
c'est la **Guyane** française.

La Guyane est une colonie pénitentiaire, analogue à
celle que l'Angleterre fonda en Australie à la fin du siècle
dernier. Sa superficie explorée est d'environ 75 000 kilom.
carrés. La population totale est de 26 000 habitants,
parmi lesquels 2 000 transportés, 16 000 nègres ou indiens,
5 000 immigrants noirs, indous ou chinois, et 3 000 blancs,
soldats, fonctionnaires, commerçants ou planteurs.

La côte, basse et insalubre, est cependant la seule région
occupée et cultivée : dans l'intérieur qu'arrosent de nombreux cours d'eau, le *Maroni*, la *Mana*, la rivière de
Sinnamari, le *Kourou*, l'*Approuage*, l'*Oyapoc*, etc...,
errent, au milieu des savanes ou des plateaux couverts
de forêts immenses, des tribus indiennes, encore sauvages, et dont on ignore le nombre. La Guyane ne produit guère que du sucre, du rocou (plante tinctoriale), et
quelques épices. On y exploite des gisements aurifères;
et les savanes pourraient nourrir de nombreux bestiaux.

Le chef-lieu de la colonie est *Cayenne*, assez mauvais
port dans une île marécageuse.

RÉSUMÉ

Dans l'**Amérique du Nord**, il ne reste à la France que le droit
de pêche sur le banc de *Terre-Neuve* et les petites îles de
Saint-Pierre et *Miquelon*.

Dans les **Antilles** elle possède les deux îles de la **Martinique** (177,000 hab.), cap. *Fort-de-France*, v. pr. *Saint-Pierre*,
et de la **Guadeloupe**, cap. *Basse-Terre*, v. pr. *Pointe-à-Pitre*,
avec ses dépendances, la *Désirade*, *Marie-Galante*, les *Saintes*,
Saint-Barthélemy et une partie de *Saint-Martin* (population
totale 189,000 hab.). La canne à sucre et le café sont les principales cultures.

Dans l'Amérique du Sud, la **Guyane** française (26,000 hab.), cap. *Cayenne*, est une colonie pénitentiaire.

L'étendue des colonies et des protectorats français dans toutes les parties du monde dépasse 1 700 000 kilomètres carrés, et la population atteint 30 millions d'habitants.

Questionnaire.

La France a-t-elle eu autrefois en Amérique des colonies plus vastes qu'aujourd'hui? — Est-il resté des traces de son influence dans les colonies qu'elle a perdues? — Citer des exemples. — A-t-elle encore des colonies dans l'Amérique du Nord? — Quelle est l'importance de la pêche de Terre-Neuve? — Quelles sont les possessions françaises dans les Antilles? — Indiquer les principaux ports. — Les productions les plus importantes? — Les populations appartiennent-elles toutes à la même race? — La France a-t-elle eu d'autres possessions dans les Antilles? — Quelle est la situation et l'étendue de la Guyane française? — Quelle est la capitale? — Indiquer quelques-uns des cours d'eau. — Quelles sont les productions de ce pays? — Quel est le climat? — Quelle est la population? — Pourquoi les tentatives de colonisation n'ont-elles pas réussi jusqu'à présent?

Exercices.

Carte des Antilles françaises.
Carte de la Guyane française.
Carte des anciennes possessions coloniales de la France en Amérique.
Planisphère indiquant les colonies ou protectorats français.

Lectures.

LANIER. *Lectures géographiques, Amérique.* 1 vol. in-12, 1883.
DE LAMOTHE. *Cinq mois chez les Français d'Amérique* (Canada). 1 vol. in-12, 1881.
BOUINAIS. *La Guadeloupe.* In-12, 1882.
AUBE. *La Martinique.* In-8°, 1883.
CREVAUX. *Voyages en Guyane* (*Tour du Monde* de 1879 et 1881).

CONCLUSION

La Civilisation.

Grandes voies de communication. Chemins de fer. Lignes télégraphiques. — La configuration des continents, la nature du sol, le climat, exercent une profonde influence sur le caractère et sur la civilisation des peuples qui les habitent. Tandis que l'Europe, avec ses rivages profondément découpés, ses terres presque toutes cultivables, ses hauteurs modérées, ses mines de fer et de houille, son climat tempéré, marche à la tête du monde civilisé, déborde sur les autres continents, et compte 600 000 kilomètres de grandes routes, 235 000 kilomètres de chemins de fer, rayonnant de Cadix à Orenbourg, de Brindes à Hambourg, de Saint-Pétersbourg à Caffa (Crimée) et au Caucase ; l'Asie avec ses steppes, ses jungles, ses montagnes gigantesques, ses froids et ses chaleurs extrêmes ; l'Afrique avec ses déserts, ses marécages, son soleil de feu, ont à peine quelques voies ferrées (10,000 kilomètres en Afrique, 30 000 en Asie), et ne possèdent encore d'autres routes que les sentiers de caravanes foulés depuis trois mille ans par le dromadaire de l'Arabe et le chariot du Mongol.

L'Amérique du Nord, moins tempérée que l'Europe, mais également propre à la culture et à la vie sédentaire, riche en combustibles minéraux, en métaux précieux, et habitée du reste par des races européennes, marche à grands pas dans la voie du progrès : ses prairies se couvrent de moissons, ses solitudes se peuplent ; 285 000 kilomètres de chemins de fer sillonnent les États-Unis et le Canada, se relient aux lignes de navigation à vapeur de l'Atlantique et du Pacifique, et permettent aujourd'hui de faire le tour du monde en 80 jours.

L'Amérique du Sud, dont le climat et la configuration offrent plus d'obstacles aux progrès de la culture et des voies de communication, ne compte que 20 000 kilomètres de voies ferrées, tandis que l'Australie et la Nouvelle-Zélande, nées d'hier à la civilisation, en ont construit plus de 20000.

Le télégraphe électrique couvre d'un immense réseau l'Europe et l'Amérique du Nord, traverse l'ancien continent, des rives de l'Atlantique aux bouches de l'Amour, rattache aux États-Unis par des câbles sous-marins la France et l'Angleterre, et se prolonge, dans les mers du sud, de Marseille à Singapour, à Chang-Haï, à Tokio et à Sidney.

Langues les plus répandues. — C'est aux races européennes, disséminées aujourd'hui sur tous les points du globe, que sont dus les progrès du monde moderne : ce sont elles qui, par la supériorité de leur civilisation, tendent à effacer ou à dominer toutes les autres, et à leur imposer jusqu'à leur religion et à leur langue. Sur 2,000 idiomes parlés dans les deux mondes, c'est à peine si une dizaine sont compris en dehors des régions habitées par les peuples auxquels ils appartiennent, et, si l'on en excepte l'arabe et le malais, tous sont d'origine européenne : l'anglais est devenu dans le monde entier la langue du commerce, le français celle de la diplomatie et de la science, l'italien celle des arts ; l'espagnol s'est imposé à l'Amérique centrale et méridionale, et le russe ne tardera pas à dominer dans le centre et dans le nord de l'Asie.

Les grandes puissances. — L'étendue du territoire, la densité de la population, le développement de l'agriculture, du commerce et de l'industrie, la puissance du crédit, les forces militaires et maritimes, enfin la supériorité de l'instruction et l'influence morale, sont autant d'éléments qui contribuent à la grandeur et à la prospérité d'un État.

Cinq puissances marchent aujourd'hui à la tête des nations civilisées : les *États-Unis* qui, par leur admirable situation, le progrès continu de leur population, leur activité agricole, industrielle et commerciale, leur esprit de liberté et d'initiative, dominent le Nouveau-Monde ; l'*Angleterre* avec ses finances florissantes, ses colonies, sa marine et son commerce sans rivaux, son industrie dont le monde entier est tributaire ; la *Russie* avec son immense territoire, sa population ignorante, mais façonnée à l'obéissance, gouvernée par un pouvoir absolu et entouré d'un respect religieux ; enfin l'*Allemagne* avec sa puissante organisation militaire, et l'étrange combinaison qu'elle a su faire de deux forces en apparence inconciliables : la science et la barbarie.

La *France* a pour elle sa position, la fertilité de son

sol, les ressources infinies dont elle a fait preuve même
après les désastres les plus accablants ; mais, pour re-
prendre la place à laquelle elle a droit parmi les nations
dominantes, il lui faut organiser définitivement son système militaire, sans compromettre l'avenir intellectuel
du pays, se garder des dépenses inutiles, adopter une
politique commerciale fondée sur des faits et sur des intérêts vraiment nationaux et non sur des théories ou sur
de petits intérêts particuliers, faire pénétrer partout l'instruction et la morale qui doit en être la compagne
inséparable, renoncer à jamais aux agitations stériles et
aux révolutions qui ne profitent à personne, si ce n'est à
l'étranger et aux exploiteurs de la crédulité publique, enfin reconquérir à force de travail, de sagesse et de dignité
sa propre confiance et celle des autres qu'elle avait perdue
par ses fautes autant que par ses revers.

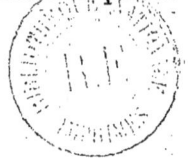

TABLE DES MATIÈRES

TABLE DES CARTES

TABLE DES FIGURES

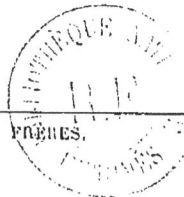

SAINT-CLOUD. — IMPRIMERIE BELIN FRÈRES.

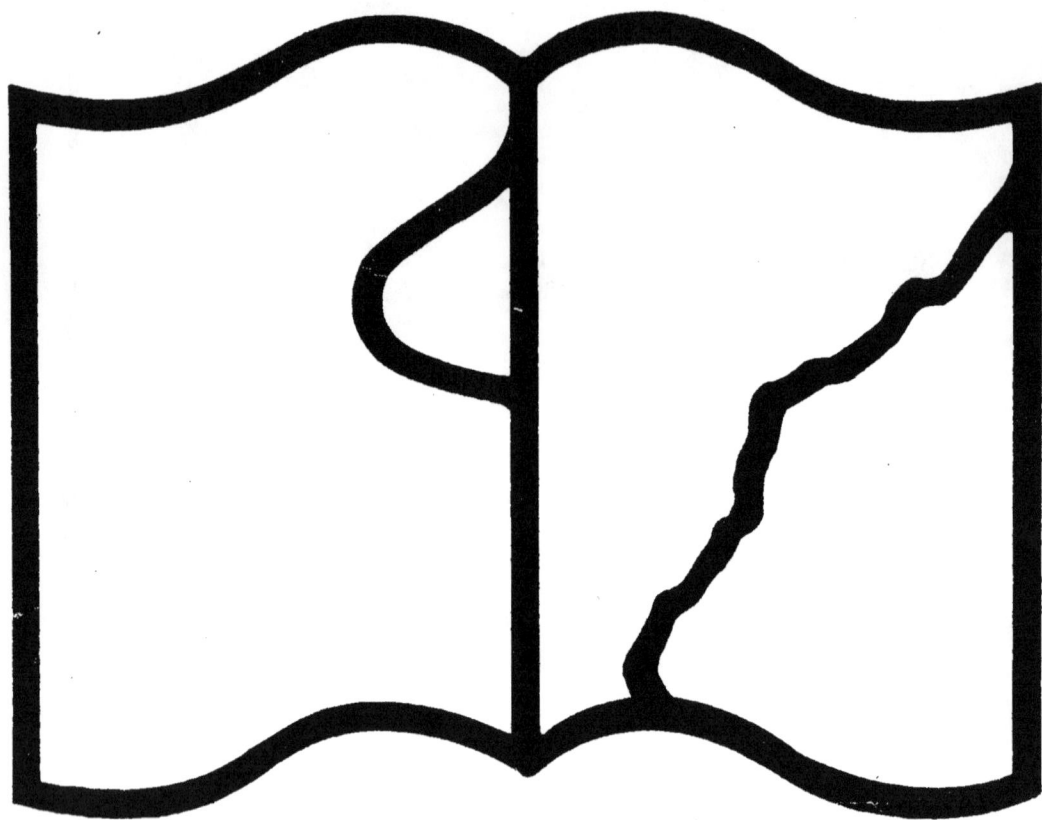

Texte détérioré — reliure défectueuse

NF Z 43-120-11

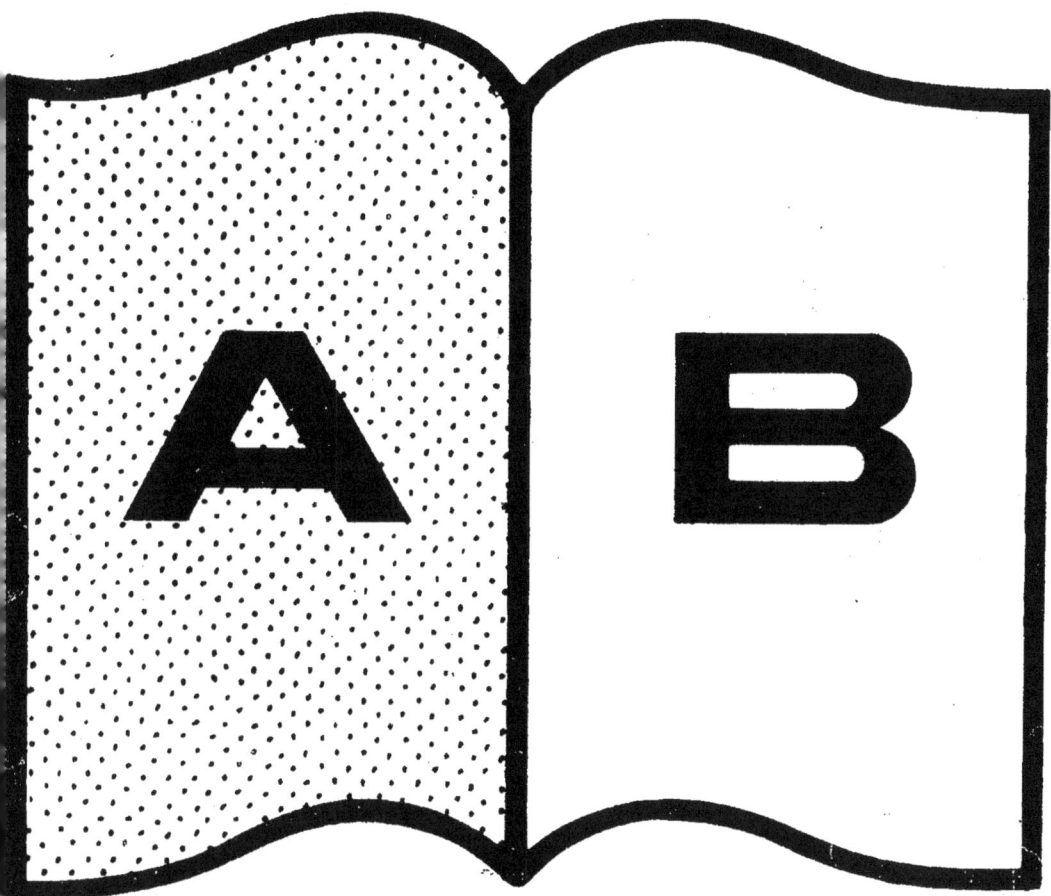

Contraste insuffisant

NF Z 43-120-14